烟草品种抗病毒病鉴定方法

◎ 申莉莉　杨金广　任广伟　等　著

中国农业科学技术出版社

图书在版编目（CIP）数据

烟草品种抗病毒病鉴定方法 / 申莉莉等著. -- 北京：中国农业科学技术出版社，2023.11
ISBN 978-7-5116-6504-1

Ⅰ.①烟…　Ⅱ.①申…　Ⅲ.①烟草－病虫害防治
Ⅳ.① S435.72

中国国家版本馆 CIP 数据核字（2023）第 211978 号

责任编辑　周　朋
责任校对　王　彦
责任印制　姜义伟　王思文

出 版 者　中国农业科学技术出版社
北京市中关村南大街 12 号　　邮编：100081
电　　话　（010）82103898（编辑室）（010）82106624（发行部）
（010）82109702（读者服务部）
传　　真　（010）82106631
网　　址　https：// castp.caas.cn
经 销 者　各地新华书店
印 刷 者　北京建宏印刷有限公司
开　　本　185 mm × 260 mm　1/16
印　　张　16.75
字　　数　367 千字
版　　次　2023 年 11 月第 1 版　2023 年 11 月第 1 次印刷
定　　价　168.00 元

《烟草品种抗病毒病鉴定方法》著作委员会

主要著者　申莉莉　杨金广　任广伟　王凤龙　王秀芳
宋丽云　焦裕冰　李　莹　宫燕伟　张万红

参著人员（以姓氏拼音排序）

陈德鑫　董文凤　龚明月　顾　勇　郭应成
何青云　黄　坤　黄择祥　贾海燕　江连强
李永亮　蔺忠龙　刘春明　刘东阳　刘　国
苗　圃　钱玉梅　曲潇玲　沈广材　王　飞
王　惠　王　杰　王玉洁　夏振远　徐　翔
杨文刚　俞芳菲　袁莲莲　战徊旭　张富强

主　审　王凤龙　任广伟

前 言
PREFACE

病毒病是烟草的重要病害，目前对其最有效的控制手段一是筛选和培育抗病烟草品种进行种植，二是自苗期开始喷施抗病毒剂进行保护和预防。

著者多年从事烟草主要病毒病害的危害调查、烟草品种抗性鉴定和药效试验工作，最深的体会是：科学简明的方法和严谨规范的操作是试验准确的根本保障。为此，在开展烟草主要病毒病生物学试验的基础上，撰写《烟草品种抗病毒病鉴定方法》一书。

全书共分为六章，第一章概述烟草病毒病害概况与烟草病毒学发展史。第二章到第五章分别为烟草抗烟草花叶病毒（TMV）、抗黄瓜花叶病毒（CMV）、抗马铃薯Y病毒（PVY）、抗番茄斑萎病毒（TSWV）的鉴定方法，每章内容包括：病毒概述；烟草田期感染病毒的病害症状及病情；病毒的分离纯化、保存及株系鉴定；病毒的提纯、粒体形态及致病力；病毒的稀释限点、致死温度及体外存活期；病毒的系统扩散路径；烟草苗期接种病毒的症状；烟草品种抗病毒病苗期鉴定技术规程等。第六章展望烟草病毒病害表型组学在品种抗性鉴定中的应用以及抗病毒药物室内生测试验方法。

本书文字精练、图文并茂、简洁易懂，适用于硕士研究生烟草病毒病害相关试验的教学，亦可供从事烟草品种抗病性鉴定和药效试验的科技工作者借鉴使用。

本书在撰写过程中，得到中国农业科学院烟草研究所植物保护研究中心相关专家和研究生的配合。在此谨向他们表示诚挚的谢意！

烟草品种抗病毒病研究所涉及的领域广阔，由于作者的专业和水平所限，遗漏和不妥之处在所难免，恳请广大读者批评指正。

著者

2022年9月10日于青岛

目 录
CONTENTS

第一章 概 论 …… 1

第一节 烟草概述 …… 2

第二节 烟草病毒病害概况 …… 3

一、烟草病毒病害及研究简史 …… 3

二、烟草主要病毒病害种类和为害 …… 4

三、世界烟区病毒病害分布 …… 9

四、烟草病毒病害控制策略 …… 11

第三节 烟草病毒学发展史 …… 12

一、发现病毒 …… 13

二、揭示病毒本质 …… 16

三、研究病毒与寄主的互作关系 …… 23

四、开发利用病毒载体 …… 39

第二章 烟草抗烟草花叶病毒（TMV）鉴定方法 …… 45

第一节 TMV 概述 …… 46

一、TMV 特性、株系分化及烟草抗原 …… 46

二、TMV 抗性鉴定试验的影响因素 …… 47

第二节 烟草田期感染 TMV 的病害症状和病情 …… 48

一、田间 TMV 病害症状 …… 48

二、田间 TMV 病情 …… 51

第三节　TMV 分离纯化、保存及株系鉴定 …… 52
一、单斑分离 TMV 及活体保存 …… 52
二、TMV 株系鉴定 …… 54
第四节　TMV 提纯、粒体形态及致病力 …… 57
一、病毒提纯和病毒粒体形态 …… 57
二、病毒提纯液的致病力 …… 59
第五节　TMV 的稀释限点、致死温度及体外存活期 …… 59
一、稀释限点和接种物浓度筛选 …… 60
二、致死温度、体外存活期和接种物配置时间 …… 61
第六节　病毒的系统扩散路径 …… 63
一、TMV 和 TMV-GFP 在本氏烟上的扩散路径 …… 63
二、TMV 在 K326 上的扩散路径 …… 66
第七节　烟草苗期接种 TMV 的典型症状 …… 68
一、TMV 在 K326 和云烟 87 上的病害发展过程 …… 68
二、TMV 在抗 / 感对照烟草品种上的病害症状 …… 70
第八节　*N* 基因烟草抗 TMV 的特性 …… 76
一、抗 TMV 的 *N* 基因烟草及其作用机理 …… 76
二、含 *N* 基因的红花大金元抗 TMV 的 HR 温敏性 …… 79
三、三生 NN 烟抗 TMV 的 HR 温敏性 …… 80
四、嫁接试验佐证 *N* 基因不能抑制 TMV 的长距离移动 …… 90
第九节　烟草品种抗 TMV 苗期鉴定技术规程 …… 93

第三章　烟草抗黄瓜花叶病毒（CMV）鉴定方法 …… 101
第一节　CMV 概述 …… 102
一、CMV 特性、株系分化及烟草抗原 …… 102
二、CMV 抗性鉴定试验的影响因素 …… 102
第二节　烟草田期感染 CMV 的病害症状和病情 …… 104
一、田间 CMV 病害症状 …… 104

二、田间 CMV 病情 …… 107
第三节 CMV 的分离纯化、保存及株系鉴定 …… 108
一、单斑分离 CMV 及活体保存 …… 108
二、CMV 株系鉴定 …… 111
第四节 CMV 提纯、粒体形态及致病力 …… 114
一、病毒提纯和病毒粒体形态 …… 114
二、病毒提纯液的致病力 …… 115
第五节 CMV 的稀释限点和接种物浓度筛选 …… 115
第六节 病毒的系统扩散路径 …… 117
一、CMV 在本氏烟上的扩散路径 …… 117
二、CMV 在 K326 上的扩散路径 …… 119
第七节 烟草苗期接种 CMV 的典型症状 …… 120
一、CMV 在 K326 和云烟 87 上的病害发展过程 …… 120
二、CMV 在抗 / 感对照烟草品种上的症状 …… 125
第八节 三生 NN 烟苗期接种 CMV 的显症与隐症 …… 127
第九节 烟草品种抗 CMV 苗期鉴定技术规程 …… 130

第四章 烟草抗马铃薯 Y 病毒（PVY）鉴定方法 …… 139

第一节 PVY 概述 …… 140
一、PVY 特性、株系分化及烟草抗原 …… 140
二、PVY 抗性鉴定试验的影响因素 …… 141
第二节 烟草田期感染 PVY 的病害症状和病情 …… 142
一、田间 PVY 病害症状 …… 142
二、田间 PVY 病情 …… 146
第三节 PVY 分离纯化、保存及株系鉴定 …… 147
一、单斑分离 PVY 及活体保存 …… 147
二、PVY 株系鉴定 …… 149

第四节 PVY 提纯、粒体形态及致病力 …… 151
一、病毒提纯和病毒粒体形态 …… 151
二、病毒提纯液的致病力 …… 152
第五节 PVY 的稀释限点和接种物浓度筛选 …… 153
第六节 病毒的系统扩散路径 …… 154
一、PVY 和 PVY-GFP 在本氏烟上的扩散路径 …… 154
二、PVY 在 K326 上的系统扩散路径 …… 155
第七节 烟草苗期接种 PVY 的典型症状 …… 156
一、PVY 在 K326 和云烟 87 上的病害症状 …… 156
二、PVY 在抗 / 感对照烟草品种上的病害症状 …… 159
第八节 烟草接种 PVY 后隐症及 TMV、CMV、PVY 复合侵染 …… 161
一、烟草接种 PVY 后隐症现象 …… 161
二、TMV、CMV、PVY 复合侵染烟草 …… 162
第九节 烟草品种抗 PVY 苗期鉴定技术规程 …… 171

第五章 烟草抗番茄斑萎病毒（TSWV）鉴定方法 …… 179

第一节 TSWV 概述 …… 180
一、TSWV 特性、株系分化及烟草抗原 …… 180
二、TSWV 抗性鉴定试验的影响因素 …… 182
第二节 烟草田期感染 TSWV 的病害症状和病情 …… 182
一、田间 TSWV 病害症状 …… 182
二、田间 TSWV 病情 …… 185
第三节 TSWV 分离纯化、保存及株系鉴定 …… 187
一、单斑分离 TSWV 及繁殖保存 …… 187
二、TSWV 株系鉴定 …… 189
第四节 TSWV 提纯、粒体形态、致病力与接种物浓度筛选 …… 193
一、病毒提纯与病毒粒体形态 …… 193
二、病汁液的致病力与接种物浓度筛选 …… 194

第五节 烟草品种对 TSWV 的敏感性及抗 / 感对照品种筛选 ……………………195
一、TSWV 在云烟 87 和 K326 上的病害症状及严重度分级 ……………… 195
二、TSWV 抗 / 感对照烟草品种筛选 ……………………………………………… 198
第六节 烟草品种抗 TSWV 苗期鉴定技术规程 ……………………………………202

第六章 病毒病害表型组学……………………………………………………………… 209
第一节 烟草病毒病害表型组学在抗性鉴定和药物筛选中的应用 ……………210
一、烟草重大病毒病害 ………………………………………………………………… 210
二、生物表型组学发展简史 ……………………………………………………………… 213
三、烟草主要病毒病害表型数据集的构建与应用 …………………………………… 215
第二节 烟草主要病毒病害表型描述规范和数据标准 ………………………………218
第三节 抗病毒药物室内生物活性测定试验准则 ……………………………………229
一、病毒病防治 ………………………………………………………………………… 229
二、抑制烟草花叶病毒试验（一） 叶片局部枯斑法……………………………… 234
三、抑制烟草花叶病毒试验（二） 盆栽病情指数法……………………………… 238

参考文献 ……………………………………………………………………………… 243

01 第一章 概　论

第一节 烟草概述

烟草为一年生或有限多年生草本植物，属于植物界（Plantae）种子门（Spermatophyta）被子亚门（Angiosperlmae）双子叶纲（Dicotyledoneae）管花目（Tubiflorae）茄科（Solanaceare）烟草属（*Nicotiana*），分为黄花烟亚属（*Rustica*）、普通烟亚属（*Tabacum*）和碧冬烟亚属（*Petuuioides*）3 个亚属。

烟草起源于美洲大陆、大洋洲及南太平洋的某些岛屿。美洲印第安人是烟草的最先栽培驯化者，自 1492 年哥伦布发现美洲新大陆之后，烟草开始逐渐传播到世界各地。约于 16 世纪中叶（明代），烟草传入中国，之后吸烟开始盛行，烟草逐渐商品化。

中国的烟制品和销售，在由手工制造土烟发展为机制卷烟的过程中，先后经历了 3 次曲折前进：外国资本“英美烟草公司”垄断与民族资本“南洋兄弟烟草公司”兴起；日本侵华破坏烟草生产导致卷烟原料缺乏与川、贵、云等西南地区试种并推广烤烟；美国倾销烟叶和卷烟导致烟草生产濒临绝境与新中国摆脱垄断资本控制而迅速发展烟草生产。

目前，中国有 17 个植烟省（自治区、直辖市），植烟面积达 1 300 万亩①。烟草是我国重要的经济作物之一。按生物学性状、烟叶品质和栽培调制方法，烟草分为烤烟、晾晒烟、香料烟、白肋烟、黄花烟、雪茄烟和野生烟 7 个类型。烟草能制成旱烟、水烟、斗烟、鼻烟、卷烟、雪茄烟等，供人吸食。

此外，烟草尚有多种医疗用途，《全国中草药汇编》记载，烟草性温味甘，有毒，具有消肿、解毒、杀虫等功效。例如，在花烟草（*Nicotiana alata*）中有一种植物防御素 NaD1（Nicotiana alata Defensin 1）蛋白（杨玲玲，2018）。有研究表明，NaD1 不仅能高效地抗多种植物病原菌和人类病原真菌，还能特异地与肿瘤细胞表面的膜受体结合引起一系列反应，从而使肿瘤细胞致死，且不会损伤健康细胞，有望开发为植药或医药。

在烟草中发现抗癌成分不代表烟草抗癌，吸烟有害健康是人类的共识。烟碱（nicotine）亦称尼古丁，是一种广泛存在于茄科植物中的生物碱，是吸烟者的主要成瘾源。少量烟碱有兴奋刺激的作用；一旦过量便会使人产生呼吸加快、呕吐及血管舒张等不适症状。

世界卫生组织于 1987 年创立世界无烟日（Word no Tobacco Day），宣扬不吸烟的理念；于 2003 年颁布《烟草控制框架公约》（Framework Convention on Tobacco Control），控制烟草的广泛流行。现在，每年的 5 月 31 日为世界无烟日。

在控烟履约和关注健康的同时，研究者也更加关注烟草的功能成分与综合利用。例

---

① 1 亩≈667m^2，全书同。

如：利用卷烟中剔出的废料发酵有机农肥；从烟草籽中提取工业或药用的种子油；从烟叶中提取烟碱生产绿色杀虫剂；从烟叶中提取医药中间体茄尼醇（solanesol），用于合成治疗心血管系统疾病的辅酶 Q_{10}；从烟花中提取的西柏烷二萜（cembranoids）对人体肿瘤细胞生长具有抑制作用；采用“电流自热”技术利用烟草秸秆制备石墨烯（graphene），作为表面多孔的碳基纳米材料，修饰营养元素或抗菌物质，制备纳米微肥或纳米农药；或作为热力学性能优异的材料，修饰烟草薄片，制备再造烟叶用于加热不燃烧烟支。总之，烟草的多用途利用日益受到关注。

第二节 烟草病毒病害概况

烟草侵染性病害全世界报道 100 余种，中国已发现 86 种，其中病毒病害 31 种、真菌病害 40 种、细菌病害 8 种、植原体病害 2 种、线虫病害 3 种、寄生性种子植物病害 2 种。引起巨大损失的主要有烟草花叶病毒（tobacco mosaic virus，TMV）、马铃薯 Y 病毒（potato virus Y，PVY）、番茄斑萎病毒（tomato spotted wilt virus，TSWV）、烟草青枯病（*Ralstonia solanacearum* E. F. Smith）和烟草黑胫病［*Phytophthora parasitica* var. *Nicotianae* (Breda de Haan) Tucker］。据估计，全世界烟草每年因病害造成的产量损失平均为 15%~20%，其中病毒病害约占 1/2（朱贤朝等，2001；王凤龙等，2019）。

一、烟草病毒病害及研究简史

烟草病毒病害（tobacco virus diseases）是由植物病毒单独或混合侵染烟草引起的，是目前烟草生产上分布最广、发生最为普遍、防治最难和危害最严重的一大类病害。

烟草感染病毒后，叶绿素受破坏，光合作用减弱，叶片生长被抑制，烟叶产质量下降。宏观症状有：花叶斑驳，叶片上出现由浅绿和深绿相间的花叶黄化，幼叶上出现明脉、叶脉黄化甚至整叶黄化；卷叶，叶片上卷或下卷，叶柄明显偏上或偏侧甚至弯曲；环斑，叶片上形成同心环和不规则线纹，有时也出现在果实上；坏死，叶脉坏死，甚至扩展至茎坏死和顶芽坏死侧倒；畸形，叶片不均匀生长、凸起成泡状或耳突状、叶片厚薄不均，叶缘扭曲、叶面皱缩、顶芽矮缩、植株矮化；萎蔫，顶部心叶 / 心芽萎蔫及随后整株死亡。其中引致烟草花叶和畸形的目前主要有 TMV、黄瓜花叶病毒（cucumber mosaic virus，CMV）、PVY，大部分烟区在苗期和大田早期以 TMV 为主，大田中后期以混合发生和重复感染为主；引致烟草坏死的主要有 PVY 和 TSWV。

中国对烟草病毒病害的研究起始于病害调查和病原物鉴定，以及传播途径、流行规律和病害防治。1972 年中国农业科学院烟草研究所在烟草科技资料中总结了“黑胫病、赤星病和花叶病的防治”。1989—1991 年中国 16 个产烟省（除台湾省外）的烟草侵染性病害调查，鉴定出病毒病害 16 种。2010—2014 年全国烟草有害生物普查，鉴定出病毒病害 31 种（表 1-2-1）。

随后在不断发现和鉴定新病毒病害的同时，中国对烟草病毒病害的研究进入主要病毒株系变异、致病力划分、抗病烟草品种选育、病害发生流行规律与监测预警、病毒与寄主及传毒介体互作、致病成灾机制以及病毒病绿色防控时代。

二、烟草主要病毒病害种类和危害

苗期主要有 TMV，产生沿叶脉的深绿色花叶、有规则的黄绿相间的花叶斑驳和扭曲畸形症状。大田叶部病毒病害主要有 TMV、CMV、PVY、烟草饰纹病毒（tobacco etch virus，TEV）、TSWV 和辣椒脉斑驳病毒（chilli vein mottle virus，ChiVMV）；分别引起叶片上有规则的黄绿相间的斑驳花叶，疱斑畸形及橡叶纹，花叶及脉坏死，半边叶上点状密集坏死、不对称生长及顶芽坏死侧倒，叶片上褪绿黄化的圆形亮斑及病斑连片和叶脉变褐坏死。

此外，为害叶部的病毒病害还有烟草脉带花叶病毒（tobacco vein-banding mosaic virus，TVBMV）、烟草曲叶病毒（tobacco leaf curl virus，TLCV）、烟草丛顶病［病原物有烟草丛顶病毒（tobacco bushy top virus，TBTV）和烟草脉扭病毒（tobacco vein-distorting virus，TVDV）］、马铃薯 X 病毒（potato virus X，PVX）、番茄黑环病毒（tomato black ring virus，ToBRV）、烟草坏死病毒（tobacco necrosis virus，TNV）、烟草环斑病毒（tobacco ring spot virus，TRSV）、烟草脆裂病毒（tobacco rattle virus，TRV）、烟草矮化病毒（tobacco stunt virus，TStV）、甜菜曲顶病毒（beet curly top virus，BCTV）、紫云英矮缩病毒（milk vetch dwarf virus，MDV）、野生番茄花叶病毒（wild tomato mosaic virus，WTMV）、烟草脉斑驳病毒（tobacco vein mottle virus，TVMV）、烟草条纹病毒（tobacco streak virus，TSV）、烟草黄矮病毒（tobacco yellow dwarf virus，TYDV）、黄花稔黄色花叶病毒（sida yellow mosaic virus，SYMV）等（http://ephytia.inra.fr/en/P/94/Tobacco）。

PVY 和 TSWV 严重时也为害茎部，引起坏死。SYMV 严重时也为害果实，引起花蕾萼片皱缩，凹凸不平，成熟干枯时可见清晰的竖条纹状。

烟草部分病毒病害症状如图 1-2-1 所示。

在烟草生育期中，上述侵染性病毒病害尤其是 TMV，发生后如遇到连续阴雨后的高温日灼，通常会产生各种坏死斑，加重危害程度。烟草早期感染 PVY 后，生育中后期温度升高，上部叶常出现高温隐症，即受 PVY 侵染的烟株显现花叶和脉坏死症状后，在不利于发病的高温环境条件下，上部叶出现症状隐退或消失的现象。

表 1-2-1 侵染烟草的已知病毒种类

病毒分类	分类地位	名 称	主要传播途径	烟草上典型症状
单链 DNA（ssDNA）病毒	双生病毒科 *Geminiviridae* 曲顶病毒属 *Curtovirus*	甜菜曲顶病毒 beet curly top virus，BCTV	叶蝉 Cicadellidae	菊花顶
	双生病毒科 *Geminividae* 菜豆金色花叶病毒属 *Begomovirus*	烟草曲叶病毒 tobacco leaf curl virus，TLCV	烟粉虱（*Bemisia tabaci*）	矮化，叶片皱缩、卷曲，叶背叶脉增生
		黄花稔花叶病毒 sida yellow mosaic virus，SYMV	烟粉虱	叶片皱缩，叶背生耳叶
	矮缩病毒科 *Nanoviridae* 矮缩病毒属 *Nanovirus*	紫云英矮缩病毒 milk vetch dwarf virus，MDV	蚜虫 Aphidoidea	矮缩聚顶，菊花顶
双链 DNA 逆转录（dsDNA(RT)）病毒	花椰菜花叶病毒科 *Caulimoviridae* 茄内源病毒属 *Solendovirus*	烟草脉明病毒 tobacco vein clearing virus，TVCV	种传	脉明
单链 RNA 逆转录（ssRNA(RT)）病毒				
双链 RNA (dsRNA) 病毒				
负义单链 RNA（(–)ssRNA）病毒	布尼亚病毒科 *Bunyaviridae* 番茄斑萎病毒属 *Tospovirus*	番茄斑萎病毒 tomato spotted wilt virus，TSWV	蓟马 Thripidae、汁液摩擦	半边叶点状密集坏死，不对称生长
正义单链 RNA（(+)ssRNA）病毒	小 RNA 病毒目 *Picornavirales* 豇豆花叶病毒亚科 *Comovirinae* 线虫传多面体病毒属 *Nepovirus*	烟草环斑病毒 tobacco ring spot virus，TRSV	汁液摩擦、烟蚜、线虫、烟蓟马	叶片上同心坏死环斑
		番茄黑环病毒 tomato Black Ring Virus，TBRV	长针线虫（*Longidorus elongatus*）	叶片上坏死斑或坏死环
	芜菁黄花叶病毒目 *Tymovirales* 甲型线状病毒科 *Alphaflexiviridae* 马铃薯 X 病毒属 *Potexvirus*	马铃薯 X 病毒 potato virus X，PVX	汁液摩擦	花叶，褪绿斑驳

（续表）

病毒分类	分类地位	名　称	主要传播途径	烟草上典型症状
正义单链 RNA（(+)ssRNA）病毒	雀麦花叶病毒科 *Bromoviridae* 黄瓜花叶病毒属 *Cucumovirus*	黄瓜花叶病毒 cucumber mosaic virus，CMV	蚜虫、汁液摩擦	黄化斑驳，叶缘上卷，叶基伸长，鼠尾叶，闪电纹
		烟草番茄不孕病毒病 tobmato aspery virus，ToAV	蚜虫、汁液摩擦	花叶斑驳
	雀麦花叶病毒科 *Bromoviridae* 等轴不稳环斑病毒属 *Ilarvirus*	烟草线条病毒 tobacco streak virus，TStV	汁液摩擦	沿叶脉形成坏死斑纹
	马铃薯 Y 病毒科 *Potyviridae* 马铃薯 Y 病毒属 *Potyvirus*	马铃薯 Y 病毒 potato virus Y，PVY	蚜虫、汁液摩擦	花叶斑驳，脉坏死
		烟草蚀纹病毒 tobacco etch virus，TEV	蚜虫、汁液摩擦	沿细脉白色线状蚀刻症
		烟草脉带花叶病毒 tobacco vein banding mosaic virus，TVBMV	蚜虫	在叶脉两侧形成浓绿的带状花叶
		野生番茄花叶病毒 wild tomato mosaic virus，WTMV	蚜虫	叶缘上卷，叶面黄化
		烟草褪绿斑驳病毒 tobacco chlorotic mottle virus，TCMV	蚜虫	叶片褪绿斑驳
		辣椒脉斑驳病毒 chilli vein mottle virus，ChiVMV	蚜虫、汁液摩擦	叶片上褪绿黄化的圆形亮斑
	番茄丛矮病毒科 *Tombusviridae* 甲型坏死病毒属 *Alphanecrovirus*	烟草坏死 A 病毒 tobacco necrosis virus A		
	番茄丛矮病毒科 *Tombusviridae* 乙型坏死病毒属 *Betanecrovirus*	烟草坏死 D 病毒 tobacco necrosis virus D		
	番茄丛矮病毒科 *Tombusviridae* 坏死病毒属 *Necrovirus*	烟草坏死病毒 tobacco necrosis virus，TNV	芸薹油壶菌（*Olpidium braaaicae*）、汁液摩擦	沿叶脉密生不规则或圆形坏死斑

（续表）

病毒分类	分类地位	名　称	主要传播途径	烟草上典型症状
正义单链 RNA（(+)ssRNA）病毒	植物杆状病毒科 *Virgaviridae* 烟草花叶病毒属 *Tobamovirus*	烟草花叶病毒 tobacco mosaic virus，TMV	汁液摩擦	叶缘下卷，大块深绿浅绿相见的斑驳，花叶灼斑
		烟草轻型绿花叶病毒 tobacco mild green mosaic virus，TMGMV	汁液摩擦	沿叶脉褪绿黄花叶
	植物杆状病毒科 *Virgaviridae* 烟草脆裂病毒属 *Tobravirus*	烟草脆裂病毒 tobacco rattle virus，TRV	线虫	叶片上坏死斑点、环，叶片脆裂
	黄症病毒科 *Luteoviridae* 未归属（Unassigned）	烟草脉扭病毒 tobacco vein distorting virus，TVDV	蚜虫	叶片靠近主脉处扭曲，后期叶片细长、顶端扭曲
	未归科（Unassigned） 幽影病毒属 *Umbravirus*	烟草丛顶病毒 tobacco bushy top virus，TBTV	汁液摩擦，在黄症病毒 TVDV 帮助下可以蚜传	矮缩丛顶 烟草丛顶病病原病毒复合体（Tobacco bushy top disease complex）为 TVDV+TBTV
类病毒（viroids）				
卫星病毒（satellite virus）	番茄丛矮病毒科伴随卫星病毒	烟草坏死卫星病毒 tobacco necrosis satellite virus		
	植物杆状病毒科伴随卫星病毒	烟草花叶卫星病毒 tobacco mosaic satellite virus		
卫星核酸（satellite nucleic acid）	小线状单链卫星 RNA	黄瓜花叶病毒卫星 RNA cucumber mosaic virus satellite RNA		
	环状单链卫星 RNA	烟草环斑病毒卫星 RNA tobacco ring spot virus satellite RNA		
	马铃薯卷叶病毒伴随 RNA	烟草脉扭病毒伴随 RNA tobacco vein distorting viurs-associated RNA		

图 1-2-1　烟草部分病毒病害症状

注：自左上依次为，烟草花叶病毒（tobacco mosaic virus，TMV），烟草轻型绿花叶病毒（tobacco mild green mosaic virus，TMGMV），野生番茄花叶病毒（wild tomato mosaic virus，WTMV），马铃薯 Y 病毒（potato virus Y，PVY），辣椒脉斑驳病毒（chilli vein mottle virus，ChiVMV），黄瓜花叶病毒（cucumber mosaic virus，CMV），番茄斑萎病毒（tomato spotted wilt virus，TSWV），紫云英矮缩病毒（milk vetch dwarf virus，MDV），黄花稔黄色花叶病毒（sida yellow mosaic virus，SYMV）。

三、世界烟区病毒病害分布

世界各大洲烟草商业种植十分普遍，目前约有125个国家种植烟草。自20世纪60年代以来，大部分的烟草生产已经从像美国这样的发达国家转移到非洲和亚洲的不发达国家。2016年联合国粮食及农业组织（Food and Agriculture Organization of the United Nations，FAO）收集的官方、半官方或估计的烟草生产数据，年产量居前20位的国家分别是：中国、巴西、印度、美国、马拉维、阿根廷、印度尼西亚、坦桑尼亚、津巴布韦、巴基斯坦、意大利、孟加拉国、韩国、莫桑比克、泰国、赞比亚、越南、土耳其、菲律宾、老挝。

世界植烟区主要集中在温暖多雨地区，由于各烟区气候、耕作制度及品种类型等的不同，病毒病害的分布和种类也有所差别，有些属于世界性分布，有些仅限于局部地区。

（一）亚洲烟区

主要包括东亚的中国、日本、韩国、朝鲜，东南亚和南亚的印度、印度尼西亚、巴基斯坦、孟加拉国、泰国、越南、菲律宾、老挝、缅甸等。东亚地处北温带，气候温和，雨量充沛。中国是全球种植烤烟最多的国家，此外还种植白肋烟、晾晒烟和香料烟，日本主要种植烤烟和白肋烟。主要病毒病害有烟草花叶病毒、黄瓜花叶病毒、马铃薯Y病毒、番茄斑萎病毒、烟草饰纹病毒、烟草脉带花叶病毒、辣椒脉斑驳病毒。东南亚和南亚地处热带、高温多雨。印度、中国和印度尼西亚是居全球前3位的晒烟生产大国。主要病毒病害有烟草饰纹病毒、烟草曲叶病毒、烟草丛顶病、辣椒脉斑驳病毒。

中国有西南、东南、长江中上游、黄淮和北方五大烟区。各烟区气候、种植制度和烟草类型及品种各不相同，多种病毒病害均有发生，但各烟区主要的发生种类亦有差别。

西南烟区 包括云南、贵州、四川。该区气候类型多样，大部分为亚热带高原湿润季风气候，雨季旱季分明，总体属烤烟生长的最适宜区和适宜区。该区烤烟常年种植面积接近60万 hm^2，年产烟叶接近120万t，约占全国烤烟种植面积和产量的60%，是我国最大的烟叶产区。云南宾川和保山分别还是我国白肋烟和香料烟主要产区之一，四川什邡是雪茄烟主要产区之一。种植制度多为4月下旬移栽，8月下旬完成采烤。主要病毒病害有烟草花叶病毒、番茄斑萎病毒、辣椒脉斑驳病毒、马铃薯Y病毒。

东南烟区 包括海南、广东、广西、福建、浙江、江西、台湾全部，江苏和安徽的南部，湖南的东南部，湖北的东部。该区属热带、亚热带温暖季风气候，气候温暖，雨水充足，总体属烤烟生长的适宜区和最适宜区。烤烟、晾晒烟和香料烟等不同类型烟草在区内都有种植，目前约占全国烤烟种植面积和产量的17%。浙江是香料烟主要产区，海南是雪茄烟的主要产区之一。种植制度多为3月上旬移栽，6月下旬完成采烤。主要病毒病害有烟草花叶病毒、马铃薯Y病毒。

长江中上游烟区 包括重庆、四川东部和北部、湖北西部、湖南西部、陕西南部。该区大部分为亚热带湿润季风气候，温暖湿润、雨热同季，总体属烤烟生长的最适宜区和适宜区，烤烟、白肋烟、香料烟和晾晒烟均有种植，目前约占全国烤烟种植总面积和总产量的 10%，也是白肋烟和香料烟的主要产地。种植制度多为 4 月下旬移栽，8 月下旬完成采烤。主要病毒病害有烟草花叶病毒、马铃薯 Y 病毒。

黄淮烟区　包括黄河、淮河流域中下游的山东、河南全部，河北、北京和天津的大部分，江苏、安徽两省北部的徐淮地区。该区属暖温带半湿润半干旱气候，四季分明，降雨集中在夏季，整体属烤烟生长的适宜区。山东、河南曾是我国最大的烤烟产区，目前烤烟种植面积和总产量约占全国的 12%，主要分布在河南许昌、三门峡、平顶山、洛阳和山东临沂、潍坊等地。种植制度多为 5 月上旬移栽，9 月上旬完成采烤。主要病毒病害有烟草花叶病毒、马铃薯 Y 病毒。

北方烟区　包括吉林、辽宁、黑龙江、内蒙古全部，山西大部，河北、陕西、甘肃和新疆的一部分。该区属寒温带湿润半湿润时候，冬季气温低，夏季平均气温 20~25℃，适于烤烟生长发育，整体为烤烟生长的次适宜区和不适宜区，仅辽宁东部有少量适宜区。目前约占全国烤烟种植总面积和总产量的 5%。种植制度多为 5 月上旬移栽，9 月上旬完成采烤。主要病毒病害有烟草花叶病毒、马铃薯 Y 病毒。

（二）南美烟区

主要包括巴西、阿根廷。以热带半干旱气候带和亚热带气候为主，东部湿润，西部干旱。主要种植烤烟和白肋烟。主要病毒病害有烟草花叶病毒、马铃薯 Y 病毒。

（三）北美烟区

主要包括美国、加拿大、古巴、墨西哥等。这一地区地处北温带，以温带大陆性气候为主，东部湿润，西部干旱。美国主要种植烤烟和白肋烟，产量分别位居全球第二和第一，加拿大主要种植烤烟，古巴是深色晾烟的最大生产国。主要病毒病害有烟草花叶病毒、番茄斑萎病毒、烟草环斑病毒、烟草脉带花叶病毒。

（四）非洲烟区

主要包括非洲东南部的马拉维、坦桑尼亚、津巴布韦、莫桑比克、赞比亚、尼日利亚等。这一地区以热带草原气候为主，气候温和。主要种植烤烟和白肋烟。主要病毒病害有烟草花叶病毒、马铃薯 Y 病毒、烟草蚀纹病毒、烟草丛顶病毒。

（五）欧洲烟区

主要包括意大利、土耳其、希腊、保加利亚、波兰、英国、德国、法国等。西欧为温带海洋性气候，南欧为地中海气候，东欧、中欧及其他大部为温带大陆性气候。全球香料烟种植主要集中在东欧和中东地区，土耳其是香料烟的最大生产国，其次还有希腊、保加利亚等。主要病毒病害有烟草花叶病毒、黄瓜花叶病毒、马铃薯 Y 病毒、烟草脆裂病毒、番茄斑萎病毒、烟草蚀纹病毒。

（六）大洋洲烟区

包括澳大利亚、新西兰、斐济。北部属热带，南部属温带，主要烟区分布在昆士兰州北部，烤烟约占该国烟草总量的 96%。主要病毒病害为烟草花叶病毒。

四、烟草病毒病害控制策略

根据病毒病害的机械接触或介体传播及流行特点，针对其传播为害和发生流行的关键环节，选用综合的防治措施，控制初传染源和切断传播途径。主要有选用抗（耐）病品种、加强检疫、改进栽培技术和药剂防治等 4 个方面。

（一）选用抗（耐）病品种

加强烟草种质资源的抗性鉴定，筛选不同种质的抗源；选育新的具有单抗、双抗或多抗的抗性较为持久的优良品种；改良单抗的优质品种。因地制宜，择优种植抗（耐）病品种，例如 TMV 极易通过田间不可避免的多次农事操作传播，但已发现粘烟草（*Nicotiana glutinosa*）的显性抗病 *N* 基因，在防治上应以选用抗病良种为主体。三生 NN 烟（*Nicotiana tabacum* var. Samsun NN）和 Kentucky 56 分别是利用 *N. glutinosa* 抗性 *N* 基因育成的第一个香料烟和白肋烟品种。

（二）加强检疫

对检疫性病毒病害，应严禁以各种途径和方式传入或跨区域传播。植物病毒的寄主广泛，茄科作物番茄、辣椒、烟草是多种病毒的共同寄主，极易相互传播。例如，我国于 2003 年在辣椒上检疫检测到的 ChiVMV，2011 年已由辣椒传至烟草，近几年在云南、贵州、四川、东北和山东迅速传播。又如在西南烟区发生的 TSWV，近年已北上蔓延至山东临沂。对种传和病残体传播的病毒病害，尤其是 TMV，应进行种子处理、田间清洁和土壤消毒，减少毒源，控制其蔓延。

（三）改进栽培技术

通过改进栽培技术，加强栽培管理，使植烟区有一个比较合理的种植结构，创造有利于烟株生长而不利于病毒侵染和传播的环境条件，尤其对尚缺少抗病品种的一些病毒病害，如 CMV，更为重要。栽培措施中与病毒病害发生比较密切的有：苗床剪叶、大田移栽、施肥施药、打顶抹杈、采收采烤等农事操作。要培育壮苗，带药剪叶，预防苗期感染病毒病。田间合理布局品种，种植诱蚜作物或黄板诱蚜，科学肥水管理，减少不必要的农事操作，减少病毒在田间的再侵染和传播蔓延。

（四）药剂防治

首先应在充分做好农业栽培防病的基础上进行。对病毒病要从苗期开始喷施抗病毒剂进行保护和预防（表 1-2-2），如盐酸吗啉胍、混合脂肪酸、三十烷醇、甾烯醇、乙酸铜、硫酸铜、宁南霉素、氨基寡糖素、香菇多糖、寡糖・链蛋白、超敏蛋白、香芹酚等。移栽后及时喷施高效、低毒、低残留的杀虫剂防治传毒介体昆虫，以控制病毒病的发生和传播。对已发生病毒病的烟田，可以喷施氨基酸类叶面肥或磷酸二氢钾，以缓解症状、减轻损失。

表 1-2-2　烟草上登记使用的抗病毒制剂种类

化学类	生物类
20% 盐酸吗啉胍可湿性粉剂	8% 宁南霉素水剂
30% 盐酸吗啉胍可溶粉剂	2% 嘧肽霉素水剂
18% 丙唑・吗啉胍可湿性粉剂	0.5% 氨基寡糖素水剂
5.6% 嘧肽・吗啉胍可湿性粉剂	2% 氨基寡糖素水剂
20% 吗胍・乙酸铜可湿性粉剂	5% 氨基寡糖素水剂
20% 吗胍・乙酸铜可溶粉剂	0.5% 香菇多糖水剂
8% 混脂・硫酸铜水乳剂	2% 香菇多糖水剂
24% 混脂・硫酸铜水乳剂	5% 香芹酚可溶液剂
30% 混脂・络氨铜水乳剂	3% 超敏蛋白微粒剂
6% 烯・羟・硫酸铜可湿性粉剂	6% 寡糖・链蛋白可湿性粉剂
10% 混合脂肪酸水乳剂	
40% 混合脂肪酸水乳剂	
50% 氯溴异氰尿酸可溶粉剂	
0.06% 甾烯醇微乳剂	

第三节　烟草病毒学发展史

植物能够利用光合作用吸收二氧化碳，释放氧气并产生有机物质，是食物链中的生产者，是生物圈的重要组成部分。受病毒侵染的植物通常表现变色、畸形或坏死，造成产量损失和品质变坏，影响人类的生产活动。病毒病对全球作物产量的影响，促使人们对植物病毒进行深入研究。

尽管目前动物病毒学的研究领先于植物病毒，但人类第一个研究的病毒却是植物病毒。烟草花叶病毒（TMV）是见证病毒学建立和发展的模式病毒，而烟草则是植物病毒学研究中重要的模式植物之一。

植物病毒学的发展史基本是 TMV 的研究史，大致经历了 4 个时期——发现病毒、揭示病毒本质、研究病毒与寄主的互作关系、开发利用病毒载体，每一时期都有标志性的经典发现（高尚荫，1986；谢天恩等，2002；许志刚，2003；谢联辉，2007；R. 赫尔，2007）。

一、发现病毒

（一）症状描述时期

这一时期主要是描述植物病毒的花叶和畸形症状。例如，在 17 世纪的荷兰，人们把表现碎色花症状的郁金香视为特别的品种，但并不知道碎色花是由郁金香碎色花病毒（tulip breaking virus，TuBV）侵染所致，因为当时尚未发现“病毒”这一病原微生物。通常感染水平较低，叶片出现颜色较淡的条纹斑，花瓣出现条纹图案，相较纯色花朵更精美。但重病植株生长不良，叶缘呈波纹状或扭曲，导致种球逐年退化。

又如，人们很早就发现一种花叶畸形症状的烟草病害（图 1-3-1），严重影响烟叶生产。1879 年荷兰的烟草农场遭遇其洗劫，导致农业大灾难，农民向科学家 Mayer 求助。1886 年 Mayer 第一次使用“花叶”一词描述这种病害，并开始了对病汁液侵染性的研究。

图 1-3-1　花叶畸形症状的烟草病害[①]

（二）病原认识时期

这一时期主要是认识到病毒是不同于细菌的滤过性毒液，能增殖却不能离体培养。19 世纪后半叶，科学家已经确立：植物的侵染性病害是由微生物引起的，且病原细菌不能通过细菌滤器（0.2 μm）。在此基础上，科学家发现了烟草花叶病的病原——病毒。

1886 年 Mayer 证实了烟草花叶病病汁液的传染性，但如果将病汁液煮沸后再接种，则病害不能传播。1892 年 Ivanowski 发现病汁液通过细菌滤器后仍具有致病力，当时以为是细菌毒素致病，称其为“滤过性致病因子”。

① 现在已知是烟草花叶病毒（tobacco mosaic virus, TMV）病株。

1898 年 Beijerinck 重复滤过性试验，称这种新的致病因子为“侵染性活液”，并总结了其 3 个特点：能通过细菌滤器；仅在感染细胞内繁殖；在体外非生命物质中不能生长。这一发现标志着病毒学的诞生，Beijerinck 使用病毒（virus）一词以区别于细菌（bacteria），滤过性病毒（filterable viruses）开始被广泛使用，随后逐渐去掉滤过性（filterable），直接用病毒（virus，复数形式 viruses）一词。他后来被誉为病毒学之父。

Ivanowski 虽然未能提出病毒一词，但他采用的滤过性试验成为发现和研究病毒病害的重要方法。随后，科学家利用滤过性试验发现了很多疾病的病原物为病毒，如噬菌体、口蹄疫病毒、天花病毒、狂犬病毒、脊髓灰质炎病毒等。

1915 年 Twort 发现葡萄球菌（*Staphylococcus*）的噬菌斑，推断这种裂解细菌的可以连续传递的物质也是一种滤过性病毒。1917 年 d'Herelle 发现细菌裂解现象，并证明裂解因子在传递中能增殖，将其命名为细菌噬菌体（bacteriophage）。噬菌体疗法后来成为耐药细菌病害控制的有效手段之一（图 1-3-2）。

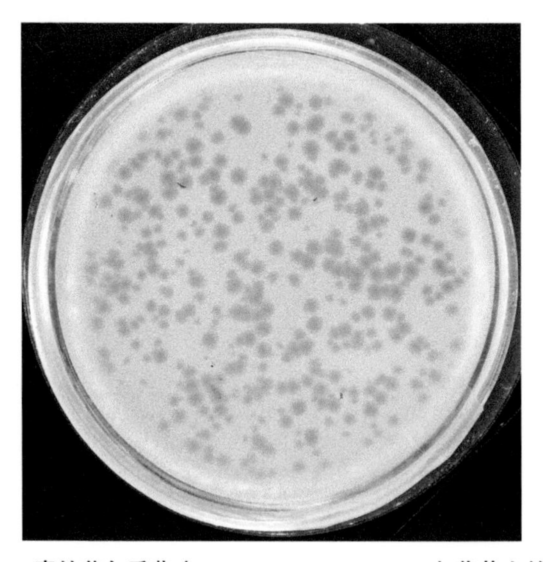

图 1-3-2　青枯劳尔氏菌（*Ralstonia solanacearum*）菌苔上的噬菌斑

同样，通过滤过性试验，1916 年 Doolittle 和 Jagger 首先在黄瓜上发现黄瓜花叶病毒（CMV），之后各国学者在多种植物上分离到该病毒。1931 年 Smith 首先在马铃薯上发现马铃薯 Y 病毒（PVY），从 1953 年起该病在欧洲尤其是马铃薯种植区流行，之后美洲和亚洲等多国学者在烟草上分离到该病毒。

（三）病理学与流行学时期

这一时期发现介体昆虫能传播某些病毒、指示寄主以及病毒可以变异；但是尚不清楚病毒的形态、组成和遗传物质等。

嫁接几乎能传播所有植物病毒，机械摩擦能传播大多数病毒，而有些病毒则需要介体传播。例如，1904—1958 年，Baur、Kunkel、Fukushi、Hewitt、Grogan 分别发现嫁接能传播苘麻的侵染性彩斑，灰飞虱（*Laodelphax striatellus*）和电光叶蝉（*Recelia dorsalis*）分别传播水稻条纹叶枯病毒（rice stripe virus，RSV）和水稻矮缩病毒（rice dwarf virus，RDV），标准剑线虫（*Xiphinema*）传播葡萄扇叶病毒（grape vine fan leaf virus，GFLV），油壶菌（*Olpidium*）传播生菜大静脉病毒（lettuce big vein virus，LBVV）。

现已皆知蚜虫、叶蝉、蓟马、粉虱是烟草病毒病的重要媒介昆虫。其中，蚜虫能传播 PVY、ChiVMV、CMV 等多种烟草病毒，叶蝉传播 BCTV，蓟马传播 TSMV，粉虱能传播番茄黄化曲叶病毒（tomato yellow leaf curl virus, TYLCV）、TLCV 和 SYMV。

1929 年 Holmes 发现粘烟草（*N. glutinosa*）（因其叶片心形，亦称心叶烟）接种 TMV 后产生过敏反应（hypersensitive response，HR），表现接种叶枯斑（图 1-3-3）。1931 年 Samuel 发现该 HR 具有温度敏感性：28℃以下发挥抗性，表现接种叶枯斑；28℃以上抗性丧失，表现系统花叶，当移回 28℃以下时，抗性丧失发生逆转，但植株会死于致命的系统性过敏反应（lethal systemic HR，SHR）。1934 年 Samuel 采用初发枯斑（primary lession）进行病毒定量。单斑分离（single spot separation）也成为病毒分离纯化的重要生物学方法。

图 1-3-3 TMV 的枯斑寄主粘烟草（*N. glutinosa*）

1925 年 Dick-son 发现几种病毒侵染同一植物后具有加重病害症状的协生作用；1929 年 McKinney 又发现植物病毒株系间存在干扰现象。1930 年 Mchinney 和汤清香发现病毒变异可以产生致病力强弱不等的毒株。1934 年 Holmes 通过热处理筛选出 TMV 弱毒株系 M，用其预防番茄花叶病。

1927 年 Dvorak 发现植物病毒汁液的抗原性及可以制备抗血清；随后 1928 年 Beale 发

现烟草被花叶病侵染后，会产生一种特异性抗原。1931 年 Smith 利用指示寄主曼陀罗和蚜传特性区分 PVX 和 PVY。1935—1936 年 Chester 证明用血清学方法不仅可以区分 TMV 和 PVX 的不同株系，还可以估算病毒的浓度。这是病毒血清学定性和定量的原型试验。

二、揭示病毒本质

（一）生物化学与生物物理学时期

这一时期提纯 TMV 结晶并证实其由蛋白质和核酸组成，观察到 TMV 粒体为杆状，以及证明 TMV 中的 RNA 是遗传物质，核酸具有侵染性、外壳蛋白（coat protein，CP）具有保护作用。这得益于电子显微镜、电泳、色谱等生化研究方法的应用，为植物病毒的核酸及蛋白质研究提供了条件，开始了对病毒本质的研究。

1. TMV 由外壳蛋白和核酸组成

1927 年 Vinson 实现了 TMV 的粗提纯；1935 年 Stanley 第一次把 TMV 提纯为结晶，认为病毒是蛋白质。他与结晶出脲酶的 Sumner 和结晶出胃蛋白酶的 Northrop 分享了 1946 年的诺贝尔化学奖。1936 年 Bawden 和 Pirie 进一步分离出了液晶态的含有戊糖类型核酸的核蛋白；随后 1937 年 Best 证实了 TMV 结晶物为核酸与蛋白质所构成的核蛋白性质，从而揭露了病毒由外壳蛋白和核酸组成的本质。

1939 年 Kausche 等首次在电子显微镜下，观察到 TMV 的直杆状颗粒。如同对病原真菌和细菌的显微观察一样，至此，引发烟草花叶病的病原病毒的形貌（图 1-3-4），终于呈现在科学家面前。

图 1-3-4　TMV 粒体形态（朱贤朝等，2001）

2. 病毒核酸的侵染性及外壳蛋白的保护作用

科学家最初主要关注病毒的蛋白质部分，是因为已知在细胞内执行重要功能的酶是蛋白质，未认识到 RNA 易受酸、碱、酶水解，因此未关注核酸。1952 年 Hershey 和 Chase 的大肠杆菌噬菌体及 Schramm 等的 T 噬菌体的侵染试验，均发现侵入细菌内部的是 DNA，留在细菌外壁的是蛋白质外壳。由此人们开始认识到 TMV 中 RNA 的重要性。

1951—1953 年 Brakke 建立了纯化病毒的密度梯度离心法，这是病毒分离提纯鉴定的重要技术。蔗糖密度梯度分部分离技术后来也促进了病毒粒子多分体现象的发现，如双分体病毒烟草脆裂病毒（TRV）、三分体病毒黄瓜花叶病毒（CMV）和苜蓿花叶病毒（alfalfa mosaic virus，AMV）。

随后 1955—1956 年 Fraenkel-Conrat 和 Williams、Gierer 和 Schramm 的 TMV 蛋白质和核酸分离侵染试验（图 1-3-5），以及 Fraenkel-Conrat 和 Singer 的植物病毒重组试验（图 1-3-6），都证明：RNA 也是遗传信息的载体，TMV 的 RNA 是遗传物质、能独立侵染烟草并决定后代的病毒类型，而蛋白质外壳具有保护核酸的作用。

至此，病毒的本质概括为：由蛋白质外壳和核酸组成的能自我繁殖的、具有侵染活性的细胞内寄生物。到 1991 年，Matthews 给出病毒的定义：通常包裹在由蛋白质或脂蛋白组成的一个或一个以上的保护性衣壳中，只能在适当的寄主细胞内完成其自身复制的一个或一套核酸模板分子。

人们对病毒的关注从蛋白转移到核酸，预示着分子病毒学的到来。

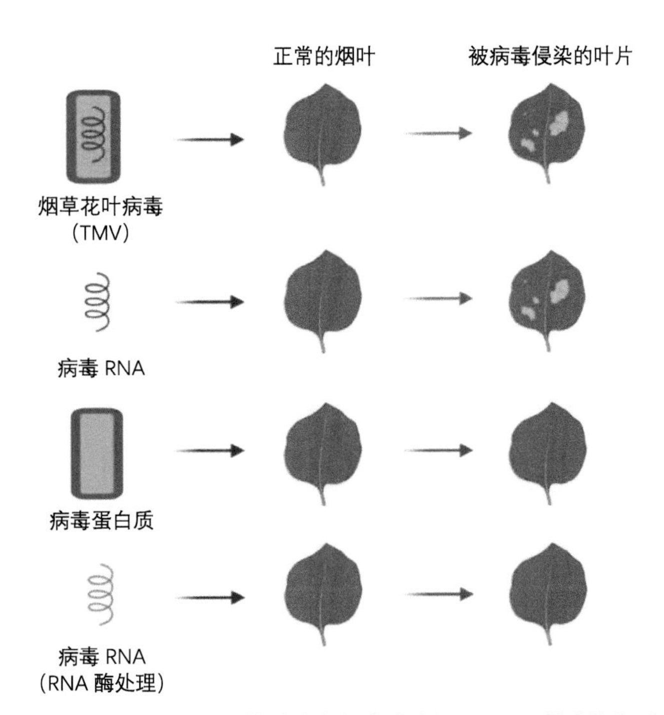

图 1-3-5　TMV 蛋白和核酸分离侵染试验证明 RNA 是遗传物质

注：用化学方法或石炭酸处理 TMV，去掉蛋白质只留下 RNA，再将 RNA 接种到正常烟草上，结果发生了花叶病；如果用蛋白质部分侵染正常烟草，则不发生花叶病；如果用 RNA 酶处理提纯的 RNA，再接种到烟草上，也不能产生新的 TMV。这证明 RNA 是遗传物质。

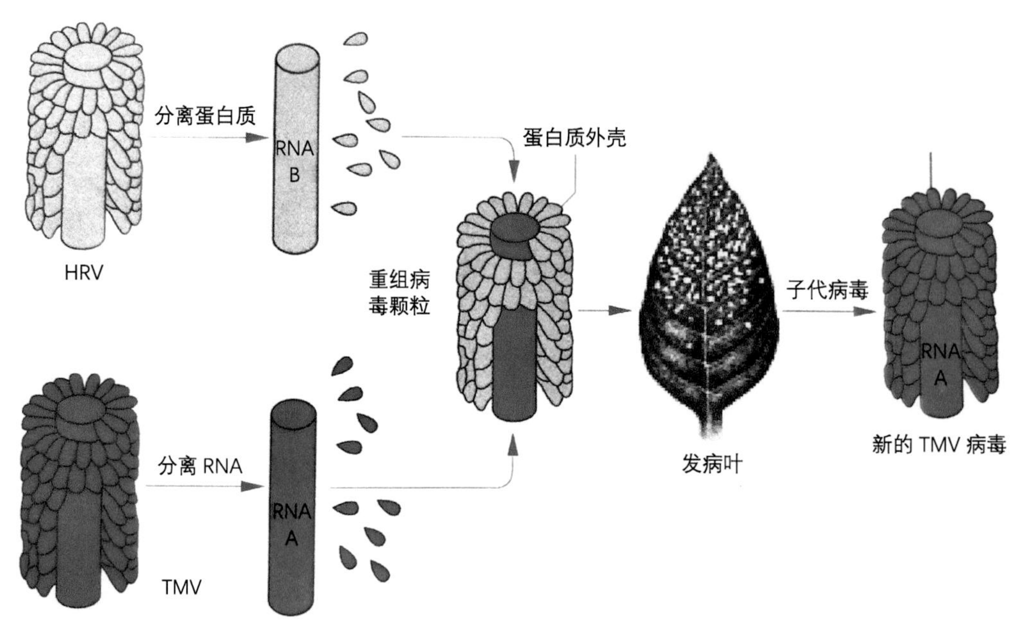

图 1-3-6　植物病毒重组试验证明 RNA 是遗传物质（刘庆昌等，2009）

注：采用分离和聚合的方法，把 TMV 的 RNA 与霍氏车前草病毒（Holmes ribgrass birus，HRV）的蛋白质外壳结合，重新合成杂合的病毒颗粒，用它感染烟草植株，所产生的新病毒颗粒与 TMV（提供 RNA 的病毒）完全一致，即亲本的 RNA 决定了后代的病毒类型，而与蛋白质无关。这直接证明了 RNA 才是遗传物质。

（二）分子病毒学时期

这一时期主要是测定了 TMV 的外壳蛋白 CP 序列，完成了 TMV 的基因组测序，开创了病毒的血清学检测和分子检测，发现了 RNA 复制酶（RNA replicase）、逆转录酶（reverse transcription）及朊病毒（prion virus）等。人们对病毒的关注，从蛋白质转向核酸，从结构转向功能，发展出植物分子病毒学。这是病毒学最重要的基础发展时期。

1. TMV 外壳蛋白 CP 氨基酸序列

1953 年 Sanger 完成胰岛素的氨基酸序列测定，这是第一个被测序的蛋白质，直接促进了对病毒核酸与氨基酸序列的分析，为诠释病毒基因组及其蛋白质功能奠定了基础。第一代测序技术也被称为 Sanger 测序。1960—1966 年 Anderer 等完成 TMV 外壳蛋白的一级结构测定，最早确定了 CP 的 158 个氨基酸序列。这进一步确立了遗传密码的通用性。

2. 病毒的基因组作图与 TMV RNA 序列

利用单细胞或单层组织进行病毒同步感染的一步生长曲线，是研究噬菌体和动物病毒复制的重要方法。如同噬菌斑，一个病毒蚀斑为一个病毒体的繁殖后代品系，在细胞培养中做蚀斑是一种较精确的测定病毒感染的方法，蚀斑技术是病毒纯化、病毒定量、测定干扰素和抗体中和病毒繁殖能力的重要方法。

而利用多细胞的叶片或植株来感染病毒，最初受感染的细胞仅约 1%，病毒须经过再感染才能到达其余细胞，这样大部分细胞处在病毒感染的不同时期，不适宜于病毒感染复制过程的测定。

1966—1969 年 Coking 和 Takebe 等研究建立的原生质体系统，促进了对植物病毒侵染复制和细胞变化过程的理解。聚乙二醇（polyethylene glycol，PEG）介导的 TMV 对烟草原生质体系统及 BY-2 悬浮细胞系统的侵染（图 1-3-7），直接促进了植物病毒的基因组作图（田波和奚仲兴，1976）。

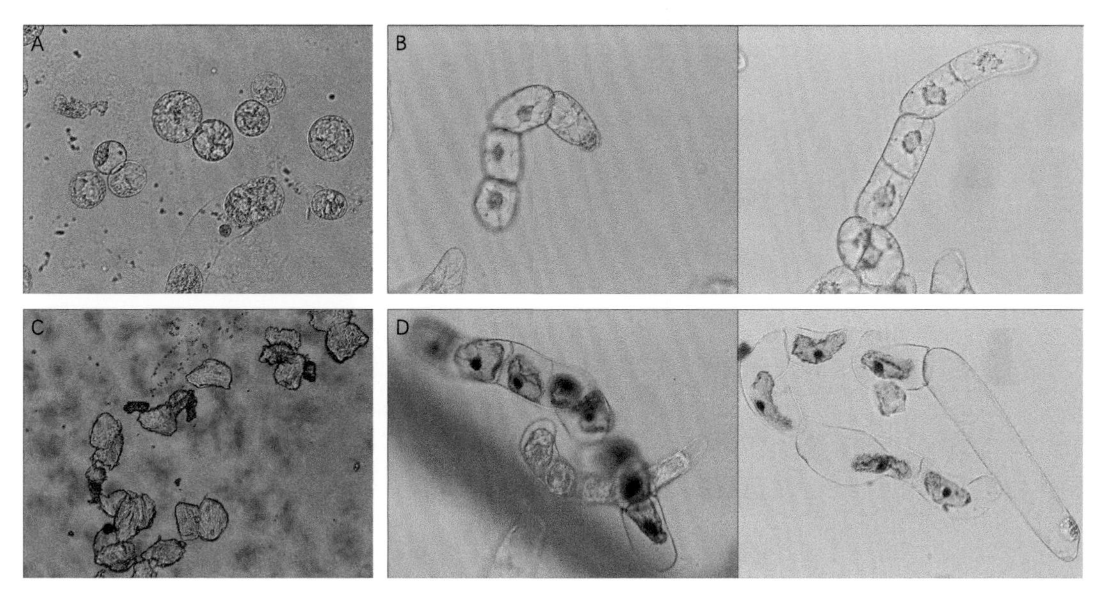

图 1-3-7 烟草叶片原生质体和 BY-2 悬浮细胞

注：A 和 C 为原生质体；B 和 D 为悬浮细胞。尖端的新生细胞萌芽及活细胞的清晰网状连丝；凋亡细胞或被侵染的细胞其细胞核被伊文斯兰染成蓝色，核仁呈深蓝色，细胞内物质浓缩，游离于细胞壁。

1982 年 Goelet 等完成了 TMV 普通株系 Vulgare 的 RNA 测序。1985 年西口正道理清了 TMV 弱毒株系的全部核苷酸序列。随后科学家利用 TMV 第一次证实病毒核酸的突变反映在外壳蛋白的氨基酸序列上。

病毒没有活化石，但 NCBI 上众多的病毒或病毒株系的核酸序列是病毒的分子化石（molecular fossil）。对 TMV 普通株系结构和功能的注释（图 1-3-8）以及后续多种病毒及其株系的报道都离不开一代 Sanger 测序、二代平行测序及三代单纳米孔和单分子实时测序技术的发展。

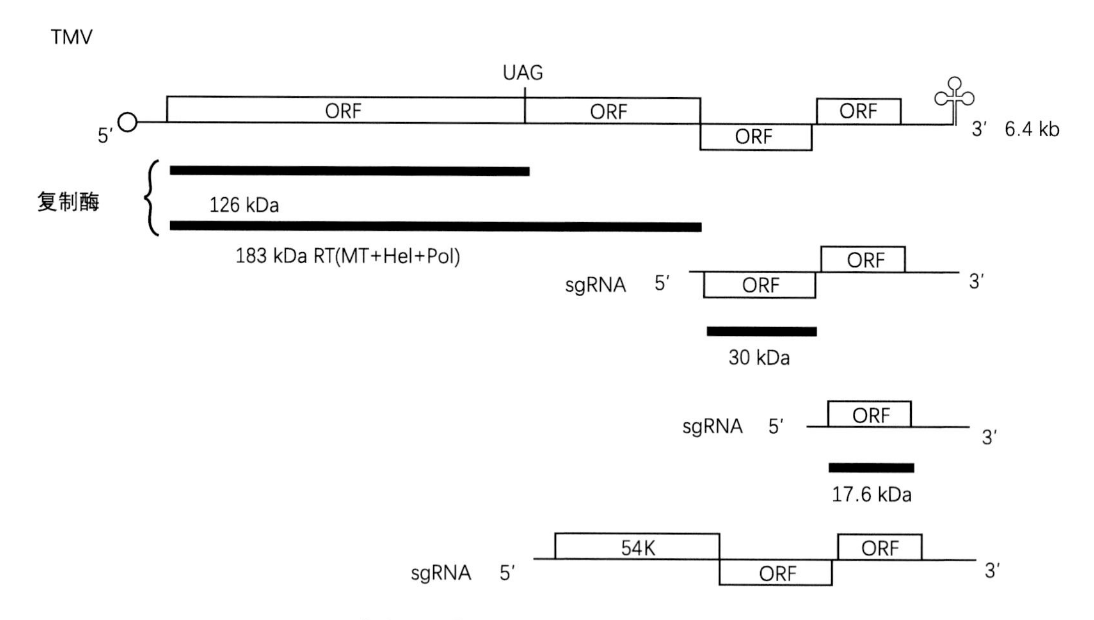

图 1-3-8　烟草花叶病毒（TMV）基因组结构（谢联辉，2007）

注：TMV 基因组为正义单链 RNA，全长 6.4 kb，含 4 个 ORF（open reading frame，开放阅读框）。ORF1 编码具有甲基转移酶和解旋酶活性的 126 kDa 蛋白；ORF1 通读产生 ORF2，编码的 183 kDa 蛋白与 126 kDa 蛋白共同构成 RNA 复制酶（RNA-dependent RNA polymerase, RdRp）；ORF3 编码 30 kDa 的运动蛋白（move protein, MP）；ORF4 编码 17.6 kDa 的外壳蛋白（coat protein, CP）。

3. 病毒的酶联免疫吸附及聚合酶链式反应检测

1977 年 Clark 与 Adams 开创了病毒的酶联免疫检测（enzyme linked immunosorbent assay，ELISA）技术，此后又发展出间接、双抗夹心、免疫捕捉等多种 ELISA 方法。ELISA 因其简便实用的特点现已成为广泛应用的病毒病害的检测方法之一。1982 年 Dietzen 和 Sander 及同年 Briand 都进行了 TMV 单克隆抗体的研究工作。自此，单克隆抗体用于多种植物病毒的诊断，最重要的有免疫印迹（硝酸纤维素膜）、免疫试纸条（特异性抗体球蛋白 IgG）。这些基于病毒外壳蛋白的血清学诊断是病毒病早期检测的重要手段。

1983 年 Mullis 创建了体外扩增技术——聚合酶链式反应（polymerase chain reaction，PCR），标志着分子生物学时代的到来。此后又发展出多重 PCR、荧光定量 PCR 等多种方法。PCR 技术不仅增进了人们对病毒基因组结构和功能的理解，而且因其灵敏度高的特点现已成为广泛应用的病毒定性和定量检测方法（表 1-3-1、图 1-3-9）。

表 1-3-1 病毒多重 PCR 检测引物序列

病毒	引物序列（5′-3′）	扩增片段长度
TMV	F: GTCTTACAATATCACTACTCCG	480 bp
	R: CCAGAGGTCCAAACAAA	
CMV	F: TCTGAATCAACCAGTGC	380 bp
	R: GCGGACTGTACCCAC	
PVY	F: GCAGAAGATCATCCA	300 bp
	R: GCGCAATCTGGACAT	
TSWV	F: ACCCTCTGATTCAAGCCTATGGATTACCTCTTG	1 000 bp
	R: GCACAGTGCAAACTTTCCCTAAGGCTTCCCTAG	
ChiVMV	F: AATTTGTACAGGAGAAGATAG	1 705 bp
	R: CTTCATTYGCTATDATTGTTGG	

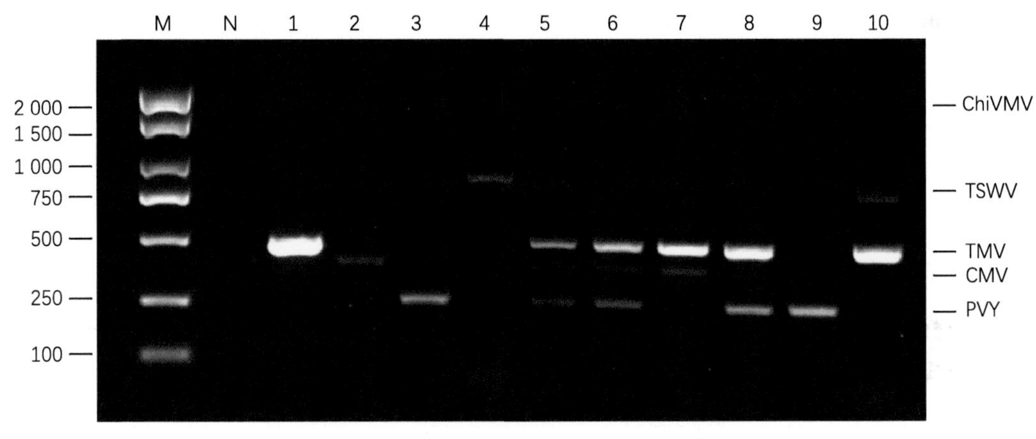

图 1-3-9 烟草主要病毒的多重 PCR 检测

注：M，2 000 bp；N，阴性对照，以 RNase-free H_2O 为 PCR 模版；1. TMV 侵染；2. CMV 侵染；3. PVY 侵染；4. TSWV 侵染；5. TMV、CMV、PVY、TSWV 复合侵染；6. TMV、CMV、PVY 复合侵染；7. TMV、CMV、TSWV 复合侵染；8. TMV、PVY、TSWV 复合侵染；9. PVY 侵染；10. TMV、TSWV 复合侵染。

4. RNA 病毒、逆转录病毒、DNA 病毒及亚病毒

在夏格夫法则（Chargaff's rules）、DNA 双螺旋结构模型、DNA 半保留复制假说之后，1958 年 Francis Crick 提出中心法则，即遗传信息从 DNA → DNA 的复制、DNA → mRNA 的转录，以及 mRNA →蛋白质的翻译过程，这是中心法则的最初形式，也是所有有细胞结构的生物所遵循的生命法则（图 1-3-10）。

而病毒是非细胞结构的简单生物。对 RNA 病毒、逆转录病毒、DNA 病毒及亚病毒的研究，不仅使遗传信息的传递与表达机制进一步得到确认，也使中心法则的内容不断丰富。

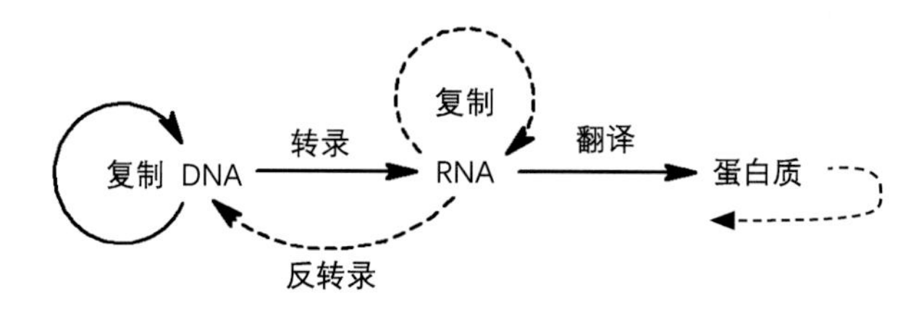

图 1-3-10 中心法则的遗传信息流向

1965—1970 年 RNA 复制酶（RNA replicase）和逆转录酶（reverse transcription）的发现，证实一些 RNA 病毒，如 TMV 中能以 RNA 为模板复制 RNA；在逆转录病毒劳斯肉瘤病毒（rous sarcoma virus，RSV）中能以 RNA 为模板逆转录成 DNA。植物双链 DNA 病毒花椰菜花叶病毒（cauliflower mosaic virus，CaMV）为 DNA 反转录病毒，属于拟逆转录病毒，在繁殖和扩散时发生反转录。拟逆转录病毒像逆转录病毒一样通过逆转录复制，但病毒颗粒含有 DNA 而不是 RNA。

随后，不具有完整结构的亚病毒（subviruses），包括类病毒（viroid）、拟病毒（virusoids）和朊病毒（prion virus）的发现，证实一些 RNA 分子和蛋白质也具有侵染致病性。

1971 年 Diener 在研究马铃薯纺缍块茎病时，发现病原物是一种具有侵染性的能自我复制的单链 RNA 分子，即马铃薯纺锤形块茎病类病毒（potato spindle tuber viroid，PSTV）。类病毒可通过植物表面的机械损伤感染高等植物，并表现出一定的症状，也可以通过花粉和种子垂直传播。

1981 年 Randles 在绒毛烟斑驳病毒（velvet tobacco mottle virus，VTMoV）上，分离到类似于类病毒的小的环状单链 RNA，即拟病毒。拟病毒的侵染对象是植物病毒，被侵染的植物病毒被称为辅助病毒；拟病毒必须通过辅助病毒才能复制。单独的辅助病毒或拟病毒都不能使植物受到感染。

早在 1955 年，Gajdusek 在研究新几内亚 Fore 部落流行的致命传染病库鲁病（kuru）时，认为病原是一种慢性的未知病毒，并因发现库鲁病是一种类似于人类脑神经退化而痴呆的古兹菲德 - 雅各氏病（Creutzfeldt-Jakob）的传染病，而获得 1976 年诺贝尔生理学和医学奖，后来此病原被 Prusiner 证实是人类朊病毒病。

1982 年 Prusiner 在研究羊瘙痒病时，发现病原体是一种结构异常的蛋白质侵染因子，即朊病毒，并提出蛋白质构象致病假说。朊病毒是一类能侵染动物并在宿主细胞内复制的小分子无免疫性疏水蛋白质，它不含任何核酸，并不能进行自我复制，但可借助食物进入消化道，再经淋巴系统侵入大脑。当结构异常的 SC 型朊病毒蛋白（PrP）接触到了生物体内正常的 C 型 PrP 时，则导致 C 型变成了 SC 型，从而引起哺乳动物的中枢神经系统病变（图 1-3-11）（方元，2000；王大伟等，2000；任衍钢等，2011）。

朊病毒的发现不仅是对生物学遗传法则的完善，也促进了对人类神经退行性疾病的深入研究。Prusiner 也因研究 Creutzfeldt-Jakob 病原体的贡献而获 1997 年诺贝尔生理学和医学奖。

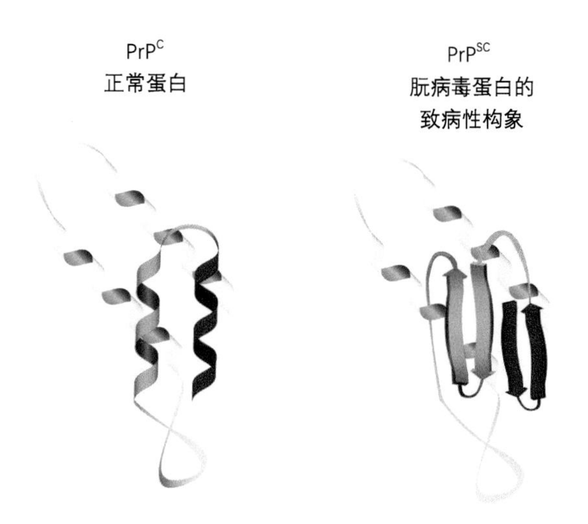

图 1-3-11 朊病毒蛋白（PrP）的正常构象 C 型及致病性构象 SC 型

注：C 型（PrP^C）和 SC 型（PrP^{SC}）由同一基因编码，氨基酸序列相同但构象不同。C 型以 α 螺旋为主，β 折叠仅占 3%；SC 型中 β 折叠占 43%，易于聚集成具有细胞毒性的高分子量的不溶性复合物沉积而致病。

上述这一时期，对植物 RNA 病毒结构和功能的确认，RNA 复制酶和逆转录酶的发现，以及对 DNA 病毒和亚病毒的研究，为后续对病毒致病机制、病毒与寄主或传毒介体的互作、构建和应用重组病毒，以及对病毒病靶向控制的研究奠定了重要基础。

三、研究病毒与寄主的互作关系

得益于当代植物病毒学时期的几项关键技术——反向遗传学、酵母双杂交、病毒基因组标记，病毒的致病性、植物的抗病性以及病毒与寄主的互作关系的研究飞速发展。病毒的致病性包括：病毒的侵染与复制、胞间运动及系统扩散。植物的抗病性包括：主效单基因控制的垂直抗性和微效多基因控制的水平抗性（谢联辉，2007；钱礼超等，2014）。病毒与寄主植物的互作是寄主抗病性和病毒致病性相互博弈的过程和共生进化的体系。

这一时期的经典发现有：正义单链 RNA（(+)ssRNA）病毒利用寄主内膜系统复制增殖，通过胞间连丝（plasmodesmata，PD）进入邻近细胞，以及在韧皮部筛分子（sieve element，SC）内进行长距离移动；TMV 无毒基因 *p50* 及含 *N* 基因的烟草抗 TMV 机理；病毒诱导的基因沉默（virus induced gene silencing，VIGS）及寄主基础防卫反应。

（一）病毒的侵染复制与运动扩散

TMV 通过介体或者机械摩擦产生的微伤口进入植物细胞后，脱掉外壳蛋白，进行子代病毒核酸的复制和蛋白质的合成；然后子代病毒核酸与翻译表达的运动蛋白 MP 形成 MP-RNA 复合体，通过胞间连丝转移到邻近细胞；与 CP 亚基组装为成熟的子代病毒粒体，通过共质体运输（植物细胞通过胞间连丝进行物质转运）经侧脉进入维管束系统，到达筛分子后，随代谢物流进行快速的长距离移动扩散，建立系统侵染。

1. 病毒复制

TMV 是利用内质网（endoplasmic reticulum，ER）膜凹陷形成的布袋结构进行复制。Schwartz 等（2004）研究证明病毒诱导的膜重排支持正链 RNA① 病毒基因组复制。Ahlquist（2006）在综述正链 RNA 病毒、逆转录病毒和双链 RNA（dsRNA）病毒之间的相似性时，总结道：一些正链 RNA 病毒的非病毒粒子、细胞内 RNA 复制复合物，与逆转录病毒和双链 RNA 病毒的细胞外病毒粒子复制核心的结构、组装和功能相同（图 1-3-12）。

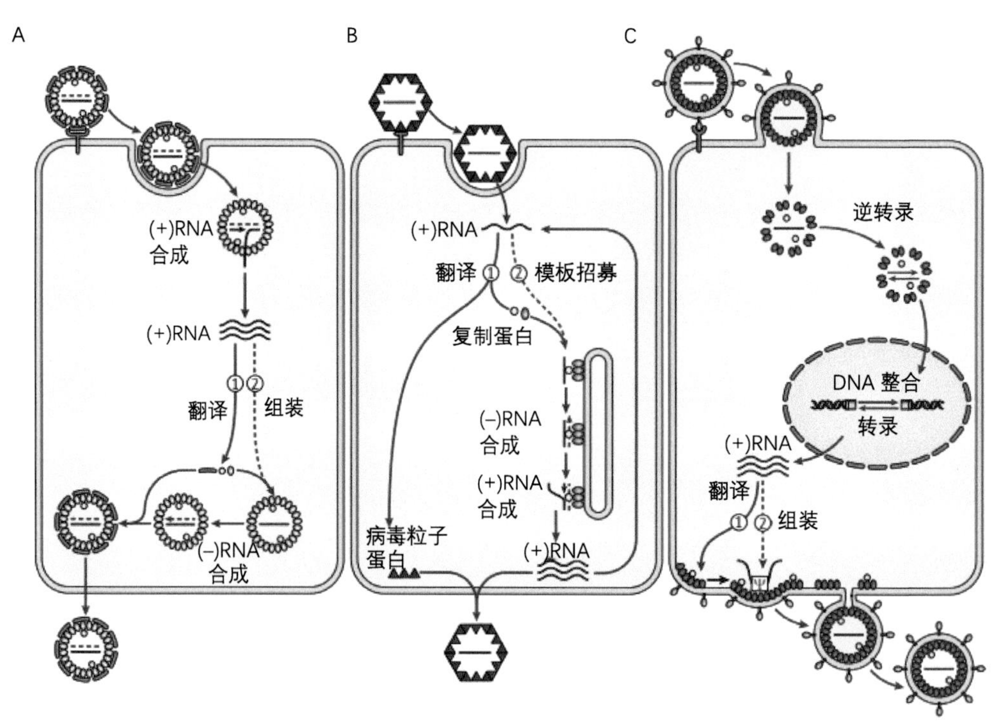

图 1-3-12　双链 RNA 病毒、正链病毒及逆转录病毒的不同生命周期（Ahlquist，2006）

注：A. 双链 RNA 病毒；B. 正链 RNA 病毒；C. 逆转录病毒。3 类病毒的复制都有作为转录和基因复制的模版 (+)RNA 中间产物（图中红色链）。

正链 RNA 病毒的基因组在细胞质内质网膜表面复制合成的大致过程（图 1-3-12B）如下。

① 病毒以被动方式经微伤口进入活细胞，随即脱壳释放核酸。

② 以核酸作为模板，首先翻译形成依赖于 RNA 的 RNA 聚合酶（RNA-dependent RNA polymerase，RdRp）。

③ 在 RdRp 的作用下，以 (+)RNA 为模板复制出大量的负链 RNA（(–)RNA）；再以

① 正链 RNA（(+)RNA）与正义单链 RNA（(+)ssRNA）同义。

(–)RNA 为模板大量复制 (+)RNA；翻译出病毒的 3 种蛋白（RdRp、MP 和 CP）。

④ (+)RNA 与病毒蛋白通过胞间连丝转移至邻近细胞。

2. 病毒胞间运动

微观世界中，1998 年，Reichel 和 Beachy，以及 Heinlein 等利用绿色荧光蛋白（green fluorescent protein，GFP）构建病毒 MP-GFP 融合蛋白，在激光共聚焦显微镜下观察到 TMV 的胞间运动过程：以 MP-RNA 复合体的形式借助细胞骨架系统（微管和肌动蛋白微丝）移向和通过胞间连丝，进入邻近细胞。

在侵染前沿的细胞中，MP-RNA 复合体靶向结合定位于细胞壁的寄主细胞果胶甲酯酶（pectin methylesterase，PME），对接胞间连丝 PD 孔口，寄主胞间连丝相关的病毒运动蛋白激酶（TMV MP kinase）催化 MP 磷酸化，扩大胞间连丝的分子扩散上限（size exclusion limit，SEL），伴随复合体易位进入邻近细胞，随后 PD 孔径又恢复到正常的 SEL。

在感染晚期的细胞中，植物内源性微管相关蛋白运动蛋白结合蛋白 2C（movement protein binding 2C，MPB2C）将 MP 从内质网（ER）相关位点引导到微管，微管相关的 MP 降解，且 MP 翻译被 CP 产生所取代，MP 降解加上 MP 合成终止，有效地消除了感染细胞中的 MP，只保留储存在胞间连丝内的磷酸化 MP。

2004 年 Waigmann 等详述了在 TMV 生命中期中，基于寄主因子 PME 和 MPB2C 的 TMV MP 功能模型（图 1-3-13）。

3. 病毒长距离运输

宏观症状上，早在 1934 年 Samuel 通过接种后不同时间点将植株切分为几部分，将其提取物接种到检测寄主上，发现 TMV 在一株幼嫩番茄植株中的扩散时程为：在番茄中部复叶尖端的小叶侧面接种 TMV，1~3 d 后病毒从接种叶扩展到叶脉，沿叶脉扩散至整个小叶；3~5 d 后病毒经过叶脉、叶柄进入茎部的维管束系统，移动到植株根端组织和顶端的分生组织；随后病毒向植株中部扩散蔓延，至 25 d 左右布满全株（图 1-3-14）。

有关病毒长距离运动的内在机制研究，环剥和嫁接试验证明病毒在植物中的运输受到代谢物流的影响，韧皮部参与了病毒的长距离移动，且病毒的维管运输不依赖于在韧皮部中的复制，因为成熟的筛分子缺少病毒复制所需的细胞质和细胞核。

现有研究表明：系统侵染的病毒在植物体内的移动是以共质体运输的方式，通过侧脉进入维管系统。1997 年 Andrianifahanana 等利用组织印迹法，发现马铃薯 Y 病毒属成员花椒斑驳病毒（pepper mottle virus，PeMoV）首先通过辣椒的外韧皮部向根部移动并在子叶节或其附近进入内韧皮部，进而移动到苗端。Cheng 等（2000）详细研究表明，TMV 直接从非维管细胞进入本氏烟（*N. benthamiana*）的侧脉和主脉，最先在主脉及接种叶叶柄的外韧皮部以及接种叶下部的茎中积累；而在接种叶之上，TMV 主要在茎干的内韧皮部和库叶叶柄中积累。由此推测病毒移动的关键调控部位是内外韧皮部的连接处。

大多数病毒在细胞间的移动只是大规模系统性入侵整个寄主植物的前奏，当移动的

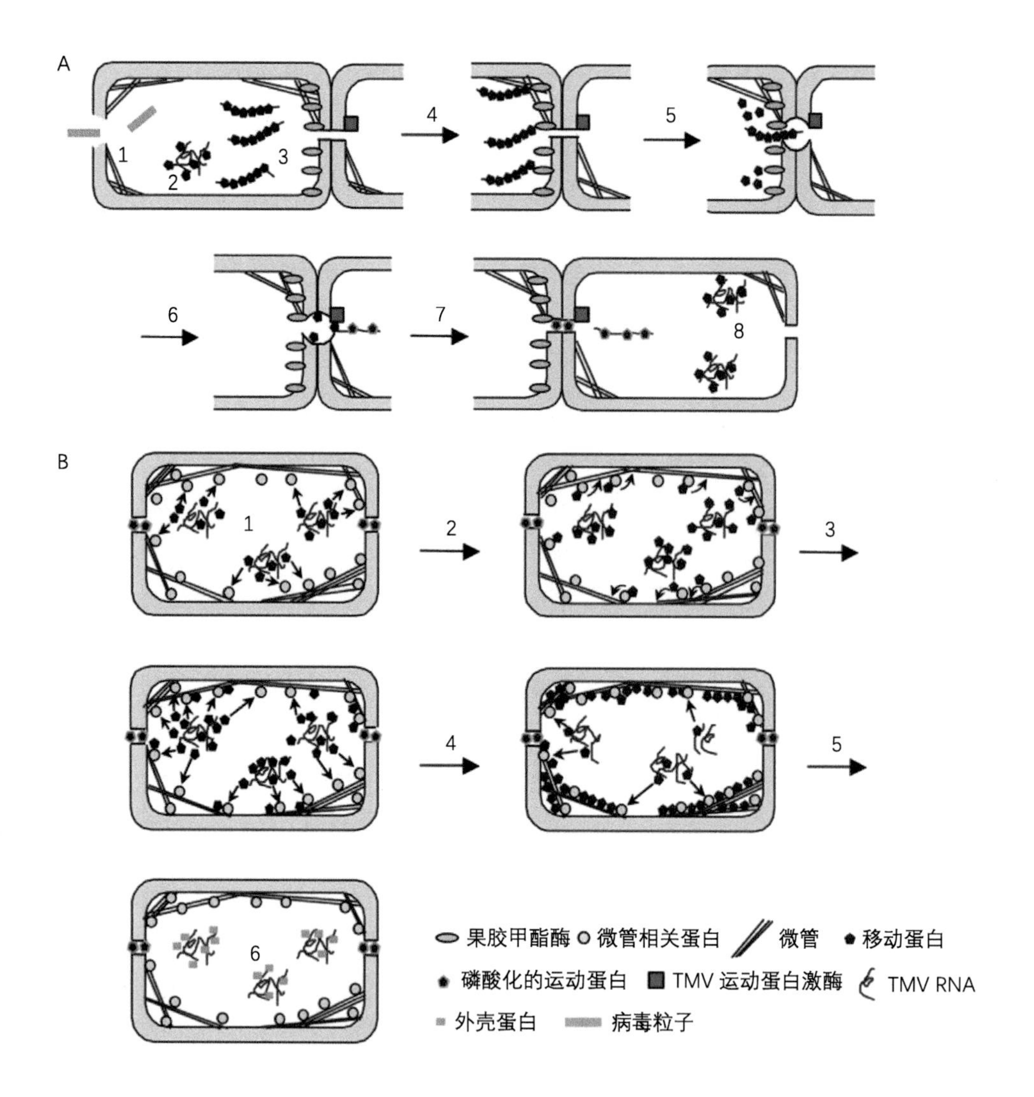

图 1-3-13　TMV 细胞间移动方式（Waigmann et al., 2004）

注：A. 宿主因子果胶甲酯酶（PME）和 TMV 运动蛋白激酶（TMV MP kinase）在 TMV 侵染早期的细胞间运动中起作用。步骤 1~ 步骤 5 描述了最初感染细胞中发生的事件：步骤 1~ 步骤 3 病毒粒子进入，脱壳，建立翻译 / 复制位点，MP 和 TMV RNA 组成运动蛋白—基因组复合体；步骤 4~ 步骤 5 复合体靶向结合定位于细胞壁的 PME，对接胞间连丝（PD）孔口。步骤 6~ 步骤 8 描述了在新感染的邻近细胞中发生的事件：步骤 6，复合体部分脱壳，胞间连丝相关的宿主运动蛋白激酶（MP kinase）催化 MP 磷酸化，扩大胞间连丝孔径，伴随复合体易位进入邻近细胞；步骤 7，储存在胞间连丝中的磷酸化 MP 不足以扩大胞间连丝孔径，胞间连丝的通透性恢复到未受干扰时的水平；步骤 8，在新感染细胞中建立新的病毒翻译 / 复制位点。因为步骤 8 本质上与步骤 2 相同，因此胞间运动循环得以延续。

B. 宿主因子微管相关蛋白（MPB2C）在 TMV 感染晚期的 MP 降解、CP 产生及病毒粒子组装阶段起作用，无关胞间运动。步骤 1，大量的翻译 / 复制位点产生过量的 MP ；步骤 2，MP 与 MPB2C 结合；步骤 3，MPB2C 将 MP 从内质网（ER）相关位点引导到微管；步骤 4，高水平 MP 在微管中积累；步骤 5，微管相关的 MP 降解；步骤 6，MP 翻译被 CP 产生所取代，MP 降解加上 MP 合成终止，有效地消除了感染细胞中的 MP ；只保留储存在胞间连丝内的磷酸化 MP。

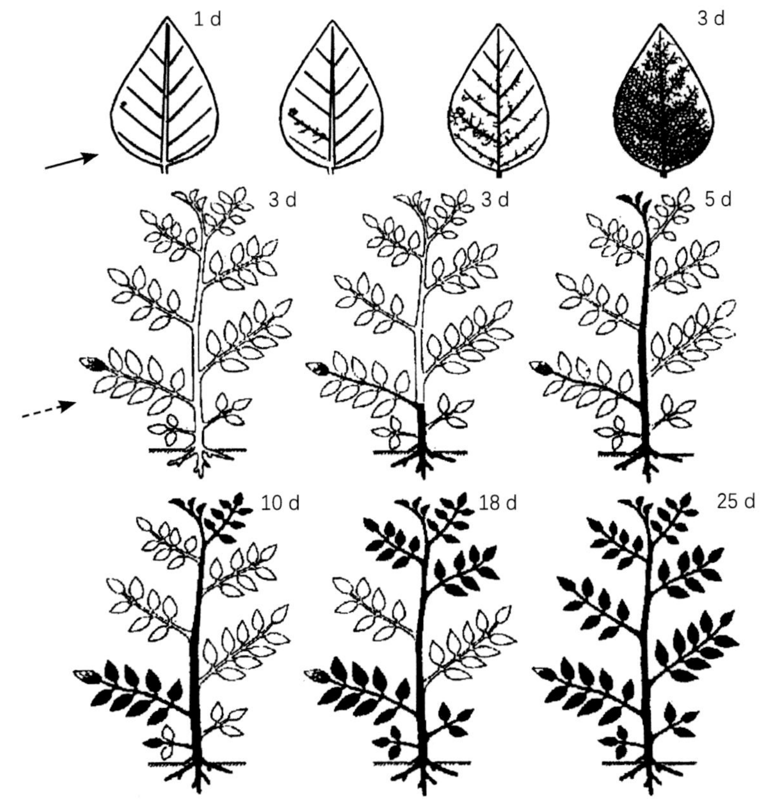

图 1-3-14 TMV 在番茄植株中系统扩散时程

（Samuel，1934；谢联辉，2007，引自 Agrios，2005）

注：左边的接种叶用阴影标记，系统侵染的叶片用黑色显示。

病毒粒子到达寄主的脉管系统时，系统侵染才开始。此时，必须经历 5 个不同且连续的步骤，病毒才能实现远距离全身运输：步骤 1，病毒通过维管束鞘（BS）进入维管薄壁组织（VP）；步骤 2，由 VP 渗透到伴胞 / 筛管分子（CC/SE）复合体；步骤 3，通过 SE 快速运输到其他植物器官；步骤 4，由 CC/SE 复合体卸载到未感染的 VP；步骤 5，病毒从 VP 通过 BS 进入植物全身器官的叶肉细胞（ME）。

2004 年 Waigmann 等详述了植物病毒的长距离运输路径（图 1-3-15）。虽然 CC 和 SE 之间的胞间连丝为专化的三角状结构（pore plasmodesmal unit，PPU），其 SEL 显著大于其他部位的，但不足以允许病毒核糖核蛋白（virus ribonucleo protein，vRNP）或病毒颗粒通过。而且，BS 和 VP 之间，以及 VP 和 CC 之间的胞间连丝为病毒运动提供了单独的障碍，可能需要不同的病毒因子和寄主因子参与。

Wan 等（2015）以马铃薯 Y 病毒属成员芜菁花叶病毒 TuMV/6K2: GFP 侵染本氏烟，研究发现：6K2 蛋白诱发内质网膜重组形成病毒复制的囊泡结构出现在表皮细胞、叶肉细胞、毛状体、皮层、厚角组织、薄壁细胞、木质部、韧皮部、髓等各种类型细胞以及木质部汁液中。通过电子显微镜发现包裹病毒 RNA 和 RdRp 的复制囊泡，出现在韧皮部筛分

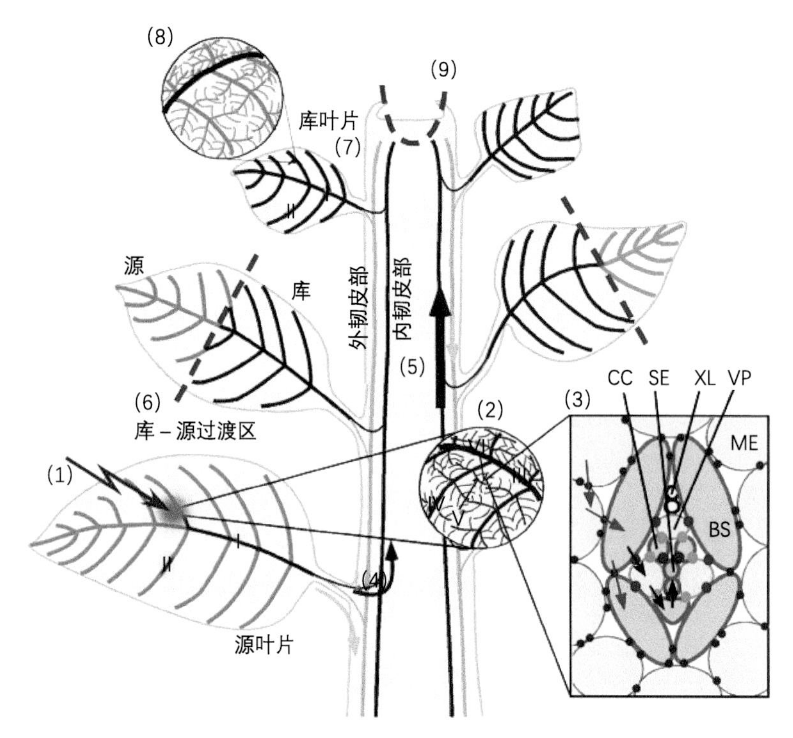

图 1-3-15　植物病毒的长距离运输路径（Waigmann et al.，2004）

注：通过双子叶植物韧皮部的病毒长途运输说明。被病毒利用进行系统运输的叶脉用红色和黄色表示，不被利用的用绿色表示。蓝色虚线表示细胞边界，即叶片库－源过渡区和顶端分生组织，病毒无法跨越。

（1）、（2）显示病毒感染开始于机械接种（红色锯齿箭头）下层源叶的叶肉细胞。病毒从一个细胞传播到另一个细胞，到达维管系统，它通过源叶的所有类别的主脉和小脉（用罗马数字 I 到 V 表示）进入维管系统。在这片接种源叶中，叶脉（绿色）将病毒运送到系统器官，但不促进其在韧皮部的运输。（3）显示病毒通过叶肉细胞（ME）、束鞘细胞（BS）、韧皮部薄壁组织（VP）、伴细胞（CC）、筛管分子（SE）等途径进入韧皮部。大多数（但并非全部）病毒的系统运动不涉及木质部（XL）。从 ME 到 ME，从 ME 到 BS，从 BS 到 BS 只需要病毒运动蛋白（MPs），并用蓝色箭头表示；连接这些细胞的胞间连丝用粉红色圆圈表示。从 BS 到 VP，VP 到 CC，CC 到 SE 的移动需要额外的病毒因子，用黑色箭头表示。此外，BS 和 VP 之间，以及 VP 和 CC 之间的胞间连丝为病毒运动提供了单独的障碍，可能需要不同的病毒因子，而 CC 和 SE 之间的胞间连丝为专化的三角状结构；这些功能不同的胞间连丝分别用紫色、黄色和橙色圆圈表示。（4）显示病毒一旦进入筛管中，即可通过连接茎内韧皮部的叶脉正面（红色）和连接茎外韧皮部的叶脉背面（黄色），从接种叶片中移出。（5）显示内韧皮部介导病毒快速向上运动（较长的暗红色箭头），而外韧皮部介导病毒缓慢向下运动（较短的黄色箭头）。（6）显示在成熟过程中发生库－源转化的叶片中，病毒不能越过转化区细胞边界，用蓝色虚线分隔病毒运输韧皮部（红色库区）和非运输韧皮部（绿色源区）。（7）、（8）显示为了完成系统感染，病毒从韧皮部卸载到库叶中。这种卸载只发生在大静脉（红色表示 I 至 Ⅲ 类），而不发生在小静脉（绿色表示），小静脉最终会被病毒的细胞间运动感染。（9）显示顶端分生组织与植株其余部分之间有一条边界（蓝色虚线），该边界不允许病毒甚至低分子量示迹分子的运输，这表明该组织是共质体分离的。

子和木质部导管中；采用茎部环剥试验（去除茎部组织而只留下木质部）显示 TuMV 膜相关的复制复合体结构可以到达韧皮部和木质部，病毒可以通过木质部导管建立系统感染（图 1-3-16）。

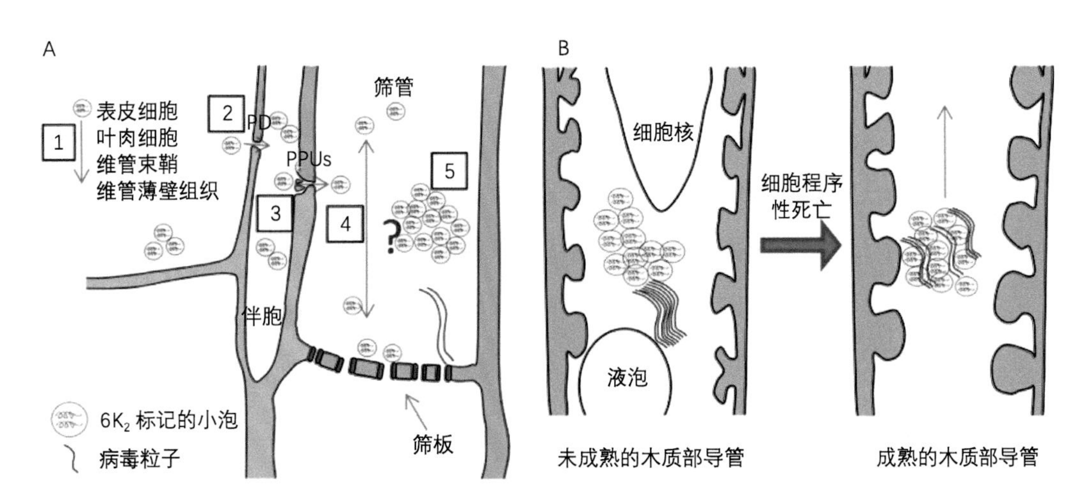

图 1-3-16 TuMV 长距离运输模型（Wan Juan et al., 2015）

注：A. TuMV 向小脉筛分子移动的示意图模型。首先，$6K_2$ 标记的含有 vRNA 和 vRdRp 的小泡通过胞间连丝 PD 从表皮细胞转移到叶肉细胞、维管束鞘、维管薄壁组织 1 和伴胞 2。然后，$6K_2$ 标记的小泡通过专化的三角状结构 PPUs 被装载到筛管分子中 3。一旦进入筛管分子，有两种可能。一种可能是单个 $6K_2$ 小泡通过筛管分子移动 4。另一种可能是 $6K_2$ 小泡合并在一起形成膜聚集物，这些膜聚集物停留在筛管分子中，以便病毒粒子组装，然后组装好的病毒粒子被释放出来进行韧皮部运输 5。B. $6K_2$ 标记的小泡通过孔膜进入未成熟的木质部导管，于细胞程序性死亡前在细胞质中复制，当木质部成为中空导管后在植株内向上移动。

相比叶肉细胞，植物茎细胞多是高度特化的结构，不易通过直接的试验方法，如蛋白微注射或基因瞬时表达，开展分子水平的运输过程研究。因此，相比已知的病毒胞间运动，对多种病毒因子和寄主因子参与的病毒系统运输机制，目前仍知之甚少。

（二）TMV 无毒基因 *p50* 及 *N* 基因烟草抗 TMV 机理

早在 1938 年，Holmes 年通过系统研究粘烟草抗 TMV 的遗传特性，首次提出 *N* 基因的概念（对 TMV 侵染的坏死反应）；并通过渐渗杂交将其转入普通烟草，获得 TMV 的最初抗源三生烟 NN。这也是病毒生物学定性和定量的基础材料。

1971 年 Flor 在研究亚麻和亚麻锈菌的小种特异抗性时提出基因对基因假说（gene-for-gene hypothesis）：寄主含感病基因（*r*）或抗病基因（*R*），病原含毒性基因（*Vir*）或无毒基因（*avr*），只有含无毒基因的病原与含抗病基因的寄主相遇时，寄主才表现抗病（图 1-3-17）。

依据这一学说，在 TMV 中应存在一个与粘烟草抗病 *N* 基因对应的无毒基因。但直到 1997 年，Padgett 发现 TMV 的无毒基因 *p50*（TMV 复制酶羧基端的 50 kDa 解旋酶基序），才阐释含 *N* 基因的烟草抗 TMV 机理为抑制病毒的胞间运动。粘烟草 *N* 基因与 TMV *p50*

也是基因对基因假说的经典模型之一。

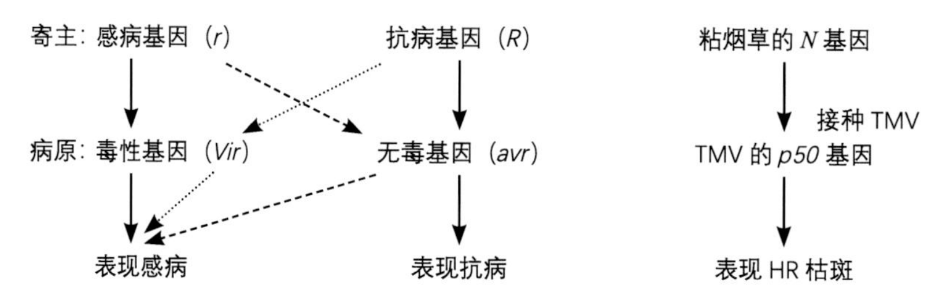

图 1-3-17　基因对基因假说示意图

（三）病毒诱导的基因沉默

病毒诱导的基因沉默（VIGS）最早出现在 Van Kammen 对病毒侵染后产生的恢复现象的描述中。1928 年 Wingard 首次使用恢复（recovery）一词描述植物受病毒侵染发病后，经过一定时间，新长出的叶片具有一定的抗性，从病毒症状中恢复过来。

诱导性基因沉默（induced gene silencing，IGS）是植物对抗病毒侵染的一种抗性机制。病毒的繁殖依赖大量的 DNA 转录和外壳蛋白的合成，但是局部的细胞内某种特定的基因过度表达，会在相邻位置的细胞内诱导对这种基因表达的强烈抑制，即诱导性基因沉默。植物通过这种机制可以抑制病毒在细胞间的传播。而病毒通过编码病毒沉默抑制子（virual silencing suppressor）来抑制寄主的基因沉默，实现侵染。

1998 年 Andrew Fire 和 Craig Mello 因为发现了真核生物中 dsRNA 引发的基因沉默而获 2006 年诺贝尔生理或医学奖。dsRNA 导入细胞后，可引起体内具有相应序列的 mRNAs 降解，从而导致基因沉默，并使生物体产生相应的功能缺陷型（图 1-3-18）。这种由 dsRNA 介导的基因沉默称为 RNA 干扰（RNA interference，RNAi），它的发现不仅揭示了许多转基因试验中出乎意料甚或自相矛盾的结果，而且揭示了一种由 RNA 介导的全新的基因表达调控机制，引发了研究基因功能和疾病基因治疗的新方法。

RNA 是转录后基因沉默的启动子。病毒基因组复制中存在短暂的 dsRNA，可成为沉默的强诱导子，终止病毒的复制，将其限制在侵染点部位，并将沉默信号传导到远离侵染点的组织。研究也显示：植物通过转录后基因沉默（post-transcriptional gene silencing，PTGS）抵抗病毒侵染（外源核酸）；而一些病毒编码的基因沉默抑制子，如 TMV 的 P130、PVY 的 HC-Pro、CMV 的 2b，能抑制植物的常规防卫系统 PTGS（王献兵等，2005；Kasschau et al.，1998，2001）。

RNA 也是转录后基因沉默的靶标，可以是病毒，也可以是转基因或内源基因的转录物。在发生 RNA 沉默的植株体内，很多病毒 RNA 本身也成为降解或抑制的靶目标，使植株在感染病毒后期，新生叶片出现症状恢复现象。当植物把转基因的 RNA 误认为是病毒的一部分时，便会发生基因沉默，这也是转 TMV *CP* 基因植株抗 TMV 的机制。这也可解释植物弱毒疫苗的交叉保护作用机制，先侵入植株体内的弱毒株系会干扰与之同源的强

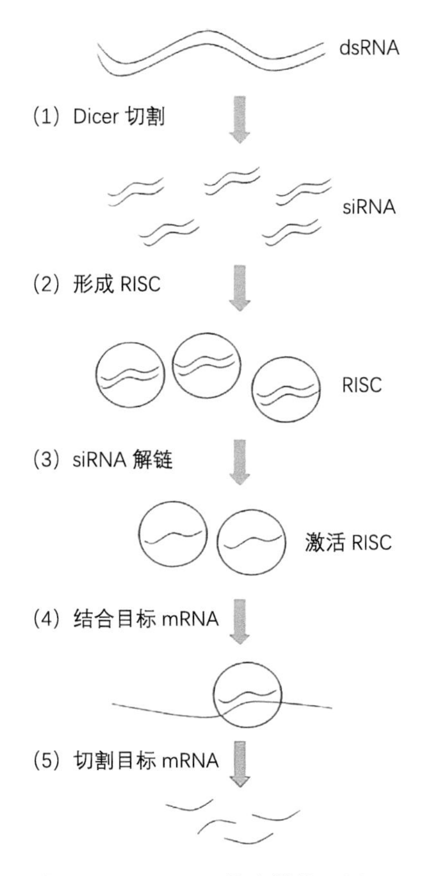

图 1-3-18　RNAi 技术的作用原理

注：(1) 加入的 dsRNA 被 Dicer 酶切割为 21~23 核苷酸长的小分子干扰 RNA 片段（siRNA）；(2) siRNA 双链结合一个核酶复合物形成 RISC（RNA-induced silencing comples，RNA 诱导沉默复合物）；(3) 激活 RISC 需要一个 ATP 依赖的将 siRNA 解链的过程；(4) 激活的 RISC 通过碱基配对定位到同源 mRNA 转录本上；(5) 并在距离 siRNA3′ 端 12 个碱基的位置切割 mRNA，蛋白合成被阻断。

毒株系的侵染，如 1980 年田波等培育出番茄花叶病毒的弱毒疫苗 N14。同样，当融合植物内源基因的重组病毒侵染时，VIGS 会有效地抑制植物内源基因的表达，这是利用反向遗传学进行植物基因未知功能鉴定的理论基础。

（四）寄主的基础防卫反应

这一时期的主要发现是植物生长发育和对抗外源生物或非生物胁迫的重要基础防卫反应——非折叠蛋白应答（unfolded protein response，UPR）、细胞程序性死亡（programmed cell death，PCD）或细胞自噬（autophagy）、内质网相关的降解（ER-associated protein degradation，ERAD）和泛素蛋白酶体系统（ubiquitin-proteasome system，UPS），在病毒的侵染增殖中发挥重要作用。这是植物病毒学借鉴动物病毒学的深入研究时期。

内质网（endoplasmic reticulum，ER）是膜蛋白和分泌蛋白合成新肽链以及新肽链初步折叠修饰的重要场所。内质网应激、非折叠蛋白应答、内质网相关的蛋白质降解等过程，是维持内质网稳态的重要途径。

研究表明，ER 是植物病毒复制、翻译、成熟和流出的核心。寄主通过 ER 相关的非折叠蛋白应答、细胞程序性死亡或细胞自噬，及泛素蛋白酶体降解系统，控制病毒感染；而病毒会利用和劫持这一过程，促进自身增殖以建立系统侵染（杨正婷等，2016；陈倩等，2018）。病毒与寄主的互作是寄主抗病性和病毒致病性相互博弈的过程，最终是一个过程各异而又目标清晰的共生进化体系。

1. 非折叠蛋白应答

非折叠蛋白应答（UPR）是一条综合的细胞内保护信号，细胞能检测到 ER 中的错误折叠蛋白，并反馈给细胞核采取保护措施，激活可以修改这些错误的基因，进而通过减少翻译以缓解新生蛋白质折叠的需求，降解非折叠蛋白以减轻损伤，增加细胞伴侣蛋白表达以协助蛋白质折叠，从而维持内质网稳态。

Kazutoshi Mori 和 Peter Waler 因发现 UPR 细胞信号通路而获得 2014 年“拉斯克医学奖”。目前已发现 3 种 UPR 信号转导机制：PERK（protein kinase R-like endoplasmic reticulum kinase）、ATF6（activating transcription factor 6）、IRE1（inositol-requiring enzyme 1）。目前已知的人类 UPR 传感器就有 10 余种，细胞会根据不同的发育阶段和应激类型选择使用不同类型的 UPR 传感器。

研究发现，UPR 在植物的逆境胁迫、生长发育、病菌及病毒侵染中也发挥重要作用。当植物受到外界环境变化刺激后，其体内会发生包括 UPR 在内的一系列信号传导，并通过传感器将信号传递到细胞核，启动相关基因的转录，最终诱导植物防御和抗性相关基因的上调表达。转录因子在这个过程中发挥重要作用。

在拟南芥中，已发现膜相关的转录因子 AtbZIP28、AtbZIP60、AtNAC089、AtNAC062 等，为内质网胁迫相关的 UPR 信号分子，在高温、高盐、激素、病毒和病菌侵染中发挥重要的抗逆、抗病作用。且在水稻、小麦、玉米、马铃薯、烟草等作物中存在同源的 UPR 信号（杨正婷等，2016；陈倩等，2018）。其中，AtbZIP28 和 AtbZIP60 是两条主要的 UPR 通路，AtNAC089 是一条重要的 PCD 通路（图 1-3-19）。

正常生长条件下，bZIP28P 和 bZIP60U 低水平合成，是 UPR 的抑制子，以前体蛋白的形式跨内质网膜，bZIP28P 其面向 ER 腔尾部固有的不规则区域是内质网分子伴侣 BiP 的连接位点。

发生应激时，一方面，BiP 由未折叠蛋白竞争脱离，bZIP28 经包被蛋白复合囊泡Ⅱ（coat protein complex vesicles Ⅱ，COP Ⅱ）转运至高尔基体，经其腔内的蛋白酶 S1P 和膜内的蛋白酶 S2P 两次剪切后，释放活性蛋白 bZIP28D 进入细胞核，激活 UPR 伴侣基因 *BiP* 及核转录因子 *NF-YC2* 的表达，NF-YC2 转回胞质参与调控 UPR。另一方面，IRE1 识别并剪切 *bZIP60* mRNA 的双茎环结构，产生含有转录激活域和核定位信号的活性蛋白 bZIP60S。在细胞核内，bZIP60S 形成二聚体，结合到应激反应相关基因 *BiP*、*PDI* 及转

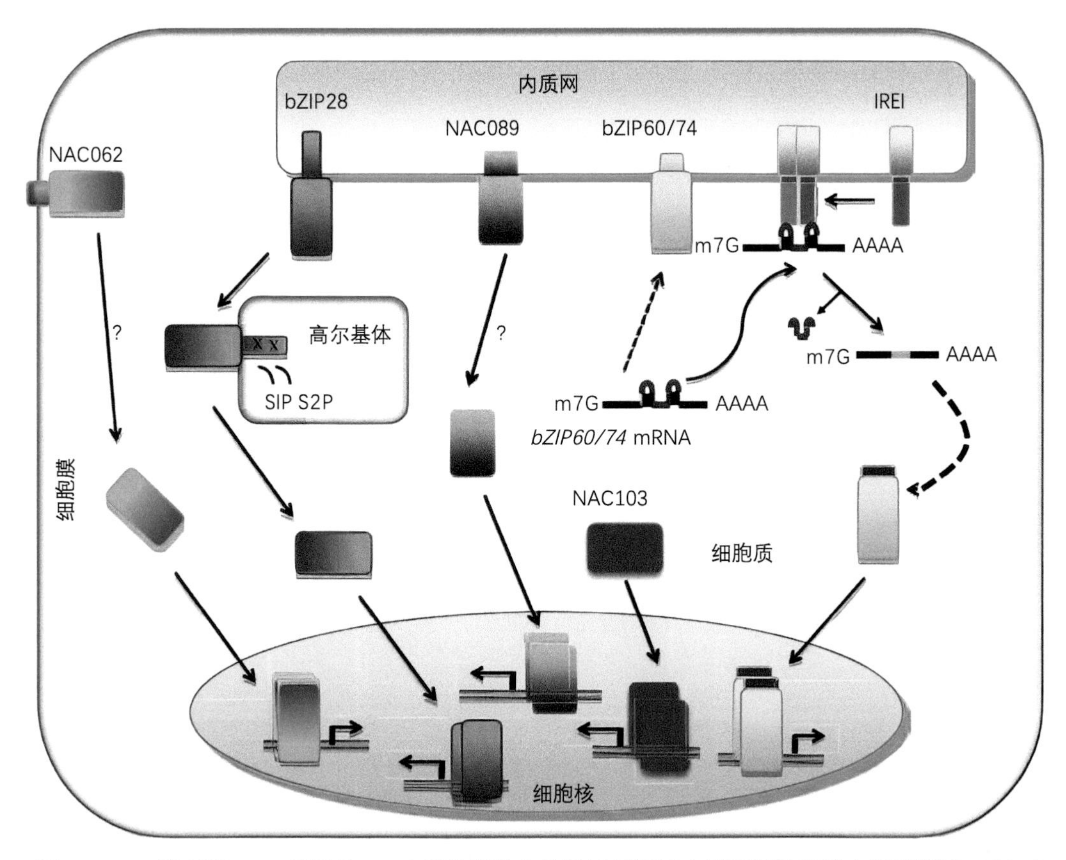

图 1-3-19 拟南芥 bZIP 家族和 NAC 家族膜结合转录因子调控内质网胁迫应答（杨正婷等，2016）

录因子 *NAC103* 和 *NAC062* 的启动子，上调其表达，促进细胞存活信号。

若内质网应激长时间持续，ER 膜上的前体蛋白 NAC089P 水解，释放活性蛋白 NAC089D，进入核激活 UPR 下游的 PCD 基因，如转录因子 *NAC094*、类半胱天冬蛋白酶基因（*MC5*）、Bcl-2 相关抗凋亡基因（*BAG6*）和自噬控制基因（*WRKY33*），最终表现为细胞凋亡。此外，bZIP28、bZIP60 和 NAC089 在信号激活、功能和反馈调节等方面即密不可分又存在冗余，bZIP28 和 bZIP60 两者共同调节 NAC089 的表达，其产量平衡可能决定细胞的存亡。

关于病毒胁迫下的烟草 UPR 信号通路，已有的研究发现，PVX、水稻黑条矮缩病毒（rice black-streaked dwarf virus，RBSDV）、大蒜 X 病毒（garlic virus X，GarVX）侵染本氏烟，也诱导内质网分子伴侣 BiP 和 UPR 传感器 bZIP60 上调表达，进一步研究发现是病毒的膜蛋白 TGBp3、p10、p11 诱导了这一信号（Ye et al.，2013; Sun et al.，2013; Lu et al.，2016）。

2014—2021 年，中国农业科学院烟草研究所在烟草主要病毒致病机制的研究中发现：本氏烟膜相关的转录因子 NAC089、bZIP28、bZIP60 和 NAC062 在 TMV、CMV 和 PVY

侵染中发挥正调控作用。试验显示：TMV、CMV、PVY 侵染本氏烟，均诱导 ER 膜发生结构重排；上调表达内质网分子伴侣 *BiP* 及应激相关的 UPR 基因，对 TMV、CMV 或 PVY 的早期侵染增殖有抑制作用（图 1-2-20）。

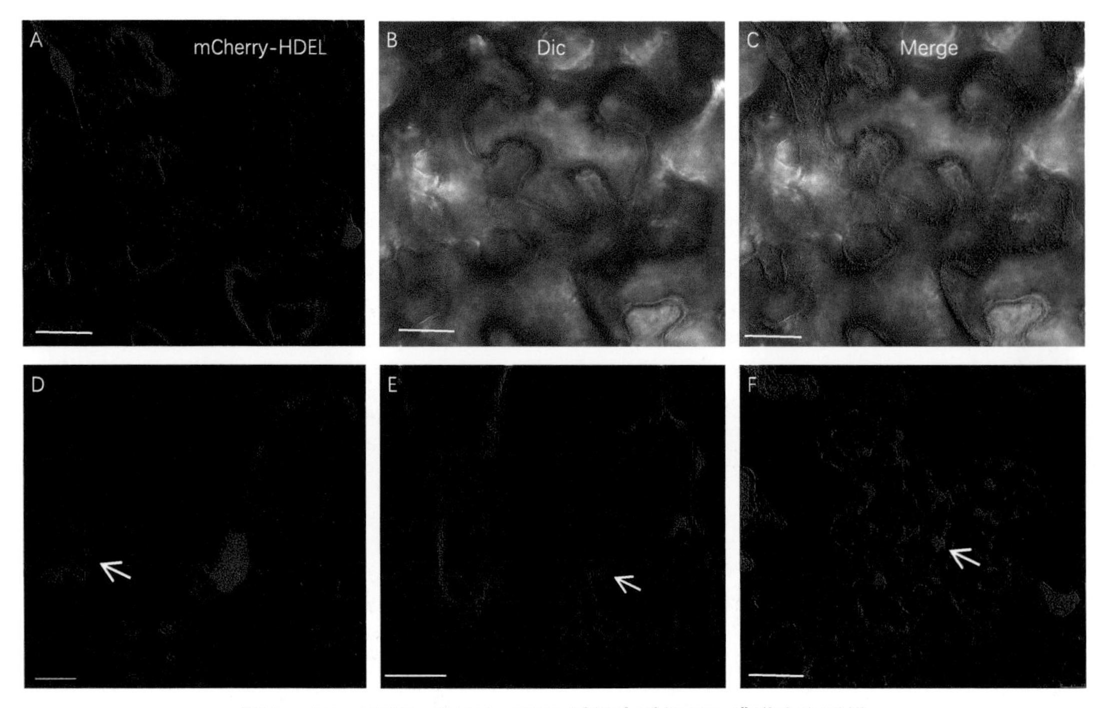

图 1-2-20　TMV、CMV、PVY 诱导本氏烟 ER 膜增生和重排

注：A. 正常状态内质网；B. A 的明场图（Dic）；C. A 和 B 的合并图（Merge）；D. TMV 处理 5 d，内质网上出现几个大的皮层体且微管开始发生重排；E. CMV 处理 10 d，内质网微管膨大增生；F. PVY 处理 9 d，内质网上出现很多荧光点。mCherry-HDEL 为内质网标签。实线箭头示内质网增生，虚线箭头示细胞核。标尺 =10 μm。

研究中还发现，NbbZIP60 对 PVY 的早期侵染增殖具有抑制作用，*bZIP60* 沉默导致植株对 PVY 的敏感性上升，促进病毒积累。而 2011 年 Ye 等报道的本氏烟 *bZIP60* 沉默抑制 PVX 的初侵染和积累；2015 年 Zhang 等报道拟南芥敲除 *IRE1*、*bZIP60* 或 *BI-1* 均促进 TuMV-GFP 和 PlAMV-GFP 积累；2016 年 Gaguancela 等报道拟南芥 *bZIP60*、*BI-1* 沉默均促进 PVY-GFP 和 PVX-GFP 的积累及病毒诱导的坏死症状（Ye et al.，2013；Zhang et al., 2015；Gaguancela et al.，2016）。由此可见：有的病毒诱导 UPR 促进自身增殖，有的病毒诱导 UPR 却抑制了自身积累。

目前的研究结果，尚不能总结出是病毒还是寄主的不同造成了这种差异。至于 UPR 是促进还是抑制病毒的积累，可能除了受特定条件下病毒接种量、寄主抗性、取样时期、部位甚至检测手段的影响外，还与病毒和植物之间相互博弈过程乃至最终的协同进化体系密切相关。

各种各样的胁迫能诱发植物广泛的抵御反应，UPR 只是其中的一种，且亦有研究发现 UPR 在植物的生长发育和形态建成中发挥作用，如沉默 *bZIP60* 导致本氏烟现蕾期推迟（何青云，2020）。植物中存在多种 UPR 传感器，不同的发育时期、胁迫类型、胁迫程度诱导的 UPR 信号既独立又部分重叠（冗余），细胞是如何协调生死的，尚不清晰。因此，在应用分子 Marker 来阐释各种胁迫诱导的 UPR 作用时，在阐释 UPR 信号对寄主抗逆、抗病的作用时，需要详细记录材料方法及谨慎重复验证（Bao et al.，2017）。

2. 细胞程序性死亡及细胞自噬

细胞程序性死亡（PCD），是生物体发育过程中普遍存在的、由基因决定的、细胞主动有序的死亡。细胞自噬（autophagy）是程序性坏死的一种类型，是真核生物中进化保守的对细胞内物质进行周转的重要过程，该过程中一些损坏的蛋白或细胞器被双层膜结构的自噬小体（autophagosome）包裹后，送入溶酶体（动物）或液泡（酵母和植物）中进行降解并得以循环利用。

2016 年的诺贝尔生理学或医学奖授予 Yoshinori Ohsumi，奖励他在细胞自噬研究中的贡献，他利用面包酵母发现了自噬基因，阐明了细胞自噬的分子机制和生理功能。自噬是细胞中的必要机制，将自身一部分动员出来，采用自吃的方式，作为能量物质来应对各种不利因素，是细胞应对恶劣环境的一种主动反应。

自噬可以清除入侵细胞内的细菌和病毒；而自噬异常则会导致癌症的发生。例如，癌细胞偶尔能激发自噬作用，达到自救的目的。通常，抗癌疗法会诱导恶性细胞自杀；但在治疗过程中，放疗和化疗有时会诱发超常水平的自噬作用，赋予癌细胞抵抗治疗作用的能力。

在拟南芥中已鉴定到 30 多种自噬相关基因（ATGs），除 ATG14/29/31 外，都与酵母同源。自噬的主要形式有：微自噬（microautophagy）、巨自噬（macroautophagy）和分子伴侣介导的自噬（chaperone-mediated autophagy，CMA）（杨玲钰和张蕾，2021）。

近年，中国农业科学院烟草研究所在 TMV、CMV、PVY 侵染本氏烟 3~9 d 的叶片细胞中，于透射电镜下观察到沿液泡膜凹陷的双层膜包裹的微自噬结构，在细胞质中的巨自噬结构，以及过氧化物媒体自噬。说明在植物病毒侵染烟草时，寄主细胞发生自噬（图 1-3-21）。

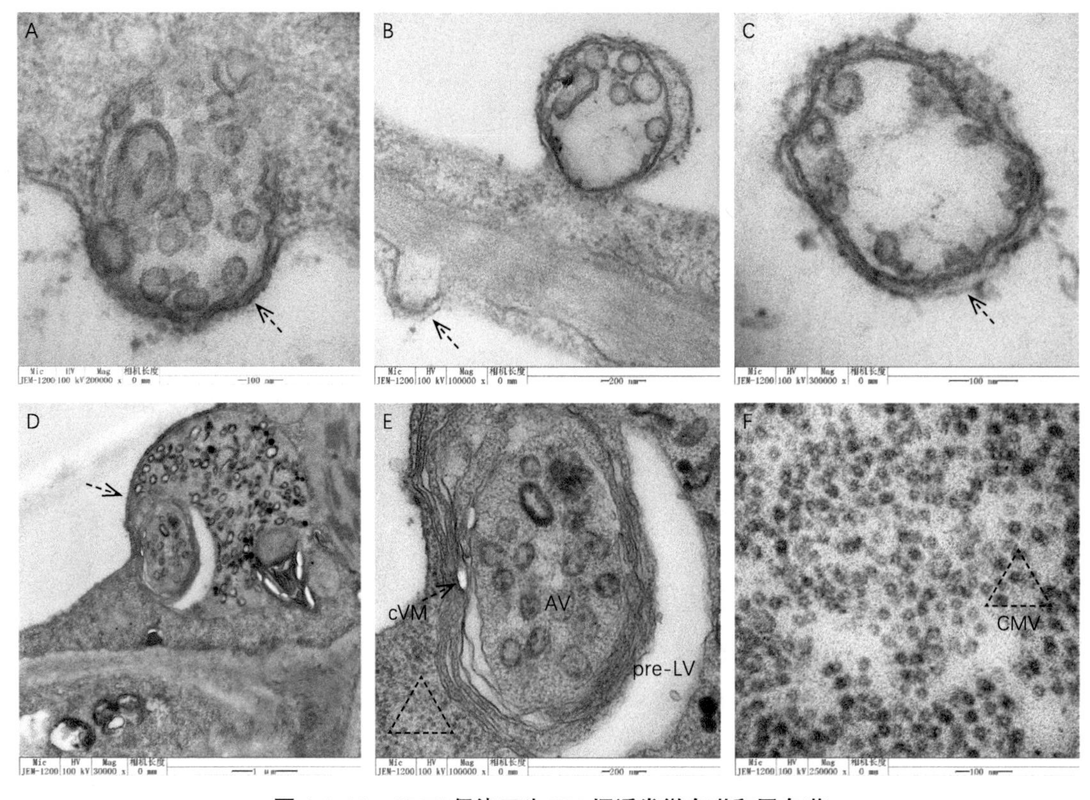

图 1-3-21　CMV 侵染三生 NN 烟诱发微自噬和巨自噬

注：A、B、C 为侵染早期（3 d）沿液泡膜凹陷形成复合囊泡的微自噬结构；D、E、F 为侵染后期（6 d）发生在细胞质中的巨自噬结构和 CMV 颗粒。pre-LV，裂解的液泡；cVM，坍塌的液泡膜；AV，中心自噬泡。

3. 泛素蛋白酶体系统

泛素蛋白酶体系统（UPS）是细胞内蛋白质降解的主要途径，参与了细胞生物学的各个方面，在真核生物中具有广泛的保守性。

该系统包括泛素分子 Ub、泛素激活酶 E1、泛素结合酶 E2、泛素连接酶 E3、26S 蛋白酶体和泛素解离酶 DUBs。其中 SCF 复合物（Skp1- Cul1- F- box 蛋白）是泛素连接酶家族的一个重要成员，由 CUL1、RBX 环蛋白、Skp1 适配器和各种 F-box 蛋白组成，参与调控细胞周期调控蛋白、转录因子、癌蛋白和肿瘤抑制蛋白的降解。

Verchot（2016）就植物病毒感染和泛素蛋白酶体沿内质网的“军备竞赛”进行了综述。UPS 也是植物病毒感染的核心，与病毒的复制和运动密切相关。一些病毒如 TMV、PVX 可以利用 UPS 机制快速转化病毒蛋白，以减少膜损伤和细胞毒性，确保寄主胞内保持利于病毒的内环境，促进病毒的复制和运动；而少数病毒会劫持 SCF 复合物以抑制寄主的基因沉默，如 PVY 编码的基因沉默抑制子 HC-Pro 与寄主蛋白酶体的亚基互作，影响病毒积累。

首先，寄主泛素蛋白酶体系统参与病毒的复制和运动。例如，TMV 侵染寄主后会产生外壳蛋白（CP）和运动蛋白（MP），以 MP-RNA 复合体的形式进行胞内运动，进而穿过胞间连丝进入邻近细胞。在早期感染过程中，CP 可能被泛素化降解；在感染晚期，细胞分裂周期蛋白 48（CDC 48）参与内质网相关的降解（ERAD）机制，将病毒 MP 传递给蛋白酶体，通过 UPS 机制降解。TMV CP 和 MP 的两个例子都体现了蛋白酶体在保护细胞免受 TMV 蛋白过度积累方面的作用。

其次，有少数植物病毒，通过编码与寄主 F-box 蛋白相互作用的蛋白质，或编码病毒自己的 F-box 蛋白，影响寄主的 E3 泛素连接酶的作用。例如，甜菜坏死黄脉病毒（beet necrotic yellow vein virus，BNYVV）的 P25 蛋白，能干扰甜菜的 F-box 蛋白与 Skp1 适配器蛋白的相互作用，并把 FBK 蛋白（甜菜 F-box 蛋白同源体）引导到一个特定的 Skp1 适配器蛋白，以下调细胞坏死，同时促进寄主产生大量的次生根，引起狂根症。此外，PVY 侵染本氏烟时，寄主 SCF 复合物中的 Skp1 泛素化水平上调，抑制寄主泛素化导致的 PVY CP 表达量减少。

虽然寄主基础免疫在作物抗逆抗病中发挥作用，但在病毒侵染中的作用模式尚不统一。比较公认的是，内质网应激（ER stress）相关的非折叠蛋白应答、细胞自噬、内质网相关的降解及泛素蛋白酶体系统，在病毒侵染增殖中起双刃剑的作用（Kim et al.，2010；Zhang et al.，2012；Hetz，2012；Jheng et al.，2014；Verchot，2016）。

在病毒侵染时，膜相关的病毒复制或大量病毒蛋白积累会打破细胞内环境的稳态，导致内质网应激，此时细胞会通过 UPR 途径上调 ER 分子伴侣以降解错误蛋白、促进蛋白正确折叠及减少翻译合成新蛋白，从而重建细胞内稳态。这一过程一方面会降解病毒蛋白，抑制病毒侵染；另一方面，降低细胞毒性又利于病毒的侵染增殖。

在病毒的复制和运动中，寄主细胞会通过自噬和泛素化降解清除病毒，而病毒有时也能主动激发自噬和启动泛素化降解，借以清除自身多余的蛋白以及寄主的抗性因子。研究也发现：ER 常驻分子伴侣 BiP 可在 ER 的内质腔或胞质侧被劫持，并与病毒复制复合物结合，以促进病毒 RNA 的积累；病毒可以启动 ER 相关的泛素化和细胞质泛素连接酶，将泛素蛋白酶体系统 UPS 引至新的靶点，这些靶点包括对可能稳定某些复合物的病毒蛋白进行必要的修饰，或对 AGO 家族蛋白（RNA 沉默路径中的关键蛋白）进行修饰以抑制寄主的基因沉默。

近年，中国农业科学院烟草研究所在 PVY 侵染本氏烟的研究中，亦发现 ER 相关的未折叠蛋白反应 UPR、细胞自噬 autophagy、内质网相关的降解 ERAD 及泛素蛋白酶体系统 UPS，均发挥重要作用，具体结果如下。

① PVY 侵染本氏烟诱导寄主内质网形态重塑和上调表达伴侣蛋白基因 *Bip* 而导致内质网应激，寄主通过上调 ER 膜相关的 UPR 基因而抑制病毒的早期侵染。

② PVY 通过自身编码的 $6K_2$ 蛋白与定位在内质网 COP Ⅱ小泡的氯离子通道蛋白 CLC-Nt1 互作而调节 CLC-Nt1 蛋白功能，通过诱导细胞内质网 pH 升高，利于 PVY 募集

复制囊泡组分，从而促进病毒胞内复制与系统侵染。

③ PVY 通过招募寄主 ER 膜上的热激蛋白 Hsp70-2 来促进自身侵染增殖，而对植株具有诱导抗性的粘质沙雷氏菌 S3 处理会通过促进 Hsp70-2 的泛素化而抑制病毒复制。

④ PVY 侵染引起寄主细胞自噬、过氧化物酶体自噬，且发生泛素化水平上调，如 S-期激酶相关蛋白 Skp1 和类乳胶蛋白 NbMLP43。利用蛋白酶体抑制剂 MG132 和自噬抑制剂 3MA，以及泛素化位点 K38 突变，明确了 PVY 侵染促进 NbMLP43 基于泛素 - 蛋白酶体系统降解，从而促进病毒自身的侵染（图 1-3-22）。

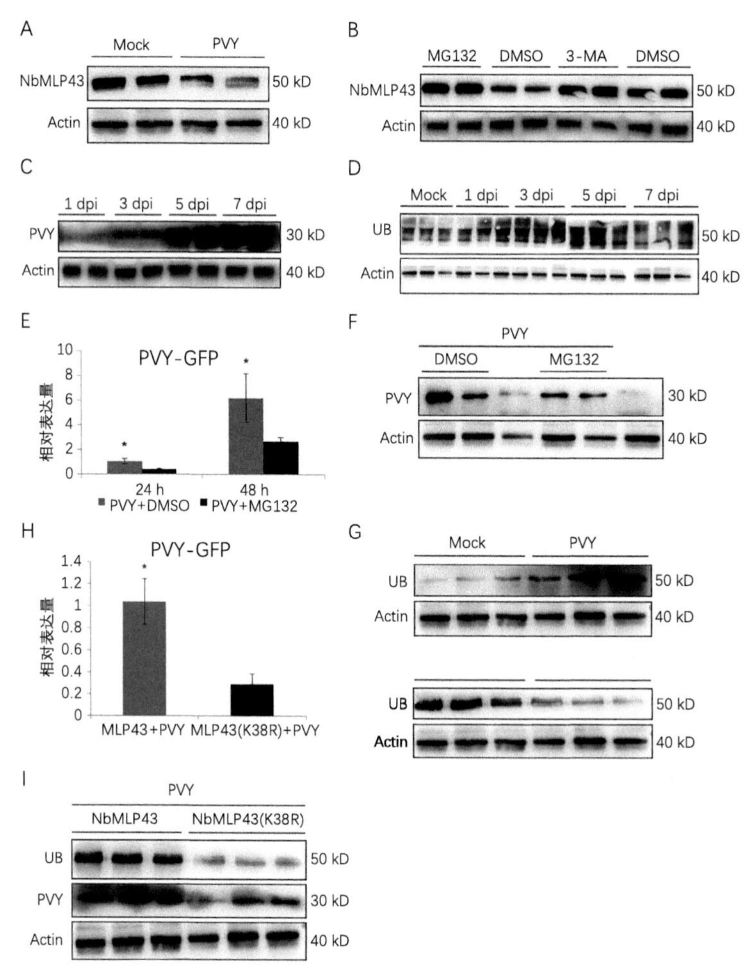

图 1-3-22　NbMLP43 通过 UPS 途径降解

注：A. PVY 侵染本氏烟下调 NbMLP43 蛋白质水平的表达。B. 蛋白酶体抑制剂 MG132 和自噬抑制剂 3MA 处理后检测 NbMLP43 表达，以 DMSO 处理作为对照。C. 在 1 dpi、3 dpi、5 dpi 和 7 dpi 时检测 PVY CP。D. PVY 侵染本氏烟在 1 dpi、3 dpi、5 dpi 和 7 dpi 时的泛素化水平，以 PBS 处理作为对照。E. MG132 处理 24 h 和 48 h 后在 RNA 水平检测 PVY CP，并以 DMSO 处理作为对照；数据采用独立样本 *t* 检验进行分析；* 表示两个处理的数值差异显著（$P < 0.05$），分析方法同图 H。F. MG132 处理 48 h 后 PVY CP 蛋白水平差异。G. 使用泛素抗体检测 PVY 侵染后 NbMLP43 的泛素化水平和 K38 位点突变后 NbMLP43 的泛素化水平。H. NbMLP43 泛素化对 RNA 水平上的 PVY 侵染的影响。I. NbMLP43 泛素化在蛋白水平上对 PVY 侵染的影响。

2021 年周雪平团队阐释了寄主 UPR 通过调节水稻条纹病毒（rice stripe virus，RSV）运动蛋白 NSvc4 的积累而调控病毒侵染。研究发现，RSV 侵染本氏烟激活寄主细胞 UPR，一方面 UPR 激活了细胞自噬途径，促进病毒运动蛋白 NSvc4 经自噬途径而被降解；另一方面 UPR 上调了 NbMIP1（植物 I 型 J-domain 蛋白家族成员）的表达，NbMIP1 通过与 NSvc4 互作抑制了 NSvc4 通过自噬途径被降解，且 NbMIP1 通过不遵循经典的 Hsp40-Hsp70 分子伴侣模式稳定 NSvc4。同时证明本氏烟的 *NbMIP1* 以及水稻的同源基因 *OsDjA5* 均能正调控 RSV 的侵染。这一研究显示了 UPR 在寄主防卫反应和在病毒侵染中的双重作用，通过微调病毒运动蛋白的积累而调控病毒侵染。

总之，研究寄主抑制病毒侵染的基础免疫反应，以及明确病毒如何劫持和利用寄主的 UPR 机制及操纵 ER 相关的翻译后机制，可以更好地阐释和利用病毒与宿主之间的相互作用，为作物改良和靶向抗病毒药剂研发提供新的目标。

四、开发利用病毒载体

植物病毒引发作物病害，威胁农业生产，这是研究植物病毒的最初动因。而研究到达一定水平，则又促进了对植物病毒的利用。主要包括：应用病毒诱导的基因沉默（VIGS）技术防治病毒和鉴定植物基因功能，以及以病毒为载体实现靶蛋白的生物合成和研发递送纳米药物。

（一）VIGS 与病毒靶向控制和植物基因功能鉴定

VIGS 作为基因沉默的特殊形式，本是植物抗病毒侵染的一种自然机制。现已成为病毒靶向防治以及研究植物基因功能的有效技术。

1985 年 Sanford 和 Johnston 首次提出源于病原物的抗性策略（parasite-derived resistance，PDR）：在植物内表达病原菌的某些基因，从而产生病原菌的某些蛋白，这一过程可能干扰病原菌的侵染繁殖，使植物抗病。那么，将一些病毒来源的基因如外壳蛋白、复制酶甚至卫星 RNA 导入植物，可以使植物获得对病毒的抗性。正例是 1986 年方荣祥等转 TMV *CP* 基因的转基因烟草抗 TMV；反例是 1988 年 Van Dun 转含无起始密码子的苜蓿花叶病毒（alfalfa mosaic virus，AMV）*CP* 基因的转基因烟草，因不能表达 *CP* 而不抗 AMV。

鉴于转基因植物审定的严谨性和长周期，研究重点回归到病毒靶向控制上。2016 年李向东等构建 PVY 的 *CP* 和 *HC-Pro* 基因片段的 VIGS 表达载体（pTRV00-CP、pTRV00-HC-Pro），转化农杆菌后，再通过浸润或剪叶施药，进入烟株体内的 *CP* 或 *HC-Pro* 能够沉默随后侵染的外源 PVY 的 *CP* 或 *HC-Pro*，起到控制 PVY 的作用。这种靶向的抗病毒策略是控制病毒病的有效手段之一。

此外，研究发现，当携带有植物基因的重组病毒侵染植物时，植物中的相应基因也发生沉默，只要插入某个基因或基因片段的病毒侵染寄主植物，那么植物中同源基因就会发生失活，通过表型即可鉴定出植物中这种基因的功能。

1995 年 Kumagai 等在 TMV 基因组上插入一段八氢番茄红素脱氢酶（phytoene desaturase，PDS）cDNA 片段，构建 TMV 重组病毒并侵染烟草。1997 年 Van Kammer 用病毒诱导的基因沉默（VIGS）描述植物受病毒侵染后的症状恢复现象。1998 年 Van Kammer 及 Ruiz 等使用 PVX 载体，2001 年 Baulcombe 等使用 TRV 载体，2002 年刘玉乐等改进 TRV 载体，使 VIGS 成为研究植物基因功能的有效技术。

VIGS 现在也成为描述应用重组病毒抑制内源基因表达的专门词汇，是反向遗传学和功能基因组学中的重要技术。其中 TRV 是应用最广的载体，已被广泛用于本氏烟、番茄、拟南芥、辣椒中研究基因功能。

PDS 是类胡萝卜素合成途径的关键酶，类胡萝卜素在植物中具有光保护作用，类胡萝卜素合成受阻会导致植物光保护功能丧失，从而产生白化效应。有些植物的基因沉默后是不产生可见表型的，因此沉默 *PDS* 已成为此类试验中验证沉默载体有效的阳性对照。

例如，利用 VIGS 技术沉默烟草的 *bZIP28* 和 *Rubisco* 基因时，沉默 *PDS* 的对照植株在浸润后 7~15 d，出现典型的白化症状。此时沉默 *bZIP28* 的植株不表现典型症状；而沉默 *Rubisco* 的植株表现黄化症状且叶绿素含量降低，说明正常情况下 *bZIP28* 对植物的生长发育没有显著影响，而 *Rubisco* 则参与叶绿素的合成（图 1-3-23）。

图 1-3-23　应用 VIGS 沉默烟草内源基因

相较于 VIGS 技术，基因编辑技术是一种能够对生物体的基因组及其转录产物进行定点修饰或者修改的技术。CRISPR/Cas 系统为细菌与古细菌中抵御外源噬菌体病毒和质粒 DNA 入侵的获得性免疫机制系统。该系统可以识别出外源 DNA 或病毒 RNA，并将它们切断，沉默外源基因的表达，这类似于真核生物中 RNAi 的原理。正是由于这种精确的靶向功能，CRISPR/Cas 系统被开发成一种高效的基因编辑工具。这一技术的先驱者之一张锋被誉为“CRISPR/Cas 之父”。

在自然界中，CRISPR/Cas 系统拥有多种类别，其中 CRISPR/Cas9 可以靶向编辑植物的 DNA，成为继 VIGS 后鉴定植物基因功能的有效技术；而 CRISPR/Cas13 可以靶向 RNA 进行编辑。基于 CRISPR/Cas 系统的示踪技术是可视化研究活细胞内 DNA/RNA 复制轨迹的重要工具，该技术能够对病毒遗传物质在寄主细胞当中的行为轨迹进行示踪，已成为研究病毒侵染复制机制的有力手段之一。

2021 年中国农业科学院烟草研究所基于 CRISPR/Cas13 技术建立了番茄斑萎病毒（TSWV）检测体系。通过重组酶聚合酶等温扩增反应扩增 CRISPR 系统靶序列，利用原核表达及 His 标签纯化提取 Cas13 蛋白，体外转录合成 crRNA 构建基于 CRISPR/Cas13a 的 TSWV 检测体系。识别靶序列的 CRISPR 体系激发附带剪切活性，切割带有 FAM 荧光基团和 BHQ1 淬灭基团的 ssRNA 探针，在短时间内检测体系产生的荧光信号强度变化以区分阳性样品。

该检测方法结合重组酶聚合酶扩增（recombinase polymerase amplification，RPA）等温扩增技术和 Cas13a 介导的附带切割活性，阳性结果可以在 20 min 后通过增强的荧光信号来区分。该检测系统的检测限达到 2.26×10^2 拷贝 /μL，比常规 RNA 病毒检测方法 RT-PCR 的灵敏度提高了 10 倍，可实现单头介体内 TSWV 定量鉴定检测。此外，基于 CRISPR/Cas13 的检测系统对 TSWV 具有较高的选择性，不受其他病毒的干扰。体外合成的活性 Cas13a 蛋白可与 TSWV 靶标外壳蛋白 *N* 基因 crRNA 特异性结合，构建 CRISPR/Cas13 系统，通过该系统附带剪切功能，剪切 RPA 反应检测体系中的 RNA 探针，基于荧光强度变化，实现病毒定量检测目的（图 1-3-24）。

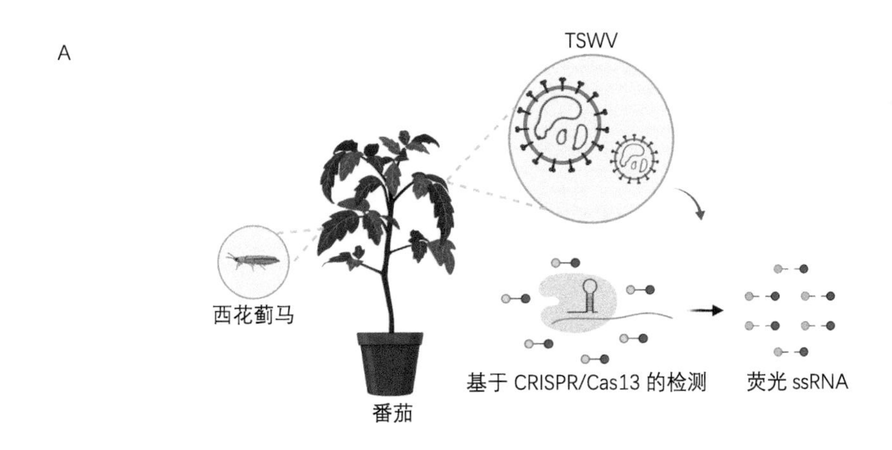

图 1-3-24 基于 CRISPR/Cas13 系统的番茄斑萎病毒（TSWV）检测体系

注：A. 基于 CRISPR/Cas13 系统的 TSWV 检测技术建立策略。B. 基于 CRISPR/Cas13 检测方法的灵敏度分析，8 个浓度梯度模板 DNA 的检测反应在 45 个动力学循环中的荧光强度。C. 基于 CRISPR/Cas13 检测的特异性分析，5 种病毒 cDNA 作为模板的反应在 45 个动力学循环中的荧光强度。阴性对照以不含 RNase 的水（RNase-free H_2O）作为模板。所有数据为 3 次生物学重复测量的平均值 ± *SD*。

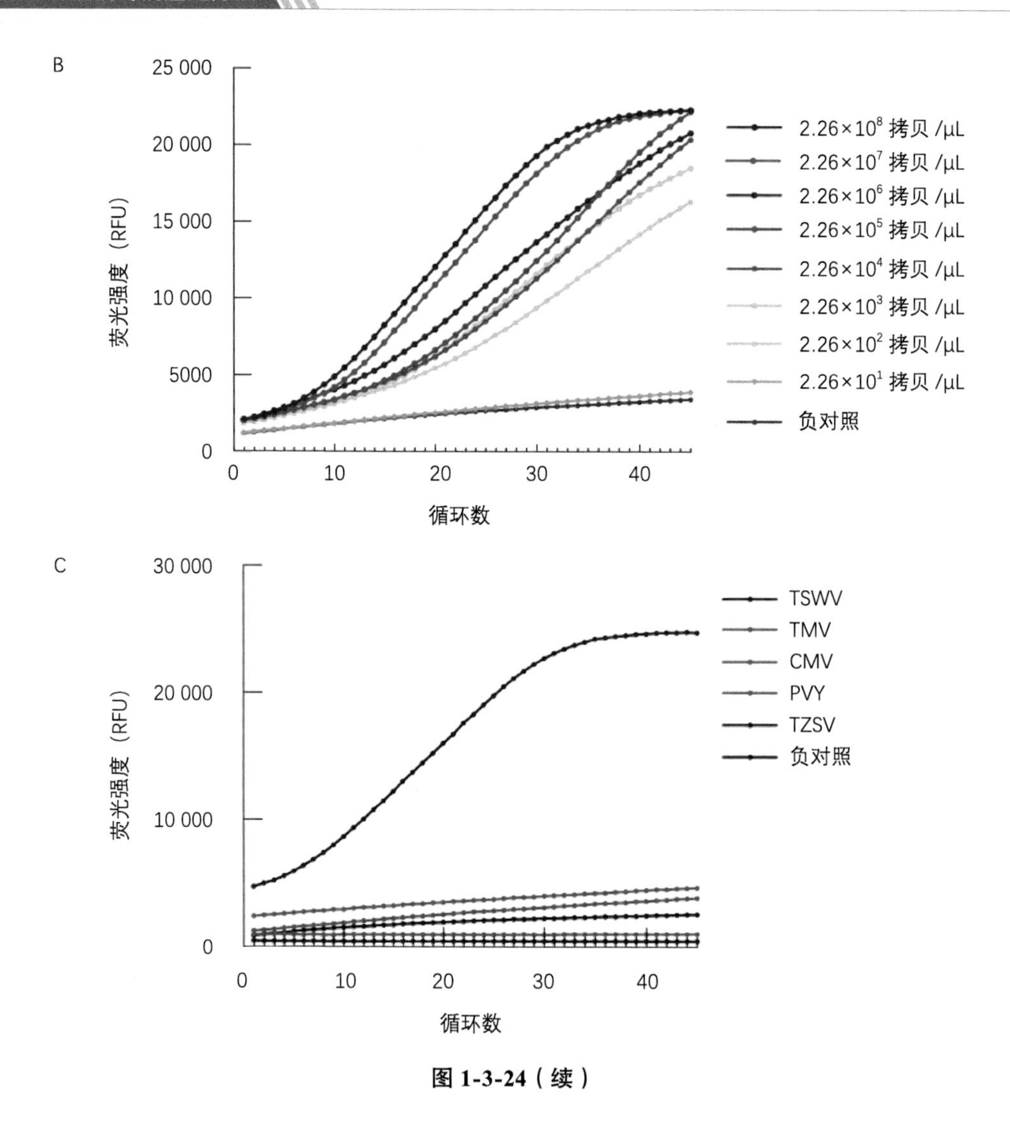

图 1-3-24（续）

（二）以病毒为载体的蛋白生物合成及纳米药物研发递送

病毒载体除了在 VIGS 体系中用于研究植物基因功能和病毒防治外，还可改造病毒的基因组，插入外源基因或序列进入植物体内，通过观察外源基因的表达，追踪病毒的侵染过程，进行寄主的抗性评价。同样的原理，也可以插入靶基因，通过病毒在植物体内的不断增殖，实现靶蛋白的生物合成。例如 1999 年韩爱东等利用烟草花叶病毒载体系统在烟草中表达丙型肝炎病毒的核心抗原。

2018 年孙航军等通过改造 PVY 的基因组，插入了绿色荧光蛋白 GFP 或插入表达上调花青素合成的转录因子，实现了通过绿色荧光蛋白和色苷类物质花青素来示踪病毒的侵染过程，方便观察不同植株对 PVY 的抗性差异（图 1-3-25）。

在烟草对病毒病的抗性鉴定中，可以通过在紫外灯下读取不同品种或不同植株上的绿色荧光蛋白或花青素面积，区分抗性级别，避免以往通过肉眼观测症状来划分病害严重度级别时，不同批次或不同调查者的人为误差。

图 1-3-25 通过绿色荧光蛋白和花青素标记 PVY 的侵染过程

进入 21 世纪，材料、能源、信息是科技发展的三大要素。纳米材料逐渐成为一种战略资源。纳米药物是指直接将原料药加工成纳米粒，其尺寸界定于 1~1 000 nm 之间。纳米载体则是指溶解或分散有药物的各种纳米颗粒。例如，玉米醇溶蛋白（Zein）又称玉米朊，最初作为纳米药物或疫苗运载工具。

病毒颗粒是纳米级，也可以作为纳米药物的载体。科学家设想，用病毒纳米载体携带抗病毒药物进入人体，可以用于肿瘤细胞的靶向性基因治疗。当然对载体的安全性要求非常高，作为药物载体的病毒需要改造成或具备无致病性的特点。显然，植物病毒载体具备这一特点。

1998 年 Douglas 和 Young 利用豇豆褪绿斑驳病毒（cowpea chlorotic mottle virus，CCMV）的自组装笼状结构进行客体分子的负载和递送。2003 年 Dujardin 等用野生型和重组 TMV 的自组装圆柱形粒子为有机模板，来组装铂、铀、银金属钠米颗粒。随后医学界用 TMV 纳米载体，携带抗肿瘤基因药物非铂进入人体，抑制肿瘤细胞。2021 年陈薇院士等利用腺病毒（adenovirus）为载体研制的重组新型冠状病毒疫苗（5 型腺病毒载体），对由新型冠状病毒（SARS-CoV-2）感染引起的新冠肺炎（COVID-19）重症具有显著的预防作用。

细胞壁是植物特有的保护屏障，通常在 50 nm 以内的物质能穿越细胞壁进入细胞，20 nm 以内的则能穿越核膜进入细胞核。病毒显然具备这一穿越能力，但用于防治植物病虫害的病毒纳米载体，还需要病毒本身不显症、不致病。

TMV 属的弱病毒烟草轻型绿花叶病毒（TMGMV）是天然的纳米载体。TMGMV 可以感染番茄、马铃薯、茄子和烟草等茄科植物，但对其他数千种植物相对无害。而且该病毒只通过植物之间的机械接触传播，而不是通过空气传播，安全性高。

TMGMV U2 毒株由 BioProdex 公司从培植材料中分离而来，通过触发内吸性致死高敏反应来杀死热带刺茄（*Solanum viarum*）。于 2013 年 5 月申请登记除草剂 SolviNix LC，该产品已于获得美国环保署批准，登记在有放牧动物围栏的草原地带进行热带刺茄的芽后防除。

2017 年 Chariou 和 Steinmetz 利用 TMGMV 作为纳米载体，携带药物固定和杀死线虫（图 1-3-26）。TMGMV 作为一个中空的纳米管（其尺寸为 300 nm × 18 nm，中空的通道宽约 4 nm），可以负载杀线剂，每粒微粒可携带多达 1 500 个单位的药物。在培养液中，TMGMV 杀线剂能保持稳定并有效地固定和杀死线虫。而且与常规杀线剂相比，其土壤流动性更好，可将药物有效负载至 8~12 cm 深，到达线虫生存的根际深度。

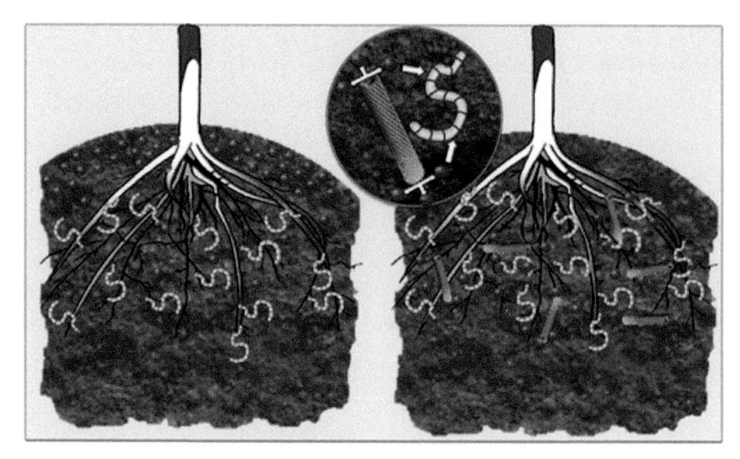

图 1-3-26　利用 TMGMV 携带药物固定和杀死线虫（Chariou & Steinmetz, 2017）

至此，日新月异的病毒学研究既有新发病毒的鉴定和病害防治，原发病毒的致病机制和变异再流行，又有病毒载体的构建和应用。

然而，植物病毒学研究，无论广度，还是深度，最终多会回到寄主的抗感特性上。筛选和利用抗病品种，是农作物健康和安全生产的重要保障。

种植抗病品种是保障烟叶生产的基础，烟草品种对病毒病的抗性评价是抗病育种中的重要环节。此外，病毒致病性与烟草抗病性，是研究病原与寄主互作的模式体系。抗病毒基因沉默、敲除或过表达的众多基础理论研究，都会归结到烟草材料对病毒病的抗性评价上。

目前，烟草抗病毒病鉴定是依照国家标准 GB/T 23224—2008《烟草品种抗病性鉴定》中的 TMV 和 CMV 部分，描述精简，但无重大坏死病毒 PVY 和 TSWV 部分。为此，开展烟草品种抗主要病毒病鉴定方法的试验，制定一套准确、易行的烟草抗主要病毒病苗期鉴定技术规程，辅以关键技术的图文简介。这即是发掘抗性基因和选育抗病品种的方法保障，又是各鉴定单位其试验结果横纵可比较的技术基础。

02 第二章 烟草抗烟草花叶病毒（TMV）鉴定方法

第一节　TMV 概述

1886 年 Mayer 在荷兰第一次用“花叶”描述烟草病毒病，并证实了烟草花叶病的传染性；1892 年 Ivanowski 发现病汁液通过细菌滤器后仍具有侵染性；1898 年 Beijerinck 称这种新的致病因子为侵染性活液，并使用病毒一词以区别于细菌。1935 年 Stanley 从病株中分离提纯到侵染性的蛋白结晶；1936 年 Bawden 和 Pirie 在蛋白结晶中发现磷和硫，并定名为核蛋白；1939 年 Kausche 等在电子显微镜下观察到烟草花叶病毒（tobacco mosaic virus，TMV）的直杆状颗粒。自此开启了植物病毒学的研究历史，TMV 也成为研究最早的模式病毒。

TMV 是抗逆性最强和最易传染的植物病毒，主要通过农事操作借助人手和工具的机械接触汁液摩擦传染，能侵染包括烟草、番茄、辣椒、马铃薯、龙葵等在内的 350 余种植物，位居危害植物的十大病毒之首。烟草是最易被其感染的作物，世界各烟区普遍发生。烟草苗期和成株期均可感染，表现沿叶脉的深绿色花叶，深绿浅绿相间的斑驳，叶片厚薄不均有深绿色斑块，甚至叶片皱缩扭曲呈畸形，以及花叶灼斑和植株矮化等症状；田间 TMV 与其他蚜传病毒如 CMV、PVY 混合发生，症状加剧，产量损失巨大。

一、TMV 特性、株系分化及烟草抗原

TMV 是烟草花叶病毒属（*Tobamovirus*）的代表种，其基因组为一条正义单链 RNA。病毒粒体直杆状，TMV 在体外的抗逆性强，可在土壤中的病残体内越冬，致死温度为 93℃下 10 min；室温下病汁液中病毒能存活 30 d 以上；稀释限点为 10^{-6}~10^{-5}。

TMV 寄主广泛，病毒基因组变异频繁，报道的株系种类众多。1982 年 Goelet 等最早确定了 Vulgare 株系的核苷酸序列。之后，TMV-U1、TMV-Ob、TMV-Cr、TMV-Type、TMV-China、TMV-Rakkyo、TMV-B 等多个株系的基因组全序列被测定。目前，株系划分标准尚不统一，在不同寄主上可能出现同一分离物但定出不同名称的现象；在同一寄主上可能不同时期的分离物定出不同的名称。例如，番茄花叶病毒（tomato mosaic virus，ToMV）和烟草轻绿花叶病毒（tobacco mild green mosaic virus，TMGMV）曾是在生物学和血清学上均不同于 TMV 烟草株系的番茄株系和弱毒株系 U2；现在则被认为是侵染烟草的不同病毒。

TMV 在粘烟草（*N. glutinosa*）和苋色藜（*Chenopodium amaranticolor*）上产生局部枯斑（necrotic lesion，NL），这是一个比较稳定的性状。

含 *N* 基因的粘烟草是 TMV 的最初抗原，单显性的 *N* 基因也成为目前 TMV 抗病育

种的主要抗原。将 *N* 基因渐渗杂交入普通烟草，获得抗 TMV 的烟草种质，如三生烟 NN（Samsun NN）、白肋烟 NN（Burley NN）、珊西烟 NN（Xanthi-nc NN）。这是 TMV 抗病育种的最初抗源，也是病毒生物学分离纯化、定性定量、抗病毒药物生测的寄主材料。不同的病毒有相同或相异的枯斑寄主，极大地方便了针对特异病毒靶标的药物筛选。此外，筛选与 *N* 基因紧密连锁的特异性的简单重复序列（simple Sequence Repeat，SSR）标记，也已用于烟草对 TMV 的抗性鉴定中（张玉等，2013）。

苋色藜对 TMV、CMV、PVY、PVX、TEV 等多种病毒均表现局部枯斑症状，但枯斑出现的时间和大小各有差异，尚不知其抗病基因和抗性机制。

二、TMV 抗性鉴定试验的影响因素

TMV 因其毒性和抗逆性极强，极易通过汁液接触传播。温室和田间浇水施肥等农事操作较易造成 TMV 成行成片爆发，因此烟草移栽后 2~3 周，田间常成行出现花叶畸形、灼伤坏死和矮化症状。

目前控制病毒病最有效的手段，一是筛选和种植抗病品种；二是自苗期开始喷施抗病毒剂预防。病情判定是烟草接种 TMV 抗性鉴定或药效生测试验中的重要步骤。

病毒株系、寄主苗龄、接种后培养条件是决定病害发生发展的关键因素，直接影响病情判定。不同株系在同一寄主上症状差异较大。如，TMV-U1 株系在烟草上表现花叶畸形和植株矮化，TMV-U2 株系（TMGMV）仅表现沿叶脉的轻微褪绿（刘雪梅，2012）。U1 株系在 *N* 基因烟草上表现过敏性坏死反应（HR）；而番茄分离株（tomato mosaic virus-Ob，ToMV-Ob）是唯一能系统侵染 *N* 基因烟草的 TMV 分离株，低于 19℃则能诱导 *N* 基因介导的 HR（Padgett et al.，1993；张恒木等，2001）。

不同苗龄对同一接种物的敏感性不同，小苗因抗性差而发病级别重于大苗，成株因其生长速度快于病毒增殖速度而发病较轻。温室苗期人工接种诱发鉴定时，接种最佳时期为大十字期至猫耳期，接种物最佳浓度为 2%（段玉琪等，2004；刘艳华等，2007；申莉莉等，2021）。

适当高温比低温利于烟株生长，也利于病毒增殖；但高温下病毒症状通常会消弱，表现热隐症（陈静等，2007）；连续阴雨后放晴，感染 TMV 的烟株其中下部叶常出现花叶灼伤坏死。*N* 基因烟草在 28℃以下接种 TMV 表现接种叶 HR 枯斑；28℃以上则抗性丧失，表现全株系统花叶，当烟株移回 28℃以下时抗性丧失又发生逆转，烟株死于致命的系统性过敏反应（SHR）（Marathe et al.，2002）。在烟草品种抗性鉴定试验中还发现，含 *N* 基因的 4~5 叶期烟草小苗，26℃接种出现接种叶枯斑后，沿叶脉的枯斑极易扩展至叶柄，进入主茎，很快导致心叶死于致命的系统性过敏反应，显示不需要 28℃以上也产生 SHR，而且这种 SHR 有时亦发生在一些较大的植株上（Dijkstra et al.，1997）。温度和苗龄对 *N* 基因抗性的影响，对抗 TMV 的 *N* 基因烟草品种的利用提出了新挑战，也对筛选

鉴定新抗原材料提出了新需求。

烟草苗期接种 TMV 试验，关于毒株、苗龄及温度影响的综合研究较少。为确保烟草对 TMV 抗性鉴定和抗病毒剂生测试验的准确性，本章对毒源的分离纯化、株系鉴定、稀释限点、传导路径、病害症状、*N* 基因抗 TMV 温敏性及其影响因素，展开研究，以期为烟草苗期接种 TMV 抗性鉴定以及制订抗病毒剂生测试验准则，提供技术支撑。

第二节　烟草田期感染 TMV 的病害症状和病情

一、田间 TMV 病害症状

田间于青岛即墨试验基地，试验田块种植主栽品种中烟 100 和 K326，面积不少于 $10 \times 667\ m^2$。自然感病，于团棵期至旺长期观察记录 TMV 的病害症状（表 2-2-1）。

表 2-2-1　烟草花叶病毒（TMV）病害症状

简称	症状描述
VC	心叶脉明（vein clearing on upper leaf，VC）
vMo	初始心叶上沿叶脉的深绿色花叶（beginning of dark green mosaic alone vein on upper leaf，vMo）
MM	沿叶脉的黄绿相间的斑驳花叶（motif mosaic alone vein，MM）
Mo	花叶，叶片不变形（mosaic no deformation，Mo）
MY	黄花叶，叶片不变形（yellow mosaic no deformation，MY）
hMo	严重花叶，叶片变形（heavy mosaic and deformed leaf，hMo）
DG	叶片厚薄不均，叶片轻微变形有深绿色斑块（deformed leaf lamina with dark green spots，DG）
LD	叶片厚薄不均，叶脉比叶片生长少导致叶片皱褶、扭曲畸形（leaf fold distorted deformity，LD）
MN	上部叶狭窄、黄花叶（narrow upper leaves and yellow mosaic，MN）
BN	下部叶花叶灼斑（mosaic and burning necrosis on bottom leaf，BN）
VN	叶片主脉变褐坏死（main vein necrosis，VN）
St	病株矮化，上部叶畸形、下部叶片常伴有坏死斑（stunting，St)

TMV 在田间初始表现沿叶脉的深绿色花叶，逐渐扩展成深绿、浅绿相间的斑驳花叶。由于病叶只一部分细胞加多或增大，致使叶片厚薄不均、叶片轻微变形有深绿色斑块，甚至叶片皱缩扭曲呈畸形。病株上部叶狭窄、斑驳黄化；雨后晴天时，下部叶会出现大块的花叶灼斑。远观，病株矮化、叶色发黄（图 2-2-1~ 图 2-2-3）。

图 2-2-1　TMV 病害，黄绿相间的斑驳花叶、叶片厚薄不均有深绿色斑块

图 2-2-2　TMV 病害，沿叶脉的深绿色花叶、花叶灼斑、深绿色斑块、斑驳黄化

图 2-2-3　烟草早期感染 TMV 病株矮化

二、田间 TMV 病情

TMV 病情调查采用大田普查法，通常在烟草成苗期、团棵期、旺长期、打顶期分别进行 4 次田间普查。采用对角线 5 点取样方法，每点不少于 50 株，逐株观察病害症状并记录发病级别。根据 GB/T 23222—2008《烟草病虫害分级及调查方法》(表 2-2-2)，按式（1）和式（2）计算发病率和病情指数。

表 2-2-2　烟草花叶病毒（TMV）病害严重度分级

级别	症状描述
0	全株无病
1	心叶脉明或轻微花叶，病株无明显矮化
3	1/3 叶片花叶但不变形，或病株矮化为正常株高的 3/4 以上
5	1/3~1/2 叶片花叶，或少数叶片变形，或主脉变黑，或病株矮化为正常株高的 2/3~3/4
7	1/2~2/3 叶片花叶，或变形或主侧脉坏死，或病株矮化为正常株高的 1/2~2/3
9	全株叶片花叶，严重变形或坏死，或病株矮化为正常株高的 1/2 以上

$$\text{发病率}=\frac{\text{发病株数}}{\text{调查总株数}}\times 100\% \tag{1}$$

$$\text{病情指数}=\frac{\sum(\text{各级病株数}\times\text{相应严重度级值})}{\text{调查总株数}\times 9}\times 100 \tag{2}$$

蚜虫不能传播 TMV，汁液摩擦极易传播，田间农事操作也极易造成 TMV 流行，移栽成苗后 15~20 d，田间常见 TMV 成行发生，表现斑驳黄化、花叶灼斑、病株矮化。这是由于苗床带毒，移栽时的农事操作导致的田间初次感染。因此，移栽前需剔出病苗和喷施抗病毒剂，若检测发现幼苗带毒率超过 1%，不宜使用。

2019 年于团棵期至旺长期调查即墨试验基地的病毒病圃，TMV 成行爆发现象严重（图 2-2-4）。团棵期前调查，发病率和病情指数均不高，但病株发病级别呈现较重和较轻两极分化。团棵期至旺长期调查，病情显著上升，典型症状有沿叶脉的深绿色花叶、有规则的黄绿相间的斑驳、叶片厚薄不均有深绿色斑块、花叶灼斑。之后随着在试验地块上施药和调查等田间操作次数的增加，病情加重，至旺长后期调查，发病率超过 60%，病情指数高于 65（图 2-2-5）。

图 2-2-4　烟草团棵期至旺长期 TMV 成行发生

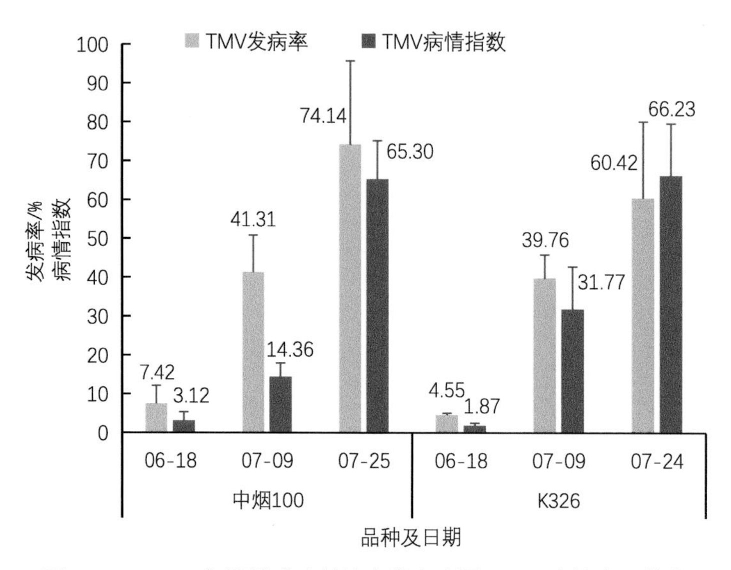

图 2-2-5　2019 年即墨试验基地病毒病病圃 TMV 病情大田普查

第三节　TMV 分离纯化、保存及株系鉴定

一、单斑分离 TMV 及活体保存

采用枯斑寄主粘烟草或三生 NN 烟单斑分离纯化 TMV，接种在系统感病寄主 K326 或 NC89 上活体保存，并定期转接扩繁（间隔 60 d 左右）。

田间于团棵期采集具有沿叶脉深绿色花叶、叶片厚薄不均有大块深绿色斑驳的典型 TMV 病叶。取 1 g 于灭菌的研钵中研磨成汁液，加 20 mL 无菌水稀释，分别用 TMV、CMV、PVY 免疫胶体金试纸条检测，剔除混合侵染（图 2-3-1）。

图 2-3-1 TMV 毒源的采集和检测

注：S 为进样孔，T 为检测线，C 为控制线。

采用汁液摩擦法接种在 TMV 的枯斑寄主三生 NN 烟或其他含 *N* 基因的烟草上。接种前在叶片上匀洒 600 目石英砂，接种后喷洒清水冲洗残留液，于 26℃ /16 h 光照下培养 48~72 h。接种叶呈现小的黄褐色坏死斑点，病毒被限定在侵染点不扩展。

用灭菌的枪头抠离单斑，研磨成汁液，再次接种三生 NN 烟。经过 2~3 次单斑分离后，即可纯化 TMV。在自然界中，TMV 的枯斑寄主还有苋色藜（图 2-3-2）。

图 2-3-2 TMV 的枯斑寄主三生 NN 烟、苋色藜

用灭菌的枪头抠离单斑，研磨汁液，摩擦接种于NC89、中烟100、K326等系统感病寄主上活体保存毒源。接种后26℃培养10~14 d，心叶出现花叶症状，17~23 d出现心叶畸形、全株系统花叶症状（图2-3-3）。不同批次和苗龄接种，因寄主自身抗性和营养差异，症状发展过程会略有不同。此外，症状也会随保存时间的延长而发生较大变化，但均表现TMV典型的叶片厚薄不均有深绿色斑块症状。

图2-3-3 在系统寄主NC89、中烟100、K326上扩繁TMV

注：dpi，接种后天数。

作为活体保存毒源的寄主烟草，通常选择中度感病的品种，既能观察到保存期的发病症状，又能相对的延长扩繁间隔期，避免频繁转接而导致病毒致病力下降。同时，有必要于烟草生育期采集田间致病力强的野生型毒株，纯化保存。

二、TMV株系鉴定

株系（strain）是病毒种内的变种，属于同一株系的分离物共同拥有一些已知的、有别于其他株系分离物的特性，如寄主范围、传播行为、血清学或核苷酸序列。病毒在复制过程中，产生的子代病毒本质上与亲本相似；但病毒基因组变异频繁，会通过变异（variation）产生新的株系，以适应新的不断变化的环境；经过更长一段时间开始出现新病毒。病毒没有传统形式的地质化石，但不断增加的分子信息则是研究病毒进化的重要分子化石。

鉴定病毒株系的标准通常是：病毒粒体自身特征和组分的结构标准；病毒蛋白结构的血清学标准；病毒、寄主及传播媒介三者互作的生物学标准。通常采用外壳蛋白（CP）核苷酸序列比对法鉴定 TMV 株系。

根据 TMV U1 株系的 CP 序列，采用 Primer 5.0 软件设计 PCR 及 qRT-PCR 检测引物（表 2-3-1）。

表 2-3-1　病毒外壳蛋白全长及荧光定量的检测引物

引物名称	碱基序列	产物大小 /bp
TMV-CP-F1（全长）	5′-ATGTCTTACAGTATCACTACTCC-3′	480
TMV-CP-R1	5′-AGTTGCAGGACCAGAGG-3′	
TMV-CP-F2（定量）	5′-GAGTAGACGACGCAACGG-3′	127
TMV-CP-R2	5′-CCAGAGGTCCAAACCAAAC-3′	
Actin-F	5′-CAAGGAAATCACCGCTTTGG-3′	106
Actin-R	5′-AAGGGATGCGAGGATGGA-3′	

取新鲜病叶 1 g，采用 Trizol 法提取植物叶片总 RNA。一步法合成第一链 cDNA 且去除 gDNA。以 cDNA 为模板，以病毒外壳蛋白全长的检测引物（TMV-CP-F1/R1），配置 20 μL 反应体系。在 PCR 仪上进行 CP 全序列扩增。

扩增产物进行 1% 的 SDS 凝胶电泳，在紫外凝胶成像仪上，与 Mark 比对，目的片断大小为 480 bp（图 2-3-4A）。

切取凝胶回收后，送样测序。将测序结果提交 NCBI，比对病毒株系。通过 MEGA7 中 CLUSTAL W 模块与 GenBank 中下载的 17 个 TMV CP 分离物进行序列比对，以最大似然法（maximum likelihood，ML）构建系统进化树。系统进化分析结果表明，包括青岛分离物 TMV-qingdao 在内的中国 10 个分离物聚为一组，说明中国大部分 TMV 基因组具有一定的保守性。TMV-qingdao 与 TMV-U1 株系核苷酸相似性为 99.58%，其系统关系聚为一族，显示 TMV-qingdao 属于 U1 株系，而与 Vulgare、U2、Ob 等株系的亲缘关系较远（图 2-3-4C）。

取新鲜病叶提取总蛋白，采用 Western blot 检测 CP 蛋白印迹。植物总蛋白与上样缓冲液 1∶1 混合，沸水浴 3~5 min 变性后，取 15 μL 点样到凝胶孔内进行 SDS-PAGE 凝胶电泳。利用湿式转膜装置，100 V、转膜 90 min。封闭完成后分别孵育 TMV CP 抗体和 Actin 抗体，依次孵育二抗后，利用蛋白成像系统检测到一条 17.5 kDa 的单一蛋白条带，与 TMV CP 大小一致（图 2-3-4B）。

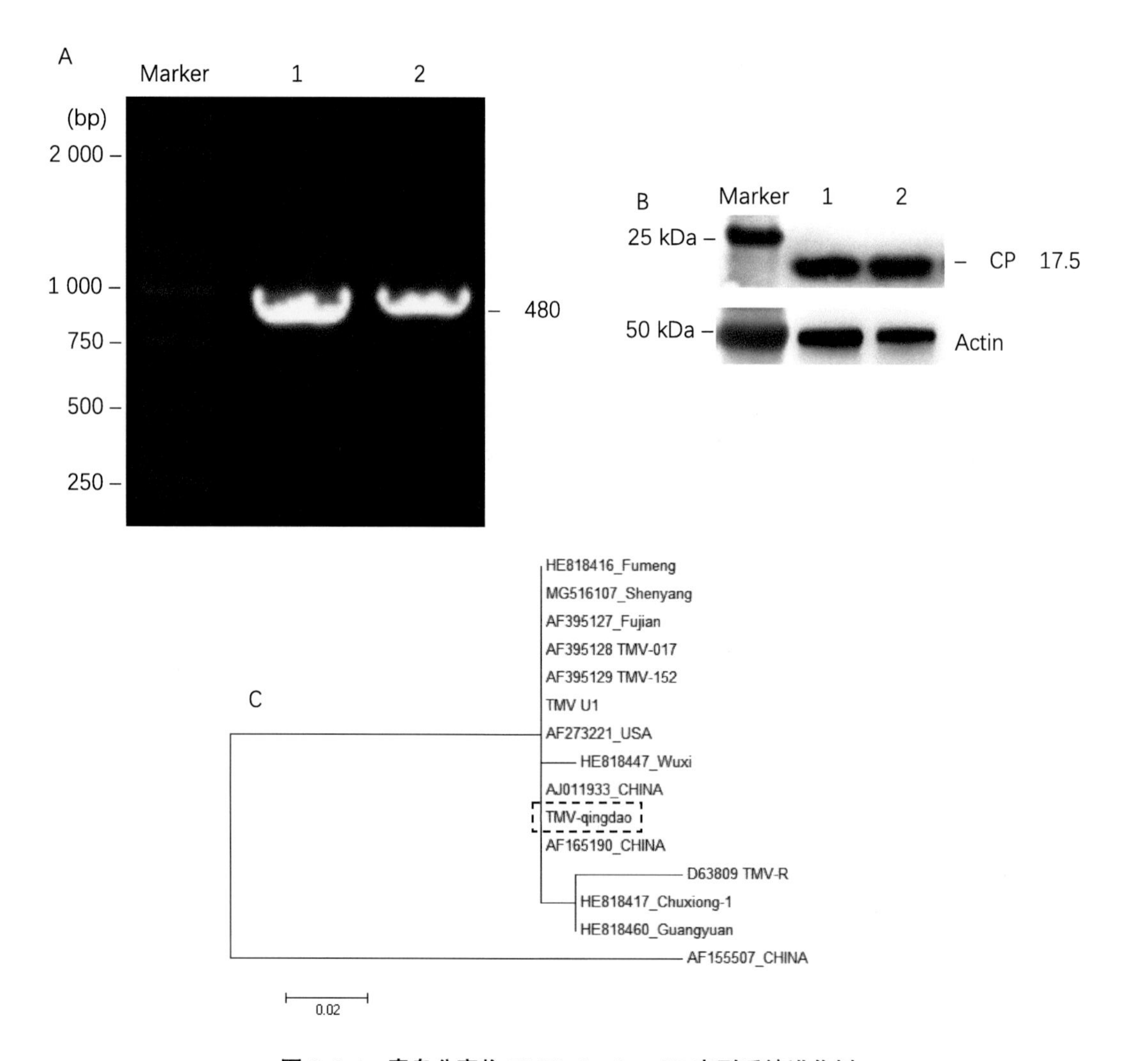

图 2-3-4　青岛分离物 TMV-qingdao CP 序列系统进化树

注：A. *CP* 基因核酸电泳（1、2 为点样重复）；B. CP 蛋白印迹（1、2 为 TMV 毒源进样重复）；C. CP 蛋白株系进化树。

第四节　TMV 提纯、粒体形态及致病力

一、病毒提纯和病毒粒体形态

1. 病毒提纯

采用硫酸铵沉淀法提纯 TMV。具体提纯步骤如下。

① 取 100 g 病叶，在榨汁机上，边添加 0.01 mol/L、pH 7.0 的磷酸缓冲液（PBS）边匀浆，收集澄清液；按 100 mL 加入 25 g 硫酸铵的比例，于冰浴上，边添加边搅拌溶解，静置 1 h。

② 4 000 r/min 离心 1 h，弃上清液，加 2~3 mL 蒸馏水溶解沉淀，反复 4~5 次至沉淀全部溶解，上清液集中，4 000 r/min 离心 15 min。

③ 去沉淀，上清液达原澄清液量的 1/4，慢慢加入 1% NaOH 至 pH 为 6.5，剧烈搅动，按 100 mL 加 25 g 硫酸铵，4 000 r/min 离心 15 min。

④ 弃上清液，加 2~3 mL 蒸馏水溶解沉淀，反复 4~5 次至沉淀全部溶解，上清液总量不超过原澄清液量的 1/4，加 0.1% HCl，调节 pH 为 3.3，静置 1.5 h。

⑤ 弃上清液，沉淀加 10 mL 蒸馏水，立即用 4 000 r/min 离心 15 min。

⑥ 弃上清液，沉淀加 10 mL 蒸馏水，盛入透析袋，流水透析 1~3 d（因 pH 改变，病毒溶解，非病毒物质不溶解），4 000 r/min 离心 15 min。

⑦ 弃沉淀，上清液即为病毒粗提纯液。

100 g 病叶经硫酸铵沉淀法提纯，最终获得 10 mL 病毒粗提纯液。

2. 病毒提纯液浓度检测

于 Thermol 核酸微量分析仪上，通过测定 OD_{280} 的吸收峰，检测病毒提纯液的浓度（mg/ml）。

取 1 μL 无菌水滴于检测孔校对机器后；再点样 1 μL 提纯的 TMV 测定其 $A_{280\ nm}$ 处的蛋白吸收峰为 4.291 mg/mL，260 nm 与 280 nm 处的比值 $A_{260/280}$ 为 1.42。由 Warburg-Christain 经验公式，病毒蛋白浓度（mg/mL）=（$1.45 \times OD_{280} - 0.74 \times OD_{260}$）× 稀释倍数，换算成病毒提纯液的浓度为 1.713 mg/mL。

3. 病毒提纯液纯度检测

采用 SDS-PAGE 法测定病毒提纯液的纯度。

装板后，制备分离胶和浓缩胶；取 20 μL 提纯的病毒蛋白样品于 100℃水浴 8 min 变性后，取 10 μL 上清与上样缓冲液混合后加样，进行蛋白电泳；剥胶后，进行考马斯亮蓝染色和脱色，与 Mark 蛋白比较 CP 条带的大小和单一性。

提纯的 TMV 在 SDS-PAGE 上显示单一的 CP 条带；但由于是来自病叶的病毒粗提纯液，因而迁移减慢使其表观分子量略大于 CP 分子量 17.5 kDa（图 2-4-1）。

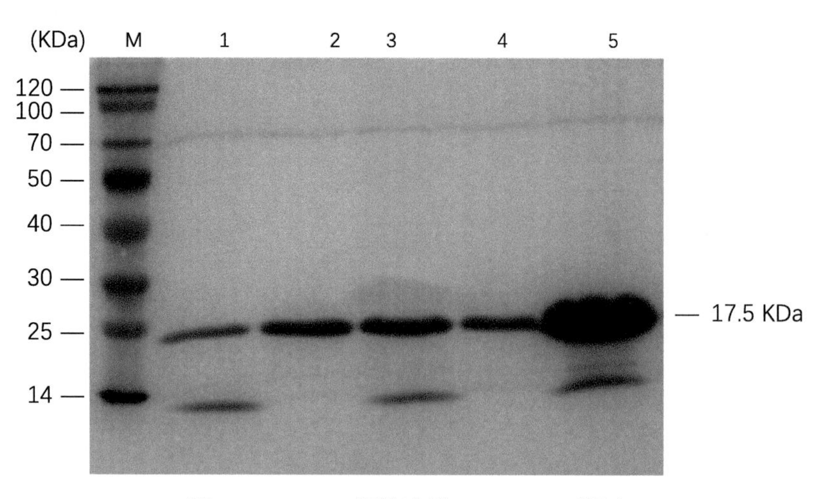

图 2-4-1　TMV 提纯液的 SDS-PAGE 检测

注：M 为蛋白质分子量标准；1~5 为 TMV 提纯液的不同上样量。

4. 病毒粒体形态

采用负染法于电子显微镜下观察病毒粒体的形态。

吸取 TMV 提纯液滴一小滴于蜡盘上。用镊子夹取铜网使有支持膜的表面与样品液表面接触，吸附 3~5min，取出铜网，用滤纸条吸除多余的液滴，稍晾干。取 2% 醋酸铀溶液，滴一小滴于蜡盘上，将吸附有病毒样品的铜网倒扣，负染 3~5 min，取出铜网，用滤纸条吸除多余的液滴，白炽灯下晾干。置于透射电镜下观察病毒粒体形态。

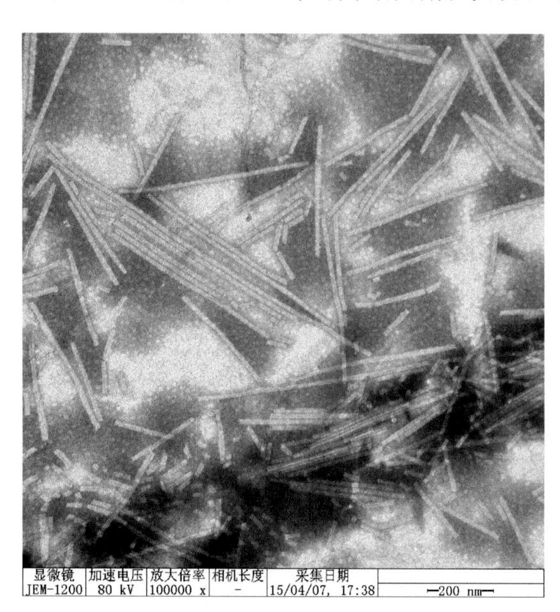

图 2-4-2　透射电镜下 TMV 提纯液中的病毒粒体形态

TMV 粒体由外壳蛋白和内部的一条正单链 RNA 分子组成，它们装配成一个螺旋棒状粒体，蛋白外壳起保护作用，不能单独侵染，起侵染作用的是核酸。粒体能离解成核酸和蛋白质，核酸和蛋白质能重组成稳定的侵染性病毒粒体。

电镜下 TMV 粒子呈直杆状，长约 300 nm，最大半径约 9 nm（图 2-4-2）。提纯过程中部分病毒粒子会断裂，使内部的核酸外露，遇外界的 RNA 酶会降解而失去侵染力。因此，对于当日内即将进行下一步试验的病毒提纯液，可于 4℃冰箱暂时放置。长期保存则需用脱脂牛奶、血清、5% 蔗糖等保护剂配制病毒悬液，于 –20℃低温或 –70℃超低温保存。

二、病毒提纯液的致病力

植物病毒的致病力（pathogenicity）是病毒引起寄主植物病害的能力，包括毒力和侵染力两方面。毒力（virulence）是指病毒侵染某一寄主的能力，或者克服某一品种的抗病基因，侵染这个品种的能力；侵染力（infectivity）是指病毒在能侵染寄主的前提下，在寄主体内的增殖速度。

采用枯斑密度法和系统花叶症状测定病毒提纯液的致病力。

取 10 μL 提纯的 TMV，加入 500 μL 或 1 000 μL 的 PBS 中混匀，分别稀释成 50 倍、100 倍，摩擦接种在三生 NN 烟叶片上，观察病毒浓度与枯斑密度的关系。提纯液接种感病烟草 K326，检测侵染力。

结果显示：TMV 提纯液稀释 50 倍（0.034 mg/mL）、100 倍（0.017 mg/mL），接种三生 NN 烟后 2~3 d，接种叶上出现过敏性反应枯斑，枯斑密度与稀释浓度成反比（图 2-4-3）。接种感病烟草 K326 上后 14~21 d，上部心叶表现脉明和沿叶脉的深绿色花叶，与室内扩繁的 TMV 病害症状相同。

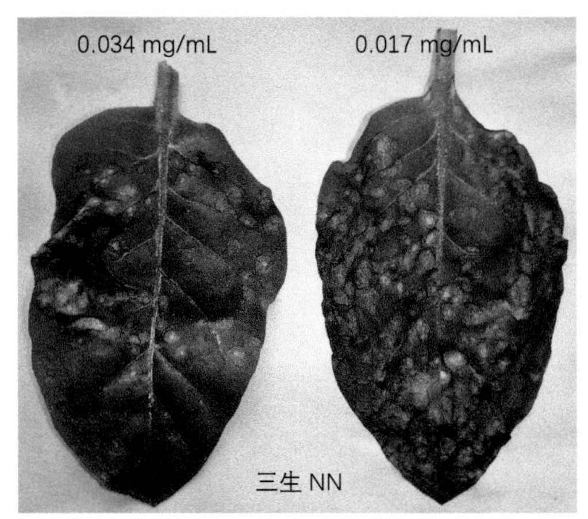

图 2-4-3　TMV 提纯液致病力

第五节　TMV 的稀释限点、致死温度及体外存活期

病毒的稀释限（终）点，是指病毒在植物病株的汁液中保持侵染力的最大稀释限度。病毒的致死温度，是将病毒汁液在不同温度下处理 10 min 后，使病毒失去致病力的最低温度。病毒的体外存活期，是指病毒汁液在室温（25℃）环境下保持侵染力的最长时间。

一、稀释限点和接种物浓度筛选

采用枯斑寄主苋色藜或三生 NN 烟测定毒源活体保存期的稀释限点。

将 TMV 接种到系统寄主 K326 上，35 d 取毒源病株心叶 1 g，在液氮中研磨后，加入 0.01 mol/L pH 7.0 磷酸缓冲液（PBS）10 mL，配置 10 倍质量浓度（10^{-1}）的 TMV 母液。再用 PBS 顺次稀释成 10^{-2}~10^{-6} 的系列浓度，接种在枯斑寄主苋色藜上。5~7 d 枯斑调查显示：随稀释倍数的增加，枯斑密度显著降低；当稀释到 10^{-5} 时仍具备侵染力（图 2-5-1）。

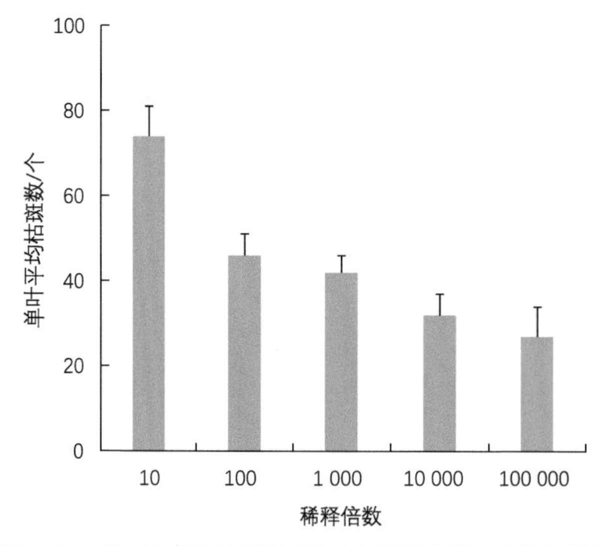

图 2-5-1　TMV 毒源保存期病株心叶在苋色藜上的稀释限点

取接种在 K326 上保存 50~65 d 的毒源病株心叶 1 g，研磨成汁液，并稀释成 10^{-1}~ 10^{-5} 系列浓度后，接种在枯斑寄主三生 NN 烟上。通过单位叶片面积上的枯斑数目，测定病毒的稀释限点，以明确毒源的使用时期和接种物质量浓度。

病毒质量浓度与枯斑数量曲线图的结果显示：在 K326 上活体保存的 TMV 病汁液，随稀释倍数的增加，在三生 NN 烟上的枯斑数量显著降低，当病汁液稀释到 10^{-6} 时已不具备侵染力，稀释限点为 10^{-5}（图 2-5-2）。此外，65 d 病汁液接种出现的枯斑密度显著低于 50 d 的，可能随养分缺失植株生长受阻，导致病毒增殖下降。因此，需要间隔 2~3 个月定期对毒源进行转接复壮，使用质量浓度以 10^{-2} 为宜。过高浓度接种，在枯斑寄主上易产生连片枯斑，在系统寄主上不易观察到显症差异。

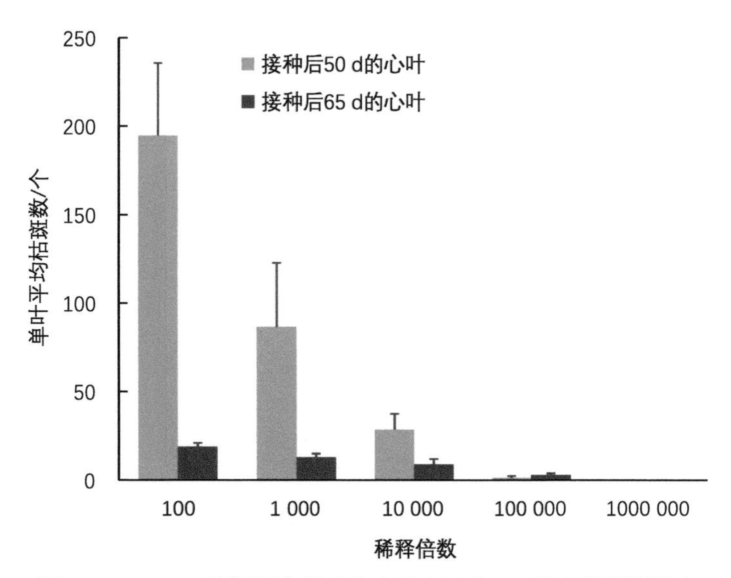

图 2-5-2 TMV 毒源保存期病株心叶在三生 NN 烟上的稀释限点

二、致死温度、体外存活期和接种物配置时间

采用枯斑寄主三生 NN 烟测定 TMV 毒源病汁液的致死温度和体外存活期。

配置质量浓度为 80 倍的病汁液，各取 5 mL 分装于 12 个离心管内。

于 96℃、93℃、90℃水浴处理 10 min，以 25℃室温放置 10 min 为对照。在 6~7 叶期三生 NN 烟上半叶法接种（一侧接种水浴处理，另一侧接种室温对照）。测定病毒的致死温度，以明确研钵等实验室接种液制备器具的消毒温度。

于 25℃室温下放置 3 h、6 h、12 h，以 4℃冰箱中放置 3 h、6 h、12 h 为对照，半叶法接种在三生 NN 烟上。

按式（3）计算病毒侵染力下降的百分比，以明确接种物提前配置的时间和放置条件。

$$\text{侵染力下降}(\%)=\frac{(\text{对照枯斑数}-\text{处理枯斑数})}{\text{对照枯斑数}}\times 100 \tag{3}$$

枯斑调查结果显示：随水浴温度的升高，枯斑数量显著降低；与 25℃室温对照相比，侵染力下降分别为 80.18%、93.10%、99.27%（图 2-5-3）。因此，在病汁液中 TMV 的钝化温度为 93℃、10 min。研钵需高温灭菌消毒后方可用于病叶研磨。

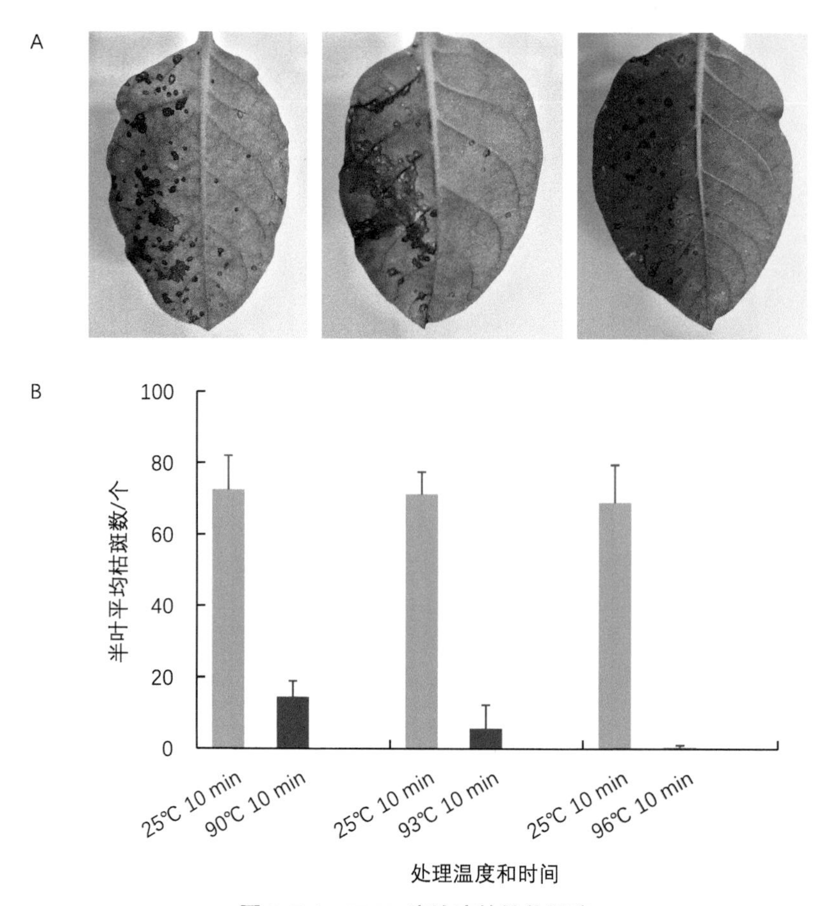

图 2-5-3　TMV 病汁液的钝化温度

注：A. 半叶法接种，左侧接种 25℃对照，右侧分别接种 90℃、93℃、96℃处理；B. 处理温度和时间对枯斑个数影响。

此外，随放置时间的延长，枯斑数量逐渐降低，但 4℃下枯斑数均高于 25℃；与 4℃对照相比，25℃放置其侵染力下降分别为 11.54%、13.80%、14.05%（图 2-5-4）。初次接种（放置 3 h）后 2~3 d 在同一时间拍照显示了距离接种时间越近，枯斑越小，即随过敏反应时间的延长，枯斑面积会有一定的增大。

TMV 的毒力和抗逆性均极强。干病叶在 120℃下处理 30 min 仍有侵染活力；病汁液室温放置 30 d 后接种三生 NN 烟，虽然枯斑密度显著下降，仍有较强的侵染力。因此，在同批次试验中，为保证同样用量的接种物中有效侵染的病毒量一致，接种物仍需当天现配现用，置于冰浴中保存。

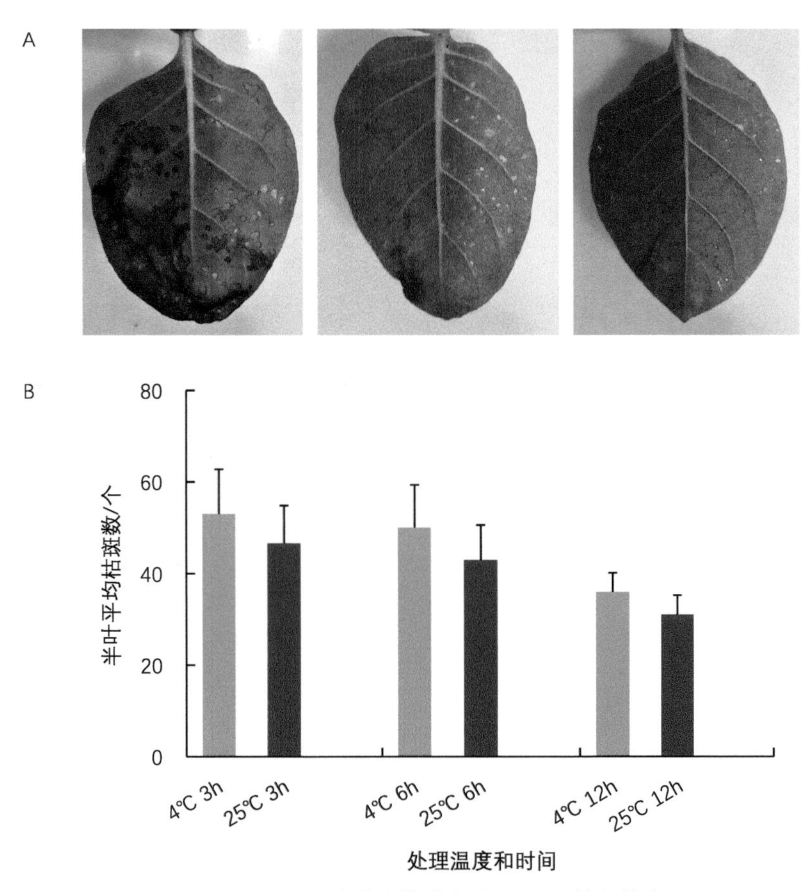

图 2-5-4 TMV 病汁液体外存活 3~12 h 的侵染力

注：A. 半叶法接种，左侧分别接种 4℃下 3 h、6 h、12 h 对照，右侧分别接种 25℃处理下 3 h、6 h、12 h；B. 处理温度和时间对枯斑个数影响。

第六节 病毒的系统扩散路径

一、TMV 和 TMV-GFP 在本氏烟上的扩散路径

根据 TMV 显症过程和绿色荧光蛋白（green fluorescent protein，GFP）示踪，观察病毒在本氏烟上的扩散路径。

在 5~6 叶期本氏烟上，采用汁液摩擦接种 TMV 病汁液；采用浸润法接种病毒的侵染性克隆 TMV-30B（在 MP 后面插入 GFP），于 25~26℃培养。在自然光下观察 TMV 显症过程；在手持紫外光下观察病毒绿色荧光扩散路径，拍照记录。

结果显示：TMV 在本氏烟上的致病力较强。株高 60~70 mm 的植株，接种中部最大展开叶。接种后 3 d，心叶即表现皱缩症状，4~5 d 表现心叶及全株系统坏死；接种叶逐

渐向背面卷缩，症状则相对不明显（图 2-6-1）。心叶先发生坏死，显示病毒从接种叶传至主茎后，迅速向上扩散到顶端生长点。

图 2-6-1　TMV 在本氏烟上的系统坏死

注：dpi，接种后天数；上排为接种叶，中排为心叶，下排为整株症状。

利用致病力较弱的侵染性克隆 TMV-30B，通过 GFP 示踪发现：农杆菌介导的浸润接种后 4 d，接种叶出现绿色荧光；接种后 6 d 浸润斑绿色荧光进一步增强，但尚未扩展，随后在 12 h 内扩展至叶柄基部；至接种后 8 d 病毒到达上部心叶时，拔出病株发现根部也布满绿色荧光；随后逐渐扩散并持续向顶部叶运输。病毒在烟株中的扩散路径为：接种叶浸润点→叶脉→主茎→向下至根、向上至心叶→心叶下 1 叶位→中间叶位（图 2-6-2）。

浸润接种 TMV-30B 后 5~6 d 的茎部横切样品，在激光共聚焦下观察到，韧皮部和皮层处的荧光信号最强，但病毒荧光几乎分布在茎部的所有细胞中，包括表皮细胞（epidermal cells，EP）、皮层（cortex，C）、维管组织（vascular tissue，VT）、韧皮部（phloem，Ph）、木质部导管（xylem vessels，XV）、髓细胞（pith cells，Pi）（图 2-6-3）。此时接种

图 2-6-2　侵染性克隆 TMV-30B 在本氏烟上的系统扩散路径

注：dpi，接种后天数。上图为接种叶，中图为心叶，下图为整株状态。

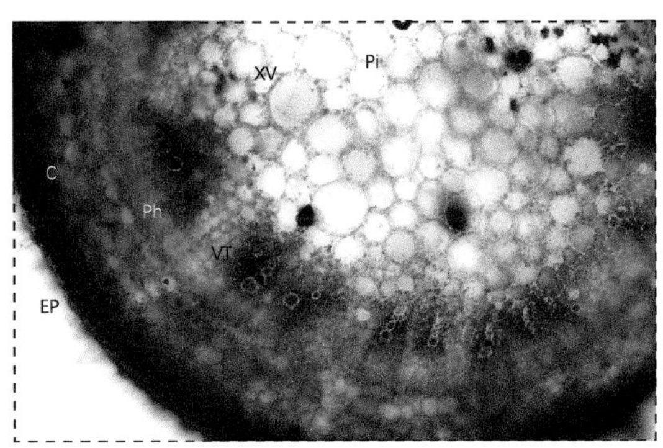

图 2-6-3　侵染性克隆 TMV-30B 在本氏烟茎细胞中的分布

注：T，毛状体；EP，表皮细胞；C，皮层；VT，维管组织；Ph，韧皮部；XV，木质部导管；Pi，髓细胞。

叶上下茎中荧光信号差异不显著，显示病毒一旦到达茎中，即开始迅速上下传输。

Wan 等（2015）用 GFP 标记芜菁花叶病毒（turnip mosaic virus，TuMV）的膜蛋白 6K2，构建病毒的侵染性克隆并侵染本氏烟，不仅发现病毒荧光信号几乎分布在叶部和茎部的所有细胞中，且通过标记参与病毒复制运动的其他成分，如 RdRP、CP、dsRNA，发现 TuMV 的膜复制结构（包裹病毒 RNA 和 RdRp 的复制囊泡），能在茎部的韧皮部和木质部中系统运动。

二、TMV 在 K326 上的扩散路径

植株接种病毒后，最先显症的是心叶。而通过 GFP 示踪，发现病毒在到达主茎后，很快布满心叶和根部，即两端生长点。那么病毒进入主茎后是同时双向运输，还是先到达哪一端呢?

参照研究病毒移动的经典方法，于寄主植物接种病毒后不同的时间点，取植株的不同部分，进行病毒含量的检测。

可采用 qRT-PCR 和 Western blot 检测 TMV 在 K326 上的扩散路径。

（一）qRT-PCR 检测

K326 接种 100 倍 TMV 后，标记各叶位（接种叶上 2 叶、接种叶上 1 叶、接种叶、接种叶下 1 叶、接种叶下 2 叶），于接种后 4 d、8 d、12 d、16 d，取上述各部位，检测相对于接种叶的 *CP* mRNA 表达量。

qRT-PCR 实验步骤为：取新鲜病叶 1 g 提取植物叶片总 RNA，合成第一链 cDNA；以其为模板，以 *CP* 荧光定量的检测引物（TMV-CP-F2/R2）（表 2-3-1），配置 20 μL 反应体系；利用 Applied Biosystems 7500 Fast Real-Time PCR System 进行 qRT-PCR 反应。以 *Actin* 为内参基因，根据 $2^{-\Delta\Delta Ct}$ 法计算病毒 *CP* 基因的相对定量表达。

总反应体系为 20 μL：SYBR qPCR Master Mix 10 μL，PCR 正反向引物各 0.4 μL，作为模板的逆转录所得 cDNA 2 μL，RNase-free water 7.2 μL。扩增条件为 95℃预变性 30 s；95℃反应 10 s 和 60℃反应 30 s，循环 40 次；95℃反应 15 s 和 60℃反应 1 min，95℃反应 15 s。

TMV *CP* mRNA 相对定量结果显示：

① 接种后 4 d，上 1 叶、接种叶和根部检测到 TMV，积累量排序为：上 1 叶<根<接种叶，显示病毒由接种叶扩散至主茎后，先向下到达根部。

② 接种后 8 d 除下 1 叶外均检测到 TMV，积累量排序为：下 2 叶<上 1 叶<上 2 叶<根<接种叶，显示此时病毒向上扩散到心叶。

③ 接种后 12 d 各部位均检测到 TMV，积累量排序为：下 1 叶<下 2 叶<接种叶<上 2 叶<根<上 1 叶，显示此时病毒布满全株且以上部叶含量较高。

④ 接种后 16 d 各部位均检测到 TMV，积累量排序为：根<上 2 叶<接种叶<上 1 叶<下 2 叶<下 1 叶，说明随上部叶显症和生长受阻，下部叶病毒含量升高（图 2-6-4）。

总之，接种后 4~16 d 病毒最大积累量的部位变化为接种叶→根→上 1 叶→下 1 叶，显示病毒从接种叶进入主茎后，先到达根部，再到达上部叶片，最后扩散到中间及下部叶片。

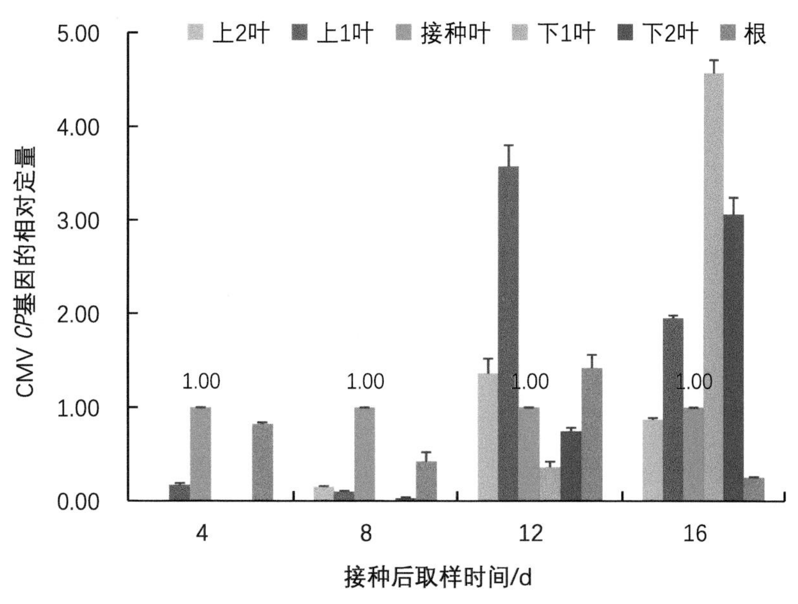

图 2-6-4　K326 接种 TMV 后植株各部位 *CP* mRNA 表达量

（二）Western blot 检测

Western blot 实验步骤为：新鲜病叶提取植物总蛋白，与上样缓冲液 1∶1 混合，沸水浴 3~5 min 变性后，取 15 μL 点样到凝胶孔内进行 SDS-PAGE 凝胶电泳。利用湿式转膜装置，100 V、转膜 90 min。封闭完成后分别孵育 TMV CP 抗体和 Actin 抗体，依次孵育二抗后，利用蛋白成像系统检测 CP 印迹。

TMV CP 蛋白印迹结果显示：接种后 8 d，除下 1 叶外，各部位均检测到 CP。接种后 12 d 和 16 d 各部位均检测到 CP，条带亮度变化与荧光定量检测的结果相符（图 2-6-5）。

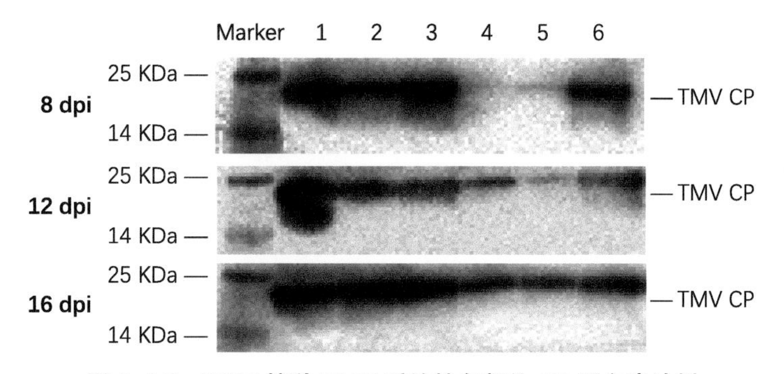

图 2-6-5　K326 接种 TMV 后植株各部位 CP 蛋白表达量

注：1，上 2 叶；2，上 1 叶；3，接种叶；4，下 1 叶；5，下 2 叶；6，根；TMV CP（18 kDa）。dpi，接种后天数。

病毒能否进入维管束系统是建立系统侵染的关键，病毒一旦到达维管束便随营养代谢物流进行上下双向转移。上述研究结果与 1934 年 Samuel 的 TMV 在番茄植株中的扩散过程相符。将 TMV 接种在番茄中部复叶尖端的小叶，在接种后不同的时间点将植株切分为适当大小的几部分。然后将这些部分的提取物立即（或经过一个温育期后）接种到适当的测定寄主（assay host）上，使得可能存在的极少量的病毒增加到可以检测的数量。结果显示：接种后 1~3 d 病毒布满小叶，3~5 d 经病毒叶脉、叶柄及茎部微管束进入顶端分生组织和根端，随后逐渐扩散，至 25 d 病毒布满全株。

第七节　烟草苗期接种 TMV 的典型症状

一、TMV 在 K326 和云烟 87 上的病害发展过程

K326 和云烟 87 是烟草品种区域试验常用的大区对照品种，在其 5~6 叶期单盆单株培养的烟苗上，摩擦接种上部两片展开叶，TMV 接种物浓度为 100 倍。每处理 4~6 株重复，于 25~26℃培养。自然光下观察症状发展过程，判定病害级别，拍照记录典型症状。

TMV 在 K326 上的发展过程为：接种后 4~8 d，心叶出现脉明、沿叶脉的褪绿、轻微花叶；12~16 d 心叶花叶狭窄、叶缘下卷、轻微变形；20~24 d 上部叶出现花叶疱斑、皱缩扭曲；28~32 d 大部分叶片花叶，上部叶花叶狭窄，叶尖变细、叶片扭曲畸形，下部叶黄化，病株明显矮化；36~45 d 全株花叶，中上部叶严重皱缩、扭曲畸形，病株矮化严重（图 2-7-1）。接种在云烟 87 上显示相似的病害发展过程（图 2-7-2）。

试验中发现，及时施肥，病株心叶会相对长开，出现烟株生长伴随花叶显症的现象。不同批次或不同苗龄接种，病害发展过程和病害严重度，会略有不同。温室内接种，一般不出现坏死症状。

因此，病情系统调查宜在接种后 2~3 周内进行，即保证发病显症充分，又避免时间过长因植株营养等因素导致的病害加重或复杂多变。

图 2-7-1　K326 苗期接种 TMV 的症状发展过程

注：dpi，接种后天数。

图 2-7-2　云烟 87 苗期接种 TMV 的症状发展过程

注：dpi，接种后天数。

二、TMV 在抗 / 感对照烟草品种上的病害症状

在烟草品种区域试验材料的病毒病苗期接种抗性鉴定中，通常采用三生 NN 烟为抗病对照，革新三号为中抗对照，G140 和红花大金元为感病对照。在其 5~6 叶期 25~30 孔假植盘烟苗上，摩擦接种上部两片展开叶，TMV 接种物质量浓度为 100 倍。接种后于 25~26℃培养。自然光下观察症状发展过程，判定病害级别，拍照记录典型症状。

2019—2021 年在即墨温室进行的鉴定试验中，采用衣刷蘸取病汁液快速摩擦接种 100 倍 TMV-U1，3~4 d 进行枯斑调查，显示三生 NN 等含 *N* 基因的品种，表现接种叶枯斑。

其中 2019 年枯斑材料 11 份，编号分别为 B1、C4、C5、G1、G2、G4、E2、F3、H1、I2、三生 NN，其中 I2 表现抗感分离，此外 2020 年鉴定枯斑材料 14 份，2021 年鉴定枯斑材料 13 份。根据编号查阅品种名称，显示 3 年鉴定结果其纵向重复性一致（表 2-7-1~表 2-7-3）。但存在假植盘中间的小苗未摩擦上的问题。

表 2-7-1　区试材料抗 TMV 枯斑调查

（山东　即墨　2019-05-14）

编号	品种名称	亲缘组合	供种单位	枯斑 NL 株数	未显症株数
B1	SC3267*	MS K326 × 吉烟 7 号	四川省烟草科学研究所	25	
C4	YK1304*	MS YA-47-4 × 韶烟一号	广东省农业科学院作物研究所	25	
C5	A12	（K326 × 云烟 85）×（NC86 × Coker176)	安徽省农业科学院烟草研究所	25	
E2	CF233*	云烟 85 × 04-5002	中国烟草总公司青州烟草研究所	25	
F3	FJ1604*	闽烟 12 号 ×F236	福建省烟草科学研究所	25	
G1	QY9B02*	MS 云烟 85 × 吉烟 5 号	陕西省烟草科学研究所	25	
G2	HB204*	MS 蓝玉 1 号 × 毕纳 1 号	湖北省烟草科学研究院	25	
G4	贵烟 6 号 *	广黄 55 × Speight G28	贵州省烟草科学研究院	20	5
H1	HB202*	MS Coker317gold × 蓝玉 1 号	湖北省烟草科学研究院	25	
I2	改良的红大		云南省烟草农业科学研究院	17	8
抗病对照	三生 NN 烟		中国烟草总公司青州烟草研究所	25	

注：每个品种假植 25 株。NL 为为接种叶 HR 枯斑 local lesions 或 local necrosis。* 为该品种连续第二年试验。MS 为不育系。

表 2-7-2　区试材料抗 TMV 枯斑调查

（山东　即墨　2020-05-25）

编号	品种名称	亲源组合	供种单位	枯斑 NL 株数	未显症株数
A7	HB212	MS 毕纳 1 号 ×HT05	广东省农业科学院作物研究所	30	
C1	YK1304*	MS YA-47-4 × 韶烟一号	安徽省农业科学院烟草研究所	30	
C2	A12*	（K326 × 云烟 85）× NC86 × Coker176)	中国烟草中南农业试验站	30	
C5	HNCS04	MS GD984 × GD193	重庆烟草科学研究所	30	
G5	XD07	云烟 85 × Coker258	湖北省烟草科学研究院	19	11

（续表）

编号	品种名称	亲源组合	供种单位	枯斑 NL 株数	未显症株数
G7	HB206	MS 云烟 87 × 蓝玉 1 号	四川省烟草科学研究所	30	
E1	SC3267	MS K326 × 吉烟 7 号	陕西省烟草科学研究所	30	
H1	QY9B02	MS 云烟 85 × 吉烟 5 号	湖北省烟草科学研究院	29	1（小苗）
H2	HB204	MS 蓝玉 1 号 × 毕纳 1 号	贵州省烟草科学研究院	30	
H3	贵烟 6 号	广黄 55 × Speight G28	福建省烟草科学研究所	30	
F1	FJ1805	K326LF × NC82	外引品种	8	22
T1	CC143		外引品种	21	9
T2	GF318		中国烟草总公司青州烟草研究所	17	13
抗病对照	三生 NN 烟		中国烟草总公司青州烟草研究所	30	

注：每个品种假植 30 株。NL 为接种叶 HR 枯斑。小苗在盘中间疑似未摩擦上。* 为该品种连续第二年试验。MS 为不育系。

表 2-7-3　区试材料抗 TMV 枯斑调查

（山东　即墨　2021-05-17）

编号	品种名称	亲源组合	供种单位	枯斑 NL 株数	未显症株数
A5	HB212*	MS 毕纳 1 号 × HT05	湖北省烟草科学研究院	30	0
A6	CF238	云烟 85 × 鲁烟 1 号	中国烟草总公司青州烟草研究所	28	2（小苗）
A8	LJ1121	龙江 911 × 龙江 982	黑龙江省公司烟草科学研究所	29	1（小苗）
C1	HNCS04*	MS GD984 × GD193	中国烟草中南农业试验站	27	3（小苗）
C6	FL1991	云烟 97 × CKC 503	福建省烟草公司龙岩市公司	30	0
C7	A10	（K326 × 云烟 85）（NC86 × Coker176）	安徽省农业科学院烟草研究所	30	0
G3	HB211	MS Coker176 × 毕纳 1 号	湖北省烟草科学研究院	30	0
G9	HNCS18	MS 云烟 87 × 17-66-127	中国烟草中南农业试验站	30	0
F1	YK1304	MS YA-47-4 × 韶烟一号	广东省农业科学院作物研究所	29	0
F2	A12	（K326 × 云烟 85）× NC86 × Coker176）	安徽省农业科学院烟草研究所	30	0
T1	CC143		外引品种	3	27
T2	GF318		外引品种	3	27
抗病对照	三生 NN 烟	三生 × 粘烟草	中国烟草总公司青州烟草研究所	30	0

注：每个品种假植 30 株。NL 为接种叶 HR 枯斑。小苗在盘中间疑似未摩擦上。* 为该品种连续第二年试验。MS 为不育系。

14~21 d 进行系统调查，在叶片上的典型症状为：新叶沿叶脉的深绿色花叶、斑驳花叶、叶片畸形（图 2-7-3）。在三生 NN 烟上仅表现接种叶枯斑，在中抗品种革新三号上表现心叶花叶，在感病品种 G140 和红花大金元上表现心叶和上部叶脉明、花叶变形（图 2-7-4）。

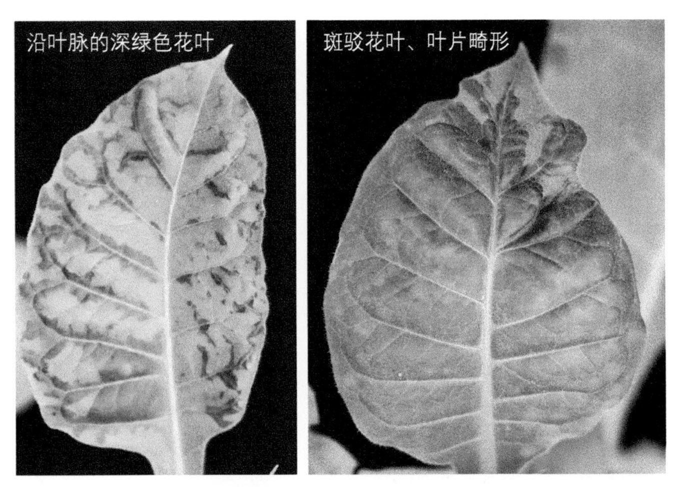

图 2-7-3　TMV 在铁耙子上表现沿叶脉的深绿色花叶和畸形症状

图 2-7-4　TMV 在抗、感对照烟草品种上症状

注：抗病对照三生 NN 烟，中抗对照革新三号，感病对照 G140 和红花大金元。

此外，在三生 NN 烟的部分植株上，接种 21 d 后表现枯斑发展成接种叶枯斑脱落和心叶系统坏死的现象（图 2-7-5、图 2-7-6）。在其他表现接种叶枯斑的品种上，亦观察

图 2-7-5　接种 TMV 后 4 d 表现接种叶枯斑的部分材料

注：2019 年试验种质 I2 为改良的红花大金元，表现抗感分离。

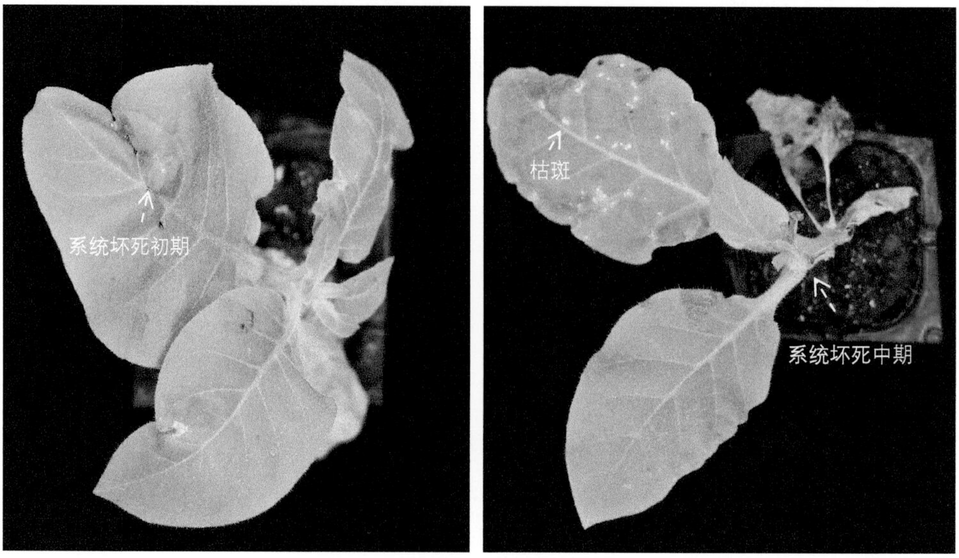

图 2-7-6　三生 NN 烟接种 TMV 后 21 d 表现接种叶枯斑脱落和心叶系统坏死

到：大部分健壮植株仅表现接种叶枯斑，上部叶生长正常；但一些生长瘦弱的较小植株出现枯斑发展成系统性坏死的现象。这一接种叶坏死扩展至心叶系统坏死的现象，不仅在摩擦接种中出现，在剪叶接种时亦非常显著。含 *N* 基因烟草剪叶接种 TMV 后 21~28 d，表现剪接叶沿叶脉的坏死以及心叶系统坏死，甚至整个鉴定品种群体死亡（图 2-7-7）。这一现象使原本预期为免疫或高抗的品种出现 9 级高感，严重干扰鉴定结果。

图 2-7-7　含 *N* 基因烟草剪叶接种 TMV 后 21 d 表现剪接叶沿叶脉坏死和心叶系统坏死

第八节　*N* 基因烟草抗 TMV 的特性

一、抗 TMV 的 *N* 基因烟草及其作用机理

早在 1929 年，Holmes 发现：在粘烟草（*N. glutinosa*）上摩擦接种 TMV 后 48 h，在接种叶片上产生过敏性坏死反应（HR），将病毒限定在侵染点及邻近的细胞。1931 年 Samuel 发现 *N* 基因抗 TMV 的 HR 是依赖于温度的：28℃以下发挥抗性，仅表现接种叶枯斑（local necrosis）；28℃以上抗性丧失，表现系统花叶（systemic mosaic），当移回 28℃以下时抗性丧失发生逆转，但植株会死于致命的系统性过敏反应（SHR）（图 2-8-1）。

图 2-8-1　*N* 基因烟草在不同温度下接种 TMV 的症状

1938 年 Holmes 发现 TMV 在较小的含 *N* 基因的幼苗（*NN* 和 *Nn* 植株）上会发生系统性坏死；在较老的植株上，*NN* 和 *Nn* 植株表现局部坏死斑，而 *nn* 植株出现系统花叶；并将单显性 *N* 基因渐渗杂交入普通烟草，获得抗 TMV 的烟草种质三生烟 NN。这不仅是 TMV 抗病育种的重要抗源种质，也是病毒生物学分离纯化、定性定量、抗病毒药物筛选和生测的重要寄主材料（图 2-8-2）。

图 2-8-2　在枯斑寄主三生 NN 烟上筛选抗 TMV 药物

注：采用半叶法接种可以筛选拮抗 TMV 的药物。左侧接种“药液与 TMV 等体积混合液”为处理；右侧接种“水与 TMV 等体积混合液”为对照。也可采用整叶法，统计单位叶面积上的枯斑数目，计算防治效果。叶片面积 = 叶长 × 叶宽 × 0.68。拮抗效果（%）=（对照枯斑数 – 处理枯斑数）/ 对照枯斑数 × 100

不同的病毒有相同和相异的枯斑寄主，极大方便了针对特异病毒靶标的药物筛选工作。此外，与 *N* 基因紧密连锁的特异性 SSR 标记筛选，也被用于抗 TMV 烟草品种的筛选鉴定中。

1997 年 Padgett 等研究发现 TMV 其复制酶区域的解旋酶（p50）诱导了含 *N* 基因烟草的 HR 坏死反应，*p50* 为 TMV 的无毒基因，*N* 为烟草的抗病 R 基因；并验证 *N* 基因对 TMV 的 HR 反应具有温度敏感性，在 28℃以下发挥抗性；在 28℃以上抗性受到钝化。2002 年 Marathe 等综述了 *N* 基因抗 TMV 的温敏性、基因分离、可变剪接、结构功能及其介导的抗性信号、配体蛋白 p50。

在抗性鉴定中，通常将含 *N* 基因的烟草归为免疫或高抗。但在利用 30 孔假植盘苗期接种抗性鉴定试验中，以及药效生测试验中，发现：接种 TMV 后 3 d，*N* 基因烟草表现接种叶枯斑，至 14~21 d 系统调查时，大部分植株生长正常，但少数植株枯斑连片扩展至主茎后会出现心叶系统坏死 SHR，单盆单株假植苗也出现 SHR，尤其出现在较小较弱的幼苗上（图 2-8-3）。

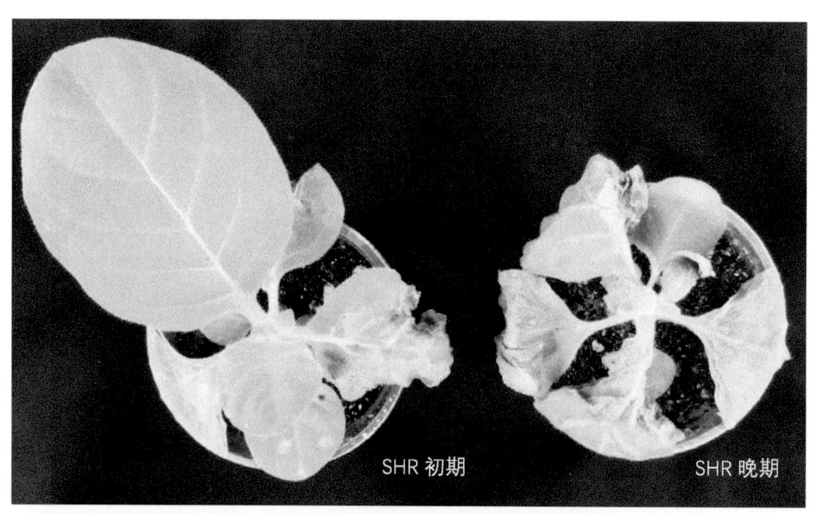

图 2-8-3　TMV 在 *N* 基因烟草上的枯斑 HR 及系统坏死 SHR

为进一步明确 *N* 基因发挥抗性的作用条件，在含 *N* 基因的红花大金元或三生 NN 烟不同苗龄上，汁液摩擦接种 TMV 后分别置于不同温度培养（28℃以上，28℃以下）。观察接种叶枯斑、上部心叶和整株系统坏死、整株系统花叶症状。确认含 *N* 基因的烟草抗 TMV 的温敏性，以及毒株、苗龄和温度对烟草苗期接种 TMV 试验的影响，以此明确接种苗龄、接种后培养温度、枯斑和系统花叶的调查时间。

二、含 *N* 基因的红花大金元抗 TMV 的 HR 温敏性

在含 *N* 基因的改良红花大金元 4~5 叶期幼苗和 6~7 叶期壮苗上，接种 100 倍的 TMV 后 26~29℃培养。每处理 4~6 株重复。发现除温度外，苗龄也是影响 *N* 基因抗性的重要因素。

26℃培养 2~3 d，接种叶表现 HR 枯斑，较小的幼苗其接种叶上的枯斑会蔓延至主茎甚至心叶，迅速导致整株系统坏死。苗龄较大的壮苗，枯斑偶有扩展至叶片主脉或叶柄处，但由于植株健壮和生长迅速，系统坏死不再向上扩展，仅表现为接种叶黄化脱落。将 26℃呈现枯斑的壮苗移于 29℃培养至 11~14 d，病毒则沿叶脉扩展至茎和心叶，表现系统坏死（图 2-8-4）。

当加大病毒接种物的浓度时，上述的枯斑连片及其导致的系统坏死症状，会显著提前和加剧。

图 2-8-4　改良的红花大金元接种 TMV 后的枯斑及系统坏死

注：A. 幼苗 26℃接种；B. 成株 26℃接种培养再转至 29℃培养。

三、三生 NN 烟抗 TMV 的 HR 温敏性

三生 NN 烟 4~5 叶期幼苗、6~7 叶期壮苗、10~12 叶期成株，在植株中部两片展开叶上摩擦接种 100 倍 TMV，于 14℃、25℃、31℃培养，每处理 4~6 株重复。验证 *N* 基因抗 TMV 的温敏性以及苗龄对症状或植株抗性的影响。

（一）25℃接种培养

在 25℃接种 TMV 时发现：烟苗越大，枯斑 HR 出现时间越晚、面积越小、程度越轻（图 2-8-5）。较小的枯斑表明病毒被限制在侵染点附近的较小范围内，寄主反应迅速、抗性较强；而较大的枯斑意味着病毒在烟株上扩散速度快，寄主抗性差。这与 Holmes（1929）发现对粘烟草（*N. glutinosa*）接种相同量 TMV 时，幼叶比老叶形成更多的枯斑相符。此外，可能的原因还有：幼嫩叶片中细胞稀疏、枯斑易连片，而老叶中细胞紧致、枯斑面积小。

图 2-8-5　三生 NN 烟三种苗龄烟株接种 TMV 后枯斑症状

注：dpi，接种后天数。上排为 4~5 叶期幼苗，中排为 6~7 叶期壮苗，下排为 10~12 叶期成株。

试验还发现，小苗和个别壮苗会出现系统性过敏反应（SHR），而成株无此情况（图 2-8-6）。Culver 等（1991）已发现这种出现在感染区域外的坏死现象，并认为这是寄主限制病毒（发生 HR）的速度与病毒复制移动（胞间运动）速度之间的竞争。在这一点上，不同植物、不同组织都会呈现差异性，幼嫩组织对病毒的反应较慢，甚至不能限制病毒增殖，这也解释了仅在幼苗和壮苗而非成株上出现的系统坏死现象。

图 2-8-6　三种苗龄烟株接种 TMV 后 11 d 的枯斑和系统坏死

注：幼苗和个别壮苗出现系统坏死，而成株仅表现接种叶枯斑。

此外，在坏死发展速度上，接种一片叶的壮苗与接种两片叶的壮苗，出现坏死的早晚并无显著差异；时有接种一片叶的壮苗反而比接种两片叶的壮苗，更快出现坏死（图 2-8-7）。这表明相对于病毒接种量这一因素，系统坏死的发生发展主要与植株大小和抗性强弱的差异密切相关，病毒从接种叶扩散到主茎的速度是主要因素。但当加大接种物的浓度时会产生枯斑连片，病毒较易沿叶片主脉从叶柄处进入茎，迅速导致系统坏死。

Matthews（1981）认为病毒能够逃过寄主的抗性反应，系统地进入寄主其他组织，引起 SHR，这与寄主、病毒以及环境条件都有关系。这也说明抗性是动态变化的，抗病是特定条件下的寄主与病毒博弈并抑制病毒复制和扩散的结果。

图 2-8-7　壮苗于不同叶数接种 TMV 后的系统坏死扩展

注：dpi，接种后天数。

（二）31℃接种培养

在 31℃接种 TMV 发现：烟株先在心叶发生脉明、沿叶脉的花叶，随后出现斑驳花叶、新叶狭小畸形。幼苗接毒后 2~3 d 心叶出现花叶，18 d 全株系统花叶。壮苗 2~3 d 心叶脉明、4 d 心叶花叶，23 d 全株系统花叶。成株发病最慢，15 d 时顶叶开始变形，23 d 时皱缩明显、沿叶脉失绿，但下部老叶无病状（图 2-8-8）。这显示苗龄越大，抗性越强，病毒侵染扩散越慢，植株显症越迟缓。

图 2-8-8　幼苗、壮苗、成株接种 TMV 后系统花叶扩展

注：dpi，接种后天数。

此外，31 ℃接种时还发现：个别烟株在接种 TMV 后呈现类似全株缺水状萎蔫，2~3 d 后植株出现系统坏死（图 2-8-9）。这种情况在 3 种苗期中均有出现，以幼苗、壮苗居多，但整体无规律，可能是病毒在个别植株体内大量复制和快速移动所致，与接种力度和个体抗性差异有关。

图 2-8-9　壮苗 31℃接种 TMV 后系统坏死与系统花叶

（三）31℃转 25℃

三生 NN 烟接种 TMV 后置于 31 ℃环境培养 2 d，随后转移至 25 ℃，壮苗仅经 1 d，接种叶即出现枯斑，此时枯斑面积较大、呈放射水渍状。成株 25℃接种培养 4~8 d，枯斑逐渐增大变枯；若事先在 31 ℃接种培养 2 d 后，再转移至 25℃培养至 4~8 d，则枯斑面积显著增大（图 2-8-10），显示病毒在 31 ℃度相较于 25 ℃其扩展速度更快，这与 *N* 基因的作用机制为抑制病毒的胞间运动相符。Smart 等（1987）对珊西烟（*N. tabacum* Xanthi nc）接种 TMV 后，令其在 31 ℃下生长 3 d，当温度转变到 25 ℃后大约 8 h 出现坏死症状。一定程度上，温度转移后出现的枯斑大小可显示病毒已扩散到达的区域。

图 2-8-10　壮苗、成株接种 TMV 后不同温度处理的枯斑表现

注：dpi，接种后天数。

此外，三生 NN 烟幼苗接种 TMV 培养 2 d 后由 31℃转移至 25℃，转移 1 d 后心叶即坏死，2 d 后全株死亡；壮苗也在 1 d 后出现心叶坏死，4 d 后全株死亡（图 2-8-11）。Erickson 等（1999）对幼苗进行 32℃接种培养再转移到 22℃培养，同样发现 1 d 后出现 SHR，2 d 后茎叶坏死，4 d 后植株死亡。但试验中还发现，这种高、低温度的转变并未导致成株烟苗的死亡，成株仅接种叶出现 HR，植株能正常生长。原因应是成株叶片大，病毒尚未扩展出接种叶叶肉细胞到达主脉和主茎；高温下一旦病毒扩散传播到主茎，降至低温时，也会出现 SHR。因此，Samuel（1931）最初对植株会死于致命性的系统坏死的结论应是不包括成株的，烟株越大，转移后的死亡概率越小。

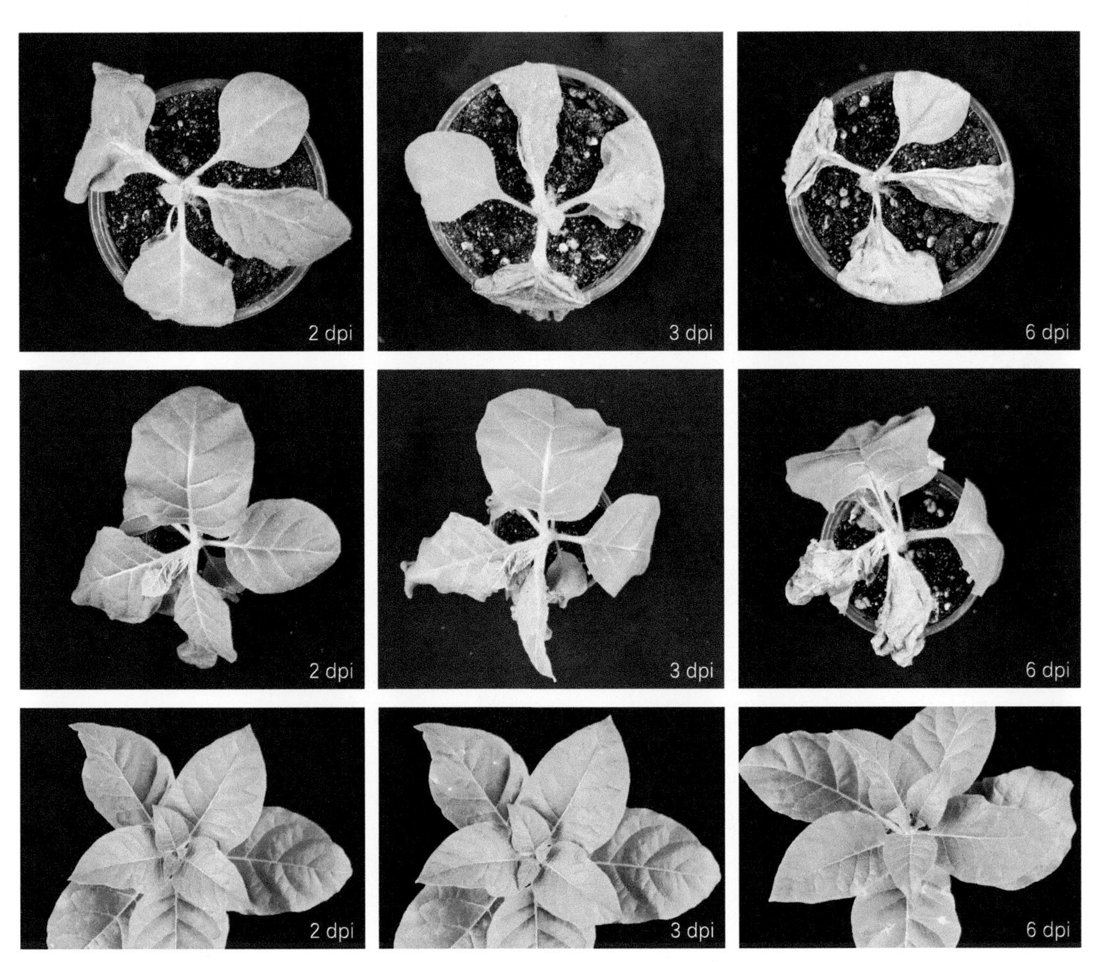

图 2-8-11　31℃接种 TMV 培养 2 d 后移至 25℃培养出现 SHR 和 HR

注：dpi，接种后天数。上排为 4~5 叶期幼苗，中排为 6~7 叶期壮苗，下排为 10~12 叶期成株。

进一步试验也证实，31℃接毒培养时间越长，再转至 25℃培养时，心叶出现 SHR 的时间越早、病情发展越快，同时接种叶出现的枯斑面积越大（图 2-8-12），这显示出病毒的已扩散范围。这与 Samuel（1931）对病毒传播路径的解释相同：病毒最初扩散较慢、

图 2-8-12　壮苗 31℃接种 TMV 培养不同天数后转移至 25℃其角射状坏死

注：A. 31℃ 9 d 转 25℃ 1 d；B. 31℃ 12 d 转 25℃ 1 d；C. 31℃ 16 d 转 25℃ 1 d。上排为叶片正面，下排为叶片背面。

表现为枯斑的圆形扩大，随后由于病毒沿叶脉更快速度的传播，枯斑形成角射状坏死，后期它沿任何相邻的通向叶柄的较大的叶脉移动。

在粘烟草上接种 TMV，25~27℃培养 2~3 d 接种叶出现枯斑；随后枯斑连片扩展至叶片主脉，沿叶柄处进入茎，5~7 d 上部系统叶片出现沿叶脉的角射状系统坏死（图 2-8-13）。

图 2-8-13　粘烟草 26~27℃接种 TMV 后出现接种叶枯斑及系统叶沿叶脉角射状系统坏死

（四）25℃转 31℃

三生 NN 烟接种 TMV 后置于 25℃培养 2 d 接种叶出现枯斑后，再转移至 31℃，经 1~2 d 发现心叶叶缘下卷，3~4 d 后心叶呈现轻微花叶。幼苗在 15 dpi 整株系统花叶显著，而此时壮苗和成株，其症状相对较轻，显症较晚（图 2-8-14）。

图 2-8-14　25℃接种 TMV 培养 2d 出现枯斑后再移至 31℃培养至 15 dpi 出现系统花叶

注：dpi，接种后天数。

此外，将三生 NN 烟分别置于 25℃培养 2 d、3 d、4 d，再转移至 31℃培养，发现越早转移的植株，发病越早、病情越重（图 2-8-15）。说明在 25℃培养时间越长，枯斑对病毒的限定越有效。

图 2-8-15　25℃接种 TMV 培养 2~4 d 后移至 31℃培养至 23 dpi 其系统花叶

注：A. 25℃ 2 d 转 31℃至 23 dpi；B. 25℃ 3 d 转 31℃至 23 dpi；C. 25℃ 4 d 转 31℃至 23 dpi。dpi，接种后天数。

（五）14℃接种培养

三生 NN 烟壮苗于 14℃接种 TMV 培养 4~5 d 出现接种叶 HR（图 2-8-16），无系统花叶或系统坏死；接种烟苗置于 25℃培养 2 d 后再转移至 14℃培养至 17 dpi，仍无系统花叶或坏死症状。表明 14℃仍在抗性温度范围内，但 14℃培养出现 HR 的时间相对较晚。相对 25℃接种培养 2 d 出现枯斑，14℃则需要 4~5 d，HR 发生更慢、程度更轻，但枯斑数量更多、密度更大（图 2-8-17），显示病毒在较低温度下复制移动速度有所下降，枯斑连片现象较轻。

图 2-8-16　壮苗 14℃和 25℃接种培养其 HR 发展

注：dpi，接种后天数。

图 2-8-17 壮苗 14℃与 25℃接种其 HR 枯斑发展

注：dpi，接种后天数。

综上研究结果发现：壮苗 14℃接种培养 5 d，幼苗 25℃接种培养 2 d，壮苗和成株 25℃接种培养 3 d，表现接种叶枯斑，显示同温度成株、同苗龄低温，枯斑显症迟缓。25℃接种培养 11 d，多数幼苗出现系统坏死，壮苗偶有系统坏死，成株仅接种叶枯斑（图 2-8-6）。31℃接种培养，幼苗 2~3 d，壮苗 4 d，成株 15 d，出现心叶脉明花叶，随后发展为心叶畸形和全株系统花叶，显示苗龄越大，花叶显症越慢（图 2-8-8）。

31℃接种培养 2~4 d 后再移于 25℃，壮苗 1 d 即表现接种叶、心叶和整株系统坏死；但在 10~12 叶期成株上，仅表现接种叶枯斑，原因是叶片较大、病毒尚未扩展出接种叶，此时由高温移至低温，*N* 基因抗性 HR 显症。31℃接种培养 9~16 d 出现花叶后再移于 25℃，经 1 d 接种叶即出现放射状枯斑，随后心叶坏死（图 2-8-12），原因是病毒已布满全株，由高温移至低温使 *N* 基因抗性丧失发生逆转，SHR 显症。

此外，25℃接种培养 2~4 d 接种叶出现枯斑后再移于 31℃，出现系统花叶，且随苗龄的增大显症延后；枯斑干枯后再移于 31℃则不表现花叶（图 2-8-14）。

将上述研究结果，归纳为表 2-8-1。

表 2-8-1　苗龄和温度影响 *N* 基因烟草对 TMV 的 HR 抗性

序号	温度处理	苗期	时间 /d	症状（接种叶 / 心叶 / 整株）
①	14℃	6~7 叶	5	仅接种叶枯斑
	25℃接种 2 d→14℃	6~7 叶	4	仅接种叶枯斑
②	25℃	4~5 叶	2	接种叶枯斑→幼苗系统坏死
		6~7 叶	3	接种叶枯斑→个别壮苗系统坏死
		10~12 叶	3	仅接种叶枯斑
③	31℃	4~5 叶	2~18	心叶花叶→整株系统花叶
		6~7 叶	4~29	
		10~12 叶	19~29	
④	25℃接种 2~4 d→31℃	4~5 叶	5~15	接种叶枯斑→心叶花叶→整株系统花叶
		6~7 叶	6~16	
		10~12 叶	6~18	
	25℃接种 9 d→31℃	6~7 叶	9~16	仅接种叶枯斑→老化脱落
⑤	31℃接种 2~4 d→25℃	4~5 叶	4	接种叶枯斑→心叶和整株系统坏死
		6~7 叶	5	
		10~12 叶	5	仅接种叶枯斑
	31℃接种 9 d→25℃	6~7 叶	10~17	接种叶放射水渍状枯斑→心叶枯斑→心叶坏死

四、嫁接试验佐证 *N* 基因不能抑制 TMV 的长距离移动

在 *N* 基因烟草与 TMV U1 株系的研究体系上，众多的 28℃以下接种叶枯斑试验显示，*N* 基因抗 TMV 的机理是限制病毒的细胞间移动；28℃以上接种出现系统花叶则验证了 *N* 基因发挥作用的温敏性；而较小幼苗在 28℃以下接种较易发生系统性坏死则暗示，一旦病毒由接种叶扩展到达主茎，*N* 基因便不能抑制其长距离运输。

在 25~26℃条件下，TMV 枯斑寄主三生 NN 烟与系统寄主 K326 互为砧木与接穗的嫁接试验中，通过接种 K326 叶片后观测三生 NN 烟心叶及整株的 SHR，进一步佐证了 *N* 基因的抗性机制是抑制 TMV 的胞间运动，而不能抑制其在维管束中上下双向的长距离扩散。

（一）砧木三生 NN 烟接穗 K326

当以三生 NN 烟为砧木、K326 为接穗时，在植株上部 K326 叶片接种 TMV，26℃培养 1~2 周，显示：病毒从植株上部接穗 K326 叶片进入主茎后，向下扩散导致下部砧木三生 NN 出现心叶坏死，且砧木病变导致接穗萎蔫坏死（图 2-8-18 A）。

当以长段的三生 NN 为砧木，K326 为接穗时，接种 K326 后 1~2 周，自顶部向下的三生 NN 侧芽心叶渐次出现系统坏死，最终植株顶芽死亡（图 2-8-18 B），这一自上而下的渐次坏死过程，进一步说明病毒自上而下的运输路径。

图 2-8-18　三生 NN 烟砧木与 K326 接穗的嫁接及接种 TMV 症状

注：A. 三生 NN 短砧木，26℃接种 K326 接穗后 1~2 周，砧木三生 NN 心叶出现系统坏死，导致接穗 K326 萎蔫坏死；B. 三生 NN 长砧木，接种后，三生 NN 侧芽心叶自上而下（1 处→2 处）渐次出现心叶系统坏死。

（二）砧木 K326 接穗三生 NN 烟

当以 K326 为砧木、三生 NN 为接穗时，在植株下部砧木 K326 叶片上接种 TMV，26℃培养 1~2 周，显示：病毒从下部砧木 K326 接种叶进入主茎后，向上扩散导致上部接穗三生 NN 出现心叶系统坏死，但对下部砧木影响迟缓或无显著影响，最终表现花叶（图 2-8-19 A）。

当以 K326 为砧木、加长加粗三生 NN 接穗时，接种后 1~2 周，可以明显观察到：先在接穗三生 NN 底部茎上出现由褐逐渐变黑的坏死，随后砧木 K326 新生叶上表现花叶、接穗三生 NN 顶部叶主脉出现坏死（图 2-8-19 B），这一显症过程进一步说明病毒自下而上的运输路径。

图 2-8-19　K326 砧木与三生 NN 烟接穗的嫁接及接种症状

注：A 和 A′ 为三生 NN 短接穗，26℃接种 K326 砧木后 1~2 周，接穗三生 NN 心叶出现系统坏死、萎蔫脱落，砧木 K326 新生叶表现花叶；B 为三生 NN 长接穗，接种后，1 处接穗底部出现逐渐变黑的坏死，2 处砧木心叶出现花叶，3 处接穗顶部叶主脉出现坏死。

上述这一嫁接试验，不仅说明病毒从接种叶叶肉细胞，沿叶脉进入主茎后的向下和向上的双向长距离传导，亦佐证了*N*基因并不能抑制 TMV 在植株茎部维管系统中的长距离扩散。这亦从侧面解释含*N*基因的烟草在田间初期对 TMV 表现抗病，后期出现花叶灼伤和坏死的重症表型：通常，前期温度较低，*N*基因烟草对接触传播的 TMV 表现 HR 免疫；当后期温度升高，尤其是高温日晒时，大部分植株会出现 TMV 系统感染的花叶灼伤，此时一旦降温，则会迅速加重为大块的坏死斑。

综上研究，*N*基因抗 TMV 的温敏性、不同苗龄抗性的强弱、*N*基因抑制病毒的胞间运动而非长距离扩散，均会影响到*N*基因烟草抗 TMV 的病害表型。这就需要在抗性鉴定试验中，不仅要记录和控制环境温度、植株苗龄长势、病毒株系，同时还要规范接种操作和统一分级调查标准，筛选其他抗原。

第九节　烟草品种抗 TMV 苗期鉴定技术规程

筛选和鉴定抗病烟草品种进行种植是目前控制病毒病最有效的手段。抗性鉴定涉及供试毒株的分离纯化和扩繁，育苗和接种，病情分级调查和抗性评价。

病毒株系、寄主苗龄、接种后培养条件是影响烟草病毒病发生发展的关键因素。为确保烟草接种 TMV 抗性鉴定和药效生测试验的准确性，本章在*N*基因烟草和普通烟草上接种 TMV，采用病毒生物学、qRT-PCR、Western blot 等技术，系统研究了病毒的分离纯化、株系特性、稀释限点、传导路径、病害症状，以及*N*基因抗 TMV 的温敏性和苗龄对抗性表型的影响。

结果显示：青岛烟草 TMV 分离物为 U1 株系，在 K326 上活体保存 50~65 d，仍具有较强的致病力，稀释限点为 10^{-5}，接种物浓度以 10^{-2} 稀释为宜。接种后 TMV 先由接种叶传导到主茎，向下至根、向上至心叶，然后是上部叶，最后扩散至下部叶，12~16 d 布满全株，21~28 d 花叶畸形显著，病情调查宜在 2~3 周内。*N*基因抑制病毒的胞间运动而非长距离扩散，温度和苗龄影响*N*基因烟草对 TMV 的抗性反应，培养温度应在 25~27℃，苗龄以 6~7 叶期为宜。

在上述研究结果的基础上，结合中国烟叶公司技术改进项目“全国烟草品种区域试验”——病毒病抗性鉴定试验，参照 GB/T 23224—2008《烟草品种抗病性鉴定》中的病毒病部分，制定《烟草抗烟草花叶病毒（TMV）苗期鉴定技术规程》，并明确青岛试验点采用的病毒分离物为 TMV-U1 株系，有助于不同单位间抗性鉴定结果的可比性。

烟草抗烟草花叶病毒（TMV）苗期鉴定技术规程

Rule for Resistance Evaluation of Young Tobacco to Tobacco Mosaic Virus

1 范围

本标准规定了烟草抗烟草花叶病毒病鉴定技术方法和抗性评价方法。

本标准适用于各类型烟草品种对烟草花叶病毒病的抗性鉴定和评价。

2 规范性引用文件

下列文件对于本文件的应用是必不可少的。凡是注日期的引用文件，仅所注日期的版本适用于本文件。凡是不注日期的引用文件，其最新版本（包括所有的修改单）适用于本文件。

GB/T 23224—2008　烟草品种抗病性鉴定

GB/T 23222—2008　烟草病虫害分级调查方法

3 术语和定义

下列术语和定义适用于本标准。

3.1　抗病性 disease resistance

植物体所具有的能够减轻或克服病原物致病作用的可遗传的性状。

3.2　致病性分化 variation of pathogenicity

病原物由于突变、杂交、适应性变异、不同孢子细胞质的异质性等致使生理小种改变，导致致病性差异。

3.3　人工接种鉴定 artificial inoculation for identification

用人工繁殖或收集的病原物，按一定量接种，创造发病条件，根据接种对象发病程度确定品种抗病性强弱。

3.4　接种体 inoculum

能够侵染寄主并引起病害的病原体。

3.5　病毒种 species

组成一个复制谱系、占据一个特定生态位的多特性病毒群体。即病毒种是具有相似特性的株系的集合。

3.5.1　分离物 isolate

从病株上通过分离纯化的手段，如接种到另一种寄主植物上，单斑分离或分子克隆而得到的病毒纯培养物。

3.5.2　株系 strain

株系是种内的变株。属于同一株系的分离物共同拥有一些已知的、有别于其他株系分离物的特性，如寄主范围、传播行为、血清学或核苷酸序列。

3.6　严重度分级 disease rating scale

人为定量植物个体或群体发病程度的数值化描述。

3.7　对照品种 control cultivar

规范中为了检验试验的可靠性，在品种鉴定时附加的抗病品种和感病品种。

3.8　烟草花叶病毒 tobacco mosaic virus

引起烟草叶片沿叶脉的深绿色花叶、斑驳花叶、植株矮化、产质量受影响的烟草花叶病毒病的病原。根据在烟草上的症状，可分为普通株系（TMV-C）、黄色花叶株系（TMV-YM）、环斑株系（TMV-RS）和坏死株系（TMV-N）等。根据在烟草上的致病性分化、血清学及基因序列，通常分为烟草普通株系 TMV-U1、番茄株系 ToMV 和轻症株系 TMV-U2。

3.8.1　烟草普通株系 tobacco strain

引起烟草叶片花叶、畸形和植株矮化，在 *N* 基因烟草上表现过敏性坏死反应（hypersensitive response，HR）的烟草花叶病毒（tomato mosaic virus，TMV），代表有引起烟草花叶畸形重症反应的普通株系 TMV-U1。

3.8.2　番茄株系 tomato strain

引起烟草叶片花叶、畸形和植株矮化的番茄花叶病毒（tomato mosaic virus，ToMV）。根据番茄品种中含抗 TMV 的基因，将番茄上 TMV 划分为 0、1、2、1.2 四个株系。

3.8.3　轻症株系 mild strain

引起烟草叶片沿叶脉轻微褪绿轻症反应的 TMV-U2 株系，即烟草轻绿花叶病毒（tobacco mild green mosaic virus，TMGMV）。

4　接种体的制备和保存

4.1　株系的纯化

以我国烟区流行的重症反应的普通株系 TMV-U1 为病毒接种体。

——采集田间具有沿叶脉的深绿色花叶症状的典型 TMV 叶片，经血清学（免疫胶体金试纸条）检测确认病毒种类；经 PCR 扩增病毒的外壳蛋白或全基因组，在 NCBI 数据库上比对确认病毒株系。

——接种在枯斑寄主三生 NN 烟上，单斑分离纯化 3~4 次后，接种在系统寄主 NC89 上。并接种在中抗对照革新三号，感病对照 G140 和红花大金元上，记录发病时期和症状。

4.2 株系的保存和繁殖

病毒株系常年活体保存在防虫温室或培养箱内的NC89、K326、中烟100等系统寄主烟苗上。为了防止保存期病毒的致病性退化，在使用前15天转接到NC89等烟苗复壮1次，备用。适宜发病温度为25~28℃。

5 鉴定方法

5.1 鉴定温室

采用温室内苗期鉴定，尽量每个病毒有专用的隔离温室，常年注意保持无烟蚜和其他病虫。

5.2 供试材料的种植

先在25 cm×15cm的塑料盘内播种育苗，待烟苗长至2~3片真叶时，假植在16~20联体孔聚乙烯塑料托盘内，每品种重复3次，随机摆放在育苗畦内；或假植到直径8 cm小花盆内，留有足够生长空间置于一托盘内（每盘15株），每品种设置3托盘重复，随机摆放于培养架上。

育苗用营养土需用高温或其他方法消毒，育苗用工具和盘具用菌毒清或其他消毒剂消毒，保证无菌。

播种时间的选择，以播种后至烟苗适宜接种约两个月时，温室内的平均温度在25℃左右，不超过28℃。青岛通常选择在3月10日左右。

5.3 对照品种

三生NN为抗病对照，革新三号为中抗对照，G140和红花大金元为感病对照。

5.4 接种

5.4.1 接种时期

烟苗5~6片真叶期。选择晴天接种。

5.4.2 接种方法

采用汁液摩擦法，取TMV毒源新鲜病叶按照（1∶40）与灭菌后的磷酸缓冲液混合置于灭菌的榨汁机中，研磨碎成匀浆，灭菌纱布过滤后取滤液置于冰水上，进行接种。接种前，需用肥皂洗手消毒，在烟苗上部第1~2片展开真叶上撒少许石英砂（600目）。

——接种时，以左手托着叶片，用消毒棉棒或棉团蘸取少量病毒汁液，在接种叶片上轻轻摩擦，要求仅使叶片表皮细胞造成微伤口而不死亡。或采用塑料衣刷蘸取病汁液，在育苗畦内的烟苗叶片上来回轻轻摩擦3次。

——接种后用清水洗去接种叶片上的残留汁液，在25~27℃条件下培养。

5.5　接种前后的烟苗管理

及时施肥和浇灌，保证植株正常生长。

6　病情调查

6.1　调查时间

一般在接种后3~5天进行枯斑调查；7~10天观察系统花叶；15~21天，感病对照品种病情指数不低于60时，进行系统调查。

6.2　调查方法

逐株调查每一盘内发病情况。

6.3　病情分级

按GB/T 23222规定的分级标准，用目测法逐株记载病害严重度（表1）。

表1　烟草花叶病毒病苗期病级划分标准

严重度分级	划级标准
0级	全株无病
1级	心叶脉明或轻微花叶，病株无明显矮化
3级	1/3叶片花叶但不变形，或病株矮化为正常株高的3/4以上
5级	1/3~1/2叶片花叶，或少数叶片变形，或主脉变黑，或病株矮化为正常株高的2/3~3/4
7级	1/2~2/3叶片花叶，或变形或主侧脉坏死，或病株矮化为正常株高的1/2~2/3
9级	全株叶片花叶，严重变形或坏死，或病株矮化为正常株高的1/2以上

7　结果计算与抗性评价

7.1　发病率、病情指数及抗性指数计算

通过鉴定材料群体中个体发病程度的综合计算，确定各鉴定材料的平均病情。其计算方法如下，计算结果精确到小数点后两位：

7.1.1　发病率（T）

$$T = \frac{\sum M_i}{N} \times 100\%$$

式中，T——发病率；

i——病害的相应严重度级值；

M_i——病情为 i 的株数；

N——调查总株数。

7.1.2　病情指数（*DI*）

$$DI = \frac{\sum(N_i \times i)}{N \times 9} \times 100$$

式中，DI——病情指数；

N_i——各级病叶（株）数；

i——病害的相应严重度级值；

N——调查总叶（株）数。

7.1.3　相对抗性指数（*RI*）

$$RI = \ln\frac{DI}{100 - DI} - \ln\frac{DI_0}{100 - DI_0}$$

式中，RI——相对抗性指数；

DI——各品种的病情指数；

DI_0——感病对照品种 G140 的病情指数。

7.2　抗性评价标准

依据每次试验调查的抗性指数划分抗性等级（表 2）。

表 2　烟草品种病毒病抗性级别划分标准

抗性等级	病情指数（*DI*）	抗性指数（*RI*）
免疫（Immune，I）	0	—
抗病（Resistant，R）	0.1~20	≤ −2.00
中抗（Moderately resistant，MR）	20.1~40	−2.10 ~ −1.0
中感（Moderately susceptible，MS）	40.1~80	−1.10~0.0
感病（Susceptible，S）	80.1~100	≥ 0.0

注：根据以上抗性级别划分标准判定待鉴定材料的抗性级别，同时符合 2 个参数的抗性级别为待评价材料的抗性级别，不能同时符合的以抗性弱的级别为待评价材料的抗性级别。

7.3　鉴定有效性判别

当感病对照品种平均病情指数达到 60 时，该批次鉴定视为有效。

对试验结果加以分析、评价后写出正式试验报告，并保存好原始材料以备考察验证。

7.4　重复鉴定

凡是抗感分离的或中抗以上的材料，以同样的方法进行重复鉴定。当年鉴定的材料，次年以同样方法重复鉴定。如果两年的结果相差太大，应进行重复验证。

8　鉴定记载表格

烟草抗烟草花叶病毒病鉴定试验调查记载表见附录 A。

附录 A

烟草品种抗 TMV（☑ U1、☐ ToMV、☐ Vulgare、☐ U2、☐ Ob）鉴定试验调查记载表

调查日期__________　调查人__________　记录人__________

品种名称/编号	重复	枯斑株数	各级病害株数						总株数	发病率/%	病情指数	抗性指数
			0	1	3	5	7	9				

03 第三章

烟草抗黄瓜花叶病毒（CMV）鉴定方法

第一节　CMV 概述

1916 年 Doolittle 和 Jagger 首先在黄瓜上发现黄瓜花叶病毒（cucumber mosaic virus，CMV），之后各国学者在多种植物上分离到该病毒。CMV 可以通过蚜虫非持久性传播和机械接触汁液摩擦传染，能侵染包括葫芦科、茄科、十字花科在内的 1 000 余种植物。作为为害植物的十大病毒之一，CMV 严重为害黄瓜、烟草、辣椒、番茄、菜豆、豇豆、萝卜和大白菜等作物，烟草是最易被感染的作物之一。

CMV 是我国黄淮、华南、西北烟区的主要毒源之一。烟草苗期和成株期均可感染，但以大田成株期发病较多，表现叶片黄化斑驳、疱斑畸形、狭窄和植株矮化症状；且 CMV 与其他病毒如 TMV、PVY 混合发生，症状加剧，产量损失巨大。

一、CMV 特性、株系分化及烟草抗原

CMV 是雀麦花叶病科（*Bromoviridae*）黄瓜花叶病毒属（*Cucumovirus*）的代表种，是由 RNA1、RNA2、RNA3 组成的三分体正义单链 RNA 病毒，外壳蛋白由 RNA3 决定。病毒粒体为近球形的二十面体，直径 28~30 nm。CMV 在体外的抗逆性较 TMV 差，主要在蔬菜、农田杂草及多年生树木中越冬，致死温度为 60~75℃下 10 min；室温下病汁液中病毒只能存活 3~4 d；稀释限点为 10^{-5}。

CMV 在自然界中存在很多株系，目前全世界已报道的株系或分离物有 100 余种，株系命名尚无统一规则，存在一些重复。根据外壳蛋白（CP）同源性将其分为亚组 Ⅰ 和亚组 Ⅱ（Palukaitis et al., 1992），根据 RNA3 的 5′ 非编码区将亚组 Ⅰ 分为Ⅰ A 和Ⅰ B（Shintaku et al., 1992; Daniels & Campbell, 1992; Rossinck et al., 1999）。亚组 Ⅰ 接种烟草导致严重的系统花叶、褪绿黄化、蕨叶和植株矮化，但不引起坏死环，代表株系有 CMV-Fny 和 CMV-M；亚组 Ⅱ 接种烟草引起温和的系统斑驳和接种叶上出现坏死环，代表株系有 CMV-Q（Zhang et al., 1994）。CMV-SD 和 CMV-YNb 分别是我国烟草上第一个亚组 Ⅰ 和亚组 Ⅱ 分离物。

CMV 在苋色藜（*C. amaranticolor*）上产生局部枯斑；在烟草品种 Ti245 和铁耙子上表现中抗，在 G28 和亮黄上表现高感，尚未发现烟属的高抗或免疫品种以及垂直抗性基因。

二、CMV 抗性鉴定试验的影响因素

目前控制病毒病最有效的手段，一是筛选和种植抗病品种；二是自苗期开始喷施抗病

毒剂预防。病情判定是烟草接种 CMV 抗性鉴定或药效试验中的重要步骤。病毒株系、寄主抗性、侵染后环境条件是决定病情的关键因素。

通常，CMV 不同株系或分离物其寄主范围不同，侵染同一寄主表现的症状存在一定差异。例如，亚组Ⅱ在烟草上表现温和的系统斑驳，而亚组Ⅰ则导致严重的系统花叶（Zhang et al. 1994）。研究表明，CP 严重影响叶绿体光系统Ⅱ，与花叶症状的产生直接相关。M 株系侵染烟草引起严重的黄白化，Fny 株系侵染烟草引起绿斑驳，通过两者 RNA3 不同区域重组试验，发现花叶斑驳症状由 CP 上第 129 位氨基酸所决定（Shintaku et al., 1992）。此外，RNA2 是决定不同分离物存在寄主相关的致病性分化的主要区段（亓哲，2019）。RNA2 编码的 2a 蛋白是引起细胞坏死反应的重要因子，第 631 位氨基酸突变可导致豇豆上的坏死反应消失（Karasawa et al., 1999; Hu et al., 2012）；2a 蛋白 C 端缺失会降低病毒在寄主体内的含量，减轻在烟草上的致病症状（Du et al., 2008）。

抗 CMV 的烟草品种很少。一般情况下，烟株幼苗感染病毒，发病快、症状重；而成株期则抗性强，即使感染症状也很轻微。

利于烟株生长的温度也利于病毒增殖，高温条件下叶部常发生隐症。有研究表明，CMV 在寄主上引起的症状与摩擦接种时的温度有关。亚组Ⅱ在高于 26℃时侵染烟草不产生系统症状，而低于 26℃时会产生叶片黄化（Palukaitis et al., 1992）；亚组Ⅱ分离物接种三生烟（*N. tabacum*）症状温和，但其症状和致病性受温湿度和光照强度影响（田兆丰等，2009）。强致病性株系 M 能引起烟草叶片完全黄化，但具有症状恢复现象，机制尚不明确（陈明胜等，2009）。

此外，CMV 可以通过蚜虫和机械接触传播，但蚜传在 CMV 流行中起决定作用，病害随蚜虫的迁飞而流行，与黄瓜、番茄、辣椒等蔬菜地相邻的烟田，通常蚜虫较多，发病较重。及时防治传毒介体蚜虫，切断传播途径，能减轻 CMV 为害。

由此可见，病毒株系、寄主抗性、侵染后环境条件是决定病情的关键因素。本章对引起花叶狭长及疱斑畸形的烟草 CMV 分离物，进行分离纯化、株系鉴定、稀释限点、传导路径、在抗 / 感寄主上的症状及隐症等的研究，为靶向抗病品种的筛选鉴定提供准确的试验材料。

第二节　烟草田期感染 CMV 的病害症状和病情

一、田间 CMV 病害症状

田间于青岛即墨试验基地，以中烟 100 或 K326 自然发病，于团棵期调查记录 CMV 的病害症状（表 3-2-1）。

表 3-2-1　烟草黄瓜花叶病毒（CMV）病害症状

简称	症状描述
mMo	轻微花叶，叶片不变形（mild mosaic no deformation，mMo）
MD	心叶花叶畸形（mosaic and distorted young leaves，MD）
hMo	严重花叶，上部叶片狭窄（heavy mosaic，upper leaves narrow，hMo）
LL	叶片明显狭长，叶面无突起，叶片黄化变薄革质化（narrow upper leaves and leaf leathery，LL）
LD	叶片厚薄不均，叶脉比叶片生长少导致叶片皱褶、扭曲畸形（leaf fold distorted deformity，LD）
RT	叶片狭长，叶基伸长，叶尖细长呈鼠尾状（leaf base elongation and leaf opex rat tail，RT）
MY	黄绿相间的花叶、叶面无突起（yellow mosaic，MY）
MM	有深绿色狭长斑块突起的错综间隔的斑驳花叶，（motif mosaic，MM）
ME	严重花叶狭窄、叶面伴有耳状突起或疱斑畸形（heavy narrow mosaic and enations or distorted leaf，ME）
MN	严重花叶狭窄、甚至叶肉消失仅剩主脉呈线条叶（heavy narrow mosaic and leaf narrowing，MN）
OL	沿叶脉的褪绿坏死、不与叶脉相连，呈橡叶纹坏死（necrotic of oak leaf，OL）
St	病株矮化，伴有节间缩短、顶芽发育不良（stunting，St)

CMV 在田间，初始在心叶上出现脉明、沿叶脉的褪绿黄化，而后整片叶表现斑驳黄化，叶片革质化无光泽及叶缘上卷，逐渐发展为叶面疱斑耳突和扭曲畸形。病叶常狭长，叶基伸长、叶尖细长呈鼠尾状，严重时叶肉组织变窄，甚至消失，仅剩主脉而呈线条叶。中下部叶片还可表现沿主脉和侧脉的深褐色闪电状坏死斑纹，也称橡叶纹（图 3-2-1～图 3-2-4）。

图 3-2-1　CMV 花叶斑驳、疱斑扭曲、叶尖变细、叶片变薄革质化

图 3-2-2　CMV 病害，花叶狭窄、疱斑耳突、叶基伸长、叶尖细长

图 3-2-3　CMV 病害，花叶狭窄、叶基伸长、叶尖细长、闪电纹坏死

图 3-2-4　烟草早期感染 CMV 病株矮化

二、田间 CMV 病情

参照 TMV 大田普查方法，开展 CMV 田间系统调查。根据 GB/T 23222—2008《烟草病虫害分级及调查方法》，记录发病级别，统计发病率和病情指数。

在室内幼苗上，汁液摩擦可以接种 CMV，但条件不适合时易出现接种失败。在田间，CMV 主要靠蚜虫取食传播（图 3-2-5），因此，蚜虫迁入时节易于 PVY 混合流行，症状加重，表现严重的疱斑、皱缩和脉坏死症状（图 3-2-6）。

图 3-2-5　CMV 传毒介体蚜虫

图 3-2-6 田间 PVY 和 CMV 混合发生

2019 年于团棵期至旺长期调查即墨试验基地的病毒病圃，CMV 发病率约 10%，病情指数为 4.00，显著低于 TMV 和 PVY。典型症状有花叶狭长、叶片革质化、疱斑耳突、扭曲畸形，鼠尾叶、橡叶纹坏死、病株矮化。

第三节 CMV 的分离纯化、保存及株系鉴定

一、单斑分离 CMV 及活体保存

采用枯斑寄主苋色藜单斑分离纯化 CMV，并接种在系统寄主三生 NN 烟上活体保存。

田间于发病初期（团棵期至旺长期），采集具有斑驳黄化、疱斑鼠尾、叶片变薄革质化或闪电纹坏死的典型 CMV 病叶。取 1 g 于灭菌的研钵中研磨成汁液，加 20 mL 无菌水稀释，分别用 TMV、CMV、PVY 免疫胶体金试纸条检测，排除混合侵染（图 3-3-1）。

图 3-3-1　CMV 毒源的采集和检测

采用汁液摩擦接种在 CMV 的枯斑寄主苋色藜上，接种前在叶片上匀洒 600 目石英砂，接种后喷洒清水冲洗残留液，于 26℃ /16 h 光照下培养。接种后 5~7 d，接种叶上呈现小的黄褐色坏死斑点（图 3-3-2），病毒被限定在侵染点，不扩展。抠离单斑，研磨成汁液，再次接种苋色藜。经过 2~3 次的连续单斑分离，即可纯化 CMV。自然界中，苋色藜还是 TMV 和 PVY 的枯斑寄主。

此外，采用苋色藜接种 CMV 可以生测抗病毒药物对病毒的钝化效果。药液与 CMV 等体积混合液为处理；水与 CMV 等体积混合液为对照。

图 3-3-2　在枯斑寄主苋色藜上单斑分离 CMV

用灭菌的枪头抠离单斑，研磨汁液接种于 5~6 叶期三生 NN 烟上，10~14 d 心叶出现系统侵染的花叶黄化症状，接种叶出现沿叶脉的橡叶纹坏死症状（图 3-3-3）。不同批次或不同苗龄接种，症状会略有差异，其中高温日照会促使坏死环症状的产生。

图 3-3-3　在三生 NN 烟上扩繁 CMV

TMV、CMV、PVY 三种毒源在同一温室内活体保存时，首先需设防虫网隔离培养以防止蚜虫传播 CMV 和 PVY。其次，一般将 CMV 和 PVY 扩繁在 TMV 的枯斑寄主三生 NN 烟上，因为三生 NN 烟可以生物剔除交叉感染的 TMV。粘烟草接种 TMV 出现 HR 枯斑，而接种 CMV 表现系统花叶。对于混合感染此两种病毒的样品，可以接种粘烟草，通过接种叶枯斑滤掉 TMV，而在上部非接种叶上的系统花叶即为 CMV（图 3-3-4）。

图 3-3-4　CMV 和 TMV 在粘烟草上分别表现系统花叶和 HR 枯斑

此外，还可在K326、NC89等系统寄主上扩繁CMV，26℃培养10~17 d，心叶出现花叶症状，以及叶片变薄革质化、心叶疱斑畸形、全株系统花叶症状。在三生NN烟上较易观察到上部叶的隐症现象（图3-3-5）。

图3-3-5 在系统寄主三生NN、NC89、K326上扩繁CMV

二、CMV株系鉴定

采用扩增外壳蛋白CP序列比对法鉴定CMV株系。

根据CMV-IB株系的CP序列，采用Primer5.0软件设计PCR及qRT-PCR检测引物（表3-3-1）。

表 3-3-1　病毒外壳蛋白全长及荧光定量的检测引物

引物名称	碱基序列	产物大小（bp）
CMV-CP-F1（全长）	5′-ATGGACAAATCTGAATCAACCAGTGC-3′	654
CMV-CP-R1	5′-AACTGGGAGCACCCCAGATGTG-3′	
CMV-CP-F2（定量）	5′-CGTTGCCGCTATCTCTGCTAT-3′	69
CMV-CP-R2	5′-GGATGCTGCATACTGACAAACC-3′	
Actin-F	5′-CAAGGAAATCACCGCTTTGG-3′	106
Actin-R	5′-AAGGGATGCGAGGATGGA-3′	

取新鲜病叶 1 g，采用 Trizol 法提取病叶总 RNA。一步法合成第一链 cDNA。以 cDNA 为模板，以病毒外壳蛋白全长的检测引物（CMV-CP-F1/R1），配置 PCR 反应体系。扩增产物经 SDS 凝胶电泳后，切胶回收测序。将序列提交 NCBI 比对病毒株系，采用 MEGA7.0 制作系统进化树。

结果显示：扩增病毒的外壳蛋白基因 *CP* 序列，电泳检测 PCR 产物大小为 657 bp。凝胶回收测序，比对发现：青岛分离物 CMV-Qingdao 与亚组 Ⅱ 的代表 Q 株系同源性仅为 69.83%；与 Ⅰ 亚组亲缘关系较近，介于 Ⅰ A 和 Ⅰ B 株系之间，与亚组 Ⅰ 的代表 Fny 株系同源性为 93%，与 Ⅰ A 株系同源性为 92.09%~94.04%，与 Ⅰ B 株系同源性为 91.28%~93.27%。提取病叶总蛋白，利用 Western blot 免疫印迹到一条 24 kDa 的单一蛋白条带，与 CMV CP 大小一致（图 3-3-6）。

CMV 在自然界中存在很多株系，目前全世界已报道 CMV 株系或分离物 100 余种，株系命名尚无统一规则，存在较多重复。Ⅰ B 主要发生在中国、朝鲜、韩国、蒙古国和日本等，而世界各地都有 Ⅰ A 和 Ⅱ 的分布。

外壳蛋白是病毒分类的相关基因。已有的研究表明，我国烟草 CMV 分离物两个亚组均有分布，以 Ⅰ B 株系报道较多。例如，从云南烟草上检测到的 CMV 分离物与亚组 Ⅱ 同源性高达 96%，与亚组 Ⅰ 同源性仅为 75%（李凡等，2000）。从我国 11 个烟草 CMV 分离物鉴定出 Ⅰ 亚组的 Ⅰ A 和 Ⅰ B 及 Ⅱ 亚组，且存在组间重组事件（金大伟等，2014）。侵染贵州、四川烟草的分离物主要属于 Ⅰ B（宋丽云，2012；赵雪君等，2017）。重组在 RNA 病毒变异进化中极其重要，对于同时侵染同一寄主的不同病毒或株系，如果彼此间发生重组，会产生适应力较强的变异株系，克服寄主抗性，进而扩大寄主范围或表现新的症状。

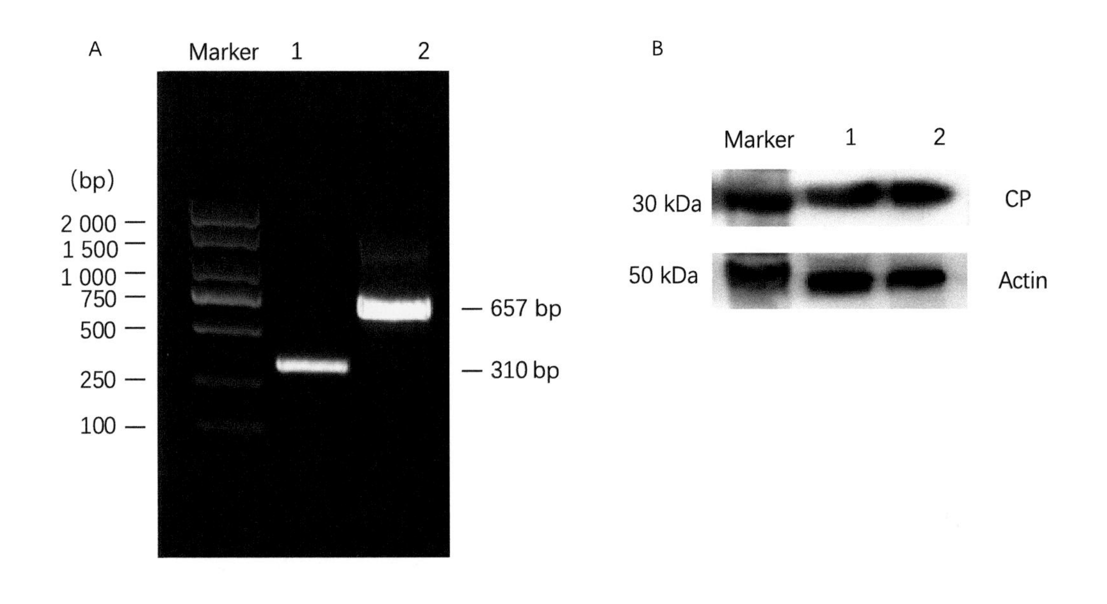

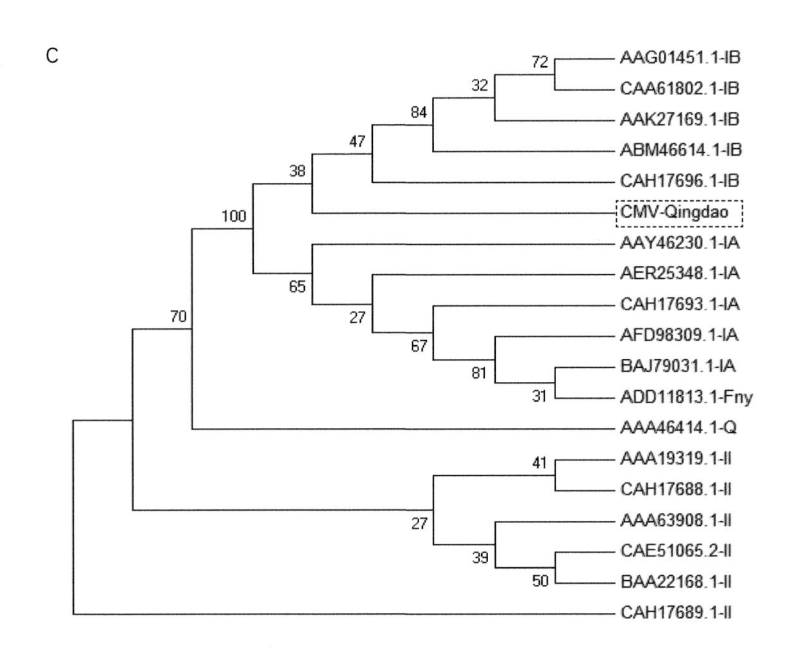

图 3-3-6 CMV 青岛分离物 CP 序列系统进化树

注：A. *CP* 基因核酸电泳，1 为 *CP* 片段检测引物的扩增产物，2 为 *CP* 全长序列引物的扩增产物；B. CP 蛋白印迹，1、2 为 CMV 毒源进样重复；C. CP 蛋白株系进化树。

第四节　CMV 提纯、粒体形态及致病力

一、病毒提纯和病毒粒体形态

1. 病毒提纯

采用聚乙二醇（PEG）法提纯 CMV。

① 三生 NN 烟病叶 100 g，加预冷的 0.5 mol/L 磷酸钾缓冲液 KPB（pH 7.5，含 0.1% 巯基乙醇，1%。Triton X-100，0.01 mol/L EDTA），匀浆 1 min。

② 加 10% 氯仿：正丁醇（1∶1），匀浆 1~2 min，4℃，8 000 r/min 离心 20 min。

③ 上清液加入终浓度 6% 的 PEG 和 0.1 mol/L 的 NaCl，4℃搅拌 4~6 h，8 000 r/min 分离心 20 min。

④ 沉淀以 0.02 mol/L KPB（pH7.5，含 1% Triton X-100，0.01 mol/L EDTA）充分悬浮，8 000 r/min 离心 20 min，吸取上清置于超速离心管内。重复此操作，合并上清液，36 000 r/min 超速离心 2 h。

⑤ 沉淀以 0.02 mol/L KPB 悬浮，再经 20% 甘油沉淀，36 000 r/min 超速离心 2 h。

⑥ 沉淀以去离子水悬浮，低速离心取上清即为病毒提纯液，–20℃保存。

2. 病毒提纯液浓度检测

100 g 病叶经 PEG 法提纯获得 10 mL 病毒提纯液。

于 Thermol 紫外分析仪上，通过测定 OD_{280} 的吸收峰和浓度（mg/mL），检测病毒提纯液的浓度。

取 1 μL 在核酸微量仪上测定 A280 nm 处的蛋白吸收峰为 7.279 mg/mL，$A_{260/280}$ 为 1.91。由 Warburg-Christain 经验公式，病毒蛋白浓度（mg/mL）=（$1.45 \times OD_{280} - 0.74 \times OD_{260}$）× 稀释倍数，换算成病毒提纯液的浓度为 0.266 mg/mL。

3. 病毒提纯液纯度检测

采用聚丙烯酰胺凝胶电泳（SDS-PAGE）法测定病毒提纯液的纯度。提纯的 CMV 在 SDS-PAGE 上显示单一的 CP 蛋白条带。但由于是来自病叶的病毒粗提纯液，因而迁移减慢使表观分子量略大于 CP 的分子量 24 kDa（图 3-4-1）。

4. 病毒粒子形态

采用负染法于透射电镜下观察病毒粒体的形态。电镜下观察到直径 28~30 nm 的正二十四面体（近球形）的病毒粒体，有一个直径约 12 nm 的电子致密中心，呈“中心孔”样结构（图 3-4-2）。CMV 基因组为三分体，包括 3 个 RNA 片段。RNA 1 和 RNA 2 各包裹在一个粒子中，RNA 3 和亚基因组 sg RNA 4 一起包裹在一个粒子中，常存在卫星 RNA 分子。

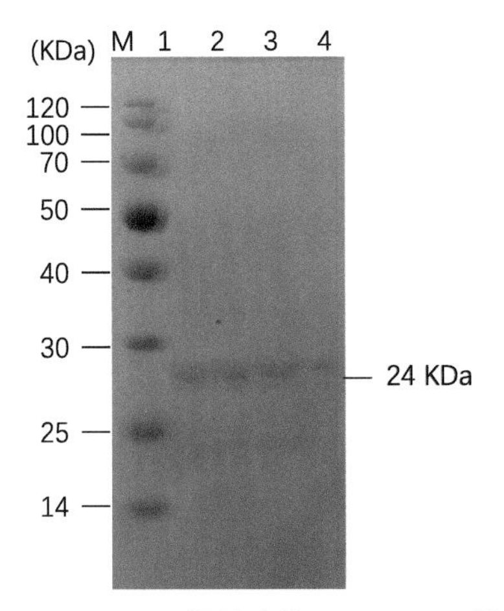

图 3-4-1　CMV 提纯液的 SDS-PAGE 检测

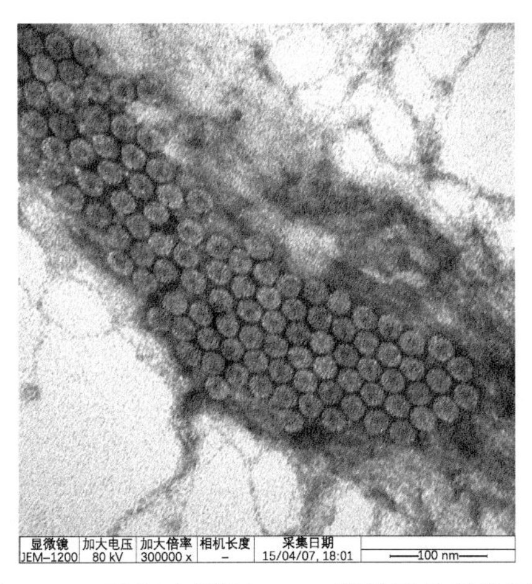

图 3-4-2　透射电镜下 CMV 提纯液的粒体形态

二、病毒提纯液的致病力

采用感病寄主的系统花叶症状测定病毒提纯液的致病力。

取 10 μL 提纯的 CMV，用 PBS 稀释 10 倍（0.027 mg/mL）、20 倍（0.013 mg/mL），摩擦接种感病烟草品种亮黄，以 CMV 毒源病汁液和 PBS 分别为阳性和阴性对照，检测病毒提纯液的致病力。

接种后 7~15 d，接种叶呈现轻微的花叶症状，心叶表现斑驳黄化、疱斑畸形和变薄革质化，病株矮化，与接种 CMV 毒源的阳性对照症状相同，且浓度越高症状越重（图 3-4-3）。

图 3-4-3　CMV 提纯液接种在亮黄上的致病力

第五节　CMV 的稀释限点和接种物浓度筛选

采用枯斑寄主苋色藜测定毒源活体保存期的稀释限点。

将 CMV 接种在三生 NN 烟上活体保存 35 d，取上部展开病叶研磨，用 PBS 配置

10 倍质量浓度（10^{-1}）的 CMV 母液，再顺次稀释成 10^{-2}~10^{-6} 系列浓度后，接种在枯斑寄主苋色藜上，制作病毒质量浓度与枯斑数量曲线图。

结果显示：枯斑数量随稀释倍数的增加而显著降低，10^{-6} 稀释液接种时多数处理叶片已无侵染点枯斑，因此稀释限点为 10^{-5}（图 3-5-1）。此外，随保存时间的延长，养分缺失植株生长受阻，且烟株会进入花期开始生殖生长，导致病毒增殖缓慢。因此，需要间隔 2~3 个月定期对毒源进行转接复壮，使用质量浓度以不低于 10^{-2} 为宜。

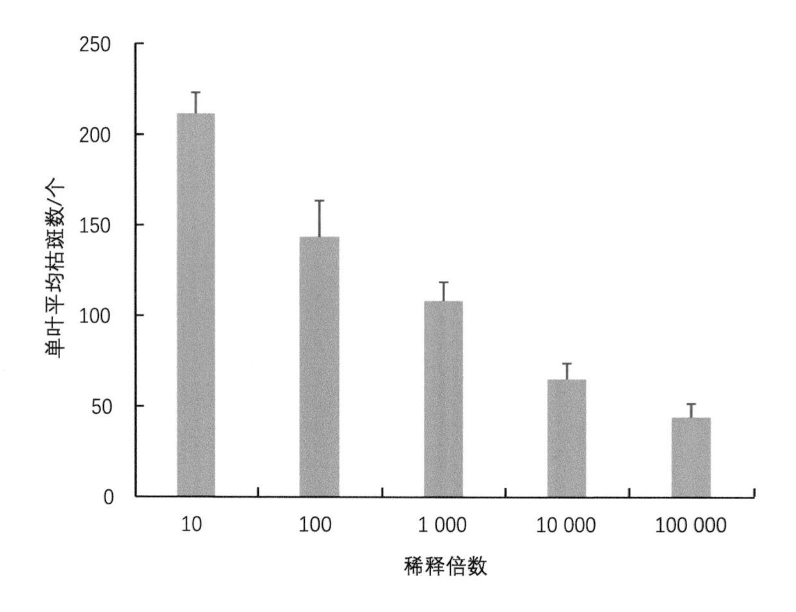

图 3-5-1　CMV 毒源保存期病株心叶在苋色藜上的稀释限点

第六节　病毒的系统扩散路径

一、CMV 在本氏烟上的扩散路径

根据 CMV 的显症过程和 qRT-PCR 检测 *CP* 表达量，测定病毒在本氏烟上的扩散路径。

将 CMV 病汁液摩擦接种到本氏烟上，标注接种叶。自然光下观察症状发展过程、病害级别及症状类型，拍照记录。

本氏烟接种 CMV 后 5~11 d，全株表现系统花叶症状。最先显症的是心叶，出现皱缩卷曲；随之为心叶下叶，自叶基部开始出现生长不平整；最后叶片皱缩、扭曲反卷，植株显著矮化呈簇顶状，接种叶症状则不明显（图 3-6-1）。

图 3-6-1　CMV 在本氏烟上的症状发展过程

注：1、2、3、4 分别为心叶、心叶下叶、接种叶、接种叶下叶。

标记接种叶下叶、接种叶、心叶下叶、心叶（图 3-6-1）。在接种 CMV 后第 11 d，取同样质量的各叶片，研磨后加入 PBS 混匀成 40 倍病汁液，用 CMV 试纸条检测。各叶位均显示明显的阳性条带，上部展开的心叶亦布满病毒，但无法从条带亮度上来区分病毒含量的高低（图 3-6-2）。

采用 qRT-PCR 检测 *CP* mRNA 表达量，发现：相对于上部刚展开的心叶（病毒含量 1.00），接种叶含量最高（7.48）；其次是心叶下叶（2.16）和接种叶下叶（1.80）（图 3-6-2）。显症最重的心叶其病毒含量显著低于显症最轻的接种叶，应是此时病毒已从接种叶扩散至心叶，病毒增殖迅速抑制叶片生长速度，引起叶片花叶皱缩。在接种叶中叶形生长已完成，受病毒持续增殖的影响较小，因而表现轻症或无症。接种叶下叶的病毒含量高于心叶，暗示病毒进入主茎后，向下和向上的双向扩散；而心叶下叶的病毒含量高于接种叶下叶则暗示病毒优先向较幼嫩的叶片运输。

结合症状和 *CP* 表达量，可得出结论，CMV 在本氏烟上的系统扩散路径为：由接种叶侵染点→茎→先向两端双向扩散（上至心叶下至根）→再逐渐扩展至心叶下叶→最后才扩展至接种叶上下的中间叶位。

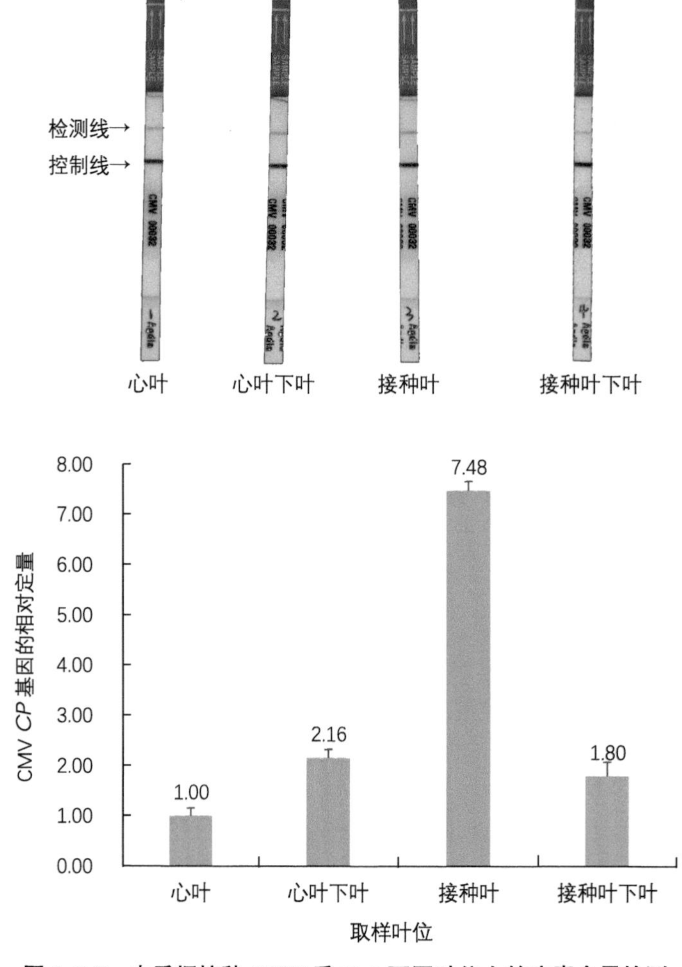

图 3-6-2　本氏烟接种 CMV 后 11 d 不同叶位上的病毒含量检测

二、CMV 在 K326 上的扩散路径

采用 qRT-PCR 检测相对于接种叶的 CMV *CP* mRNA 表达量揭示病毒在 K326 上的扩散路径。

K326 接种 CMV 后标记各叶位（接种叶上 2 叶、接种叶上 1 叶、接种叶、接种叶下 1 叶、接种叶下 2 叶），于接种后 4 d、8 d、12 d、16 d，分别取上述各部位，采用 qRT-PCR 检测外壳蛋白 RNA 表达量。

检测结果发现：接种后 4 d，在根部、接种叶、上 2 叶中检测到 CMV，显示病毒由侵染叶到达茎后，先向下至根部。接种后 8 d 各部位均检测到病毒，积累量排序为：上 1 叶＜下 2 叶＜接种叶＜上 2 叶＜下 1 叶＜根，显示病毒在根部大量积累后开始向上运输，并布满全株。接种后 12 d 积累量排序为：下 2 叶＜下 1 叶＜接种叶＜上 1 叶＜上 2 叶＜根，下 1 叶和下 2 叶病毒含量低，说明病毒由根部向上运输旺盛，且根部含量开始降低。接种后 16 d 积累量排序为：根＜下 2 叶＜下 1 叶＜接种叶＜上 1 叶＜上 2 叶，显示病毒持续向上部叶运输，主要集中在顶端（图 3-6-3）。

总之，从接种后 4~16 d 内 CMV 较大积累量部位变化的趋势，看出：病毒从接种叶扩散至主茎后，先向下至根、向上至心叶，再逐渐扩散布满全株，最后集中在顶部叶。这与显症过程相符。

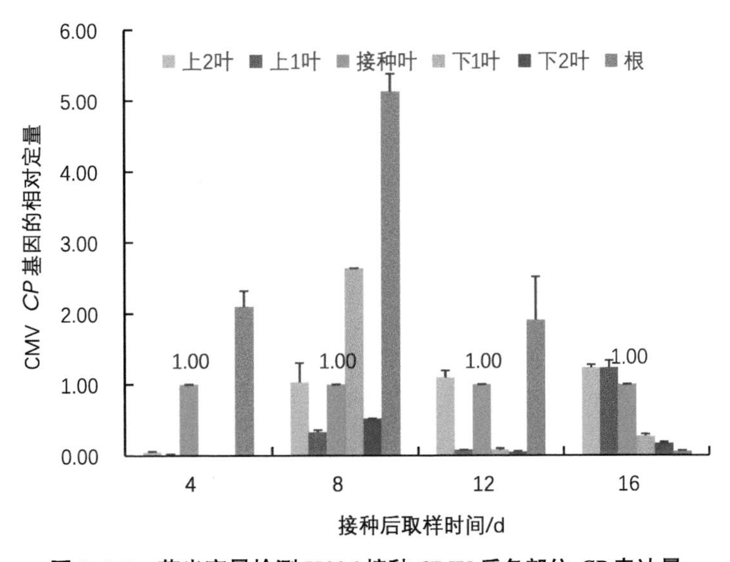

图 3-6-3　荧光定量检测 K326 接种 CMV 后各部位 *CP* 表达量

第七节　烟草苗期接种 CMV 的典型症状

一、CMV 在 K326 和云烟 87 上的病害发展过程

在温室内，以 5~6 叶期单株 K326 接种 40 倍质量浓度的 CMV 病汁液。其症状发展过程为：初始心叶上出现脉明、褪绿、黄绿相间的斑驳花叶；随之，叶片黄化、变薄革质化，叶基伸长、叶尖细长；最后叶片疱斑畸形，顶芽卷缩，病株严重矮化（图 3-7-1~ 图 3-7-4）。

图 3-7-1　K326 苗期接种 CMV 的症状发展过程（1）

注：dpi，接种后天数。

图 3-7-2　K326 苗期接种 CMV 的症状发展过程（2）

注：dpi，接种后天数。

图 3-7-3　K326 苗期接种 CMV 的病叶症状

图 3-7-4　K326 苗期接种 CMV 的病害严重度分级

图 3-7-4 （续）

如果及时施肥，病株上部的心叶会相对长开，出现烟株生长伴随新生叶花叶显症的现象；但早期发病重的烟株会表现下部叶黄化干枯、顶芽皱缩坏死。

接种在云烟 87 上显示近似的病害发展过程（图 3-7-5）。

同一品种的不同批次或不同苗龄接种，病害发展过程和病害严重度，会略有不同；但均表现 CMV 的叶片斑驳黄化、变薄革质化、叶尖变细等典型症状。

图 3-7-5　云烟 87 苗期接种 CMV 的症状发展过程

二、CMV 在抗 / 感对照烟草品种上的症状

烟草苗期接种 CMV 的抗性鉴定中通常采用铁耙子和 Ti245 为抗病对照，G28 和亮黄为感病对照。

2019 年在即墨温室进行的试验中，在 5~6 叶期 30 株假植盘烟苗上，接种 40 倍 CMV-ⅠB。接种后于 25~26℃培养。21 d 系统调查，在叶片上典型的症状有：脉明、轻微花叶、疱斑畸形及橡叶纹（图 3-7-6）。

图 3-7-6　CMV 在烟草上的脉明、轻微花叶、疱斑畸形及橡叶纹症状

注：接种后 21 d 系统调查，上排为烟株底部的接种叶。

在 Ti245 上表现轻微脉明，在中抗品种铁耙子上表现轻微花叶，在感病品种 G28 和亮黄上表现心叶和上部叶脉明、花叶畸形、叶片变薄革质化、叶基伸长及叶尖变细（图 3-7-7、图 3-7-8）。

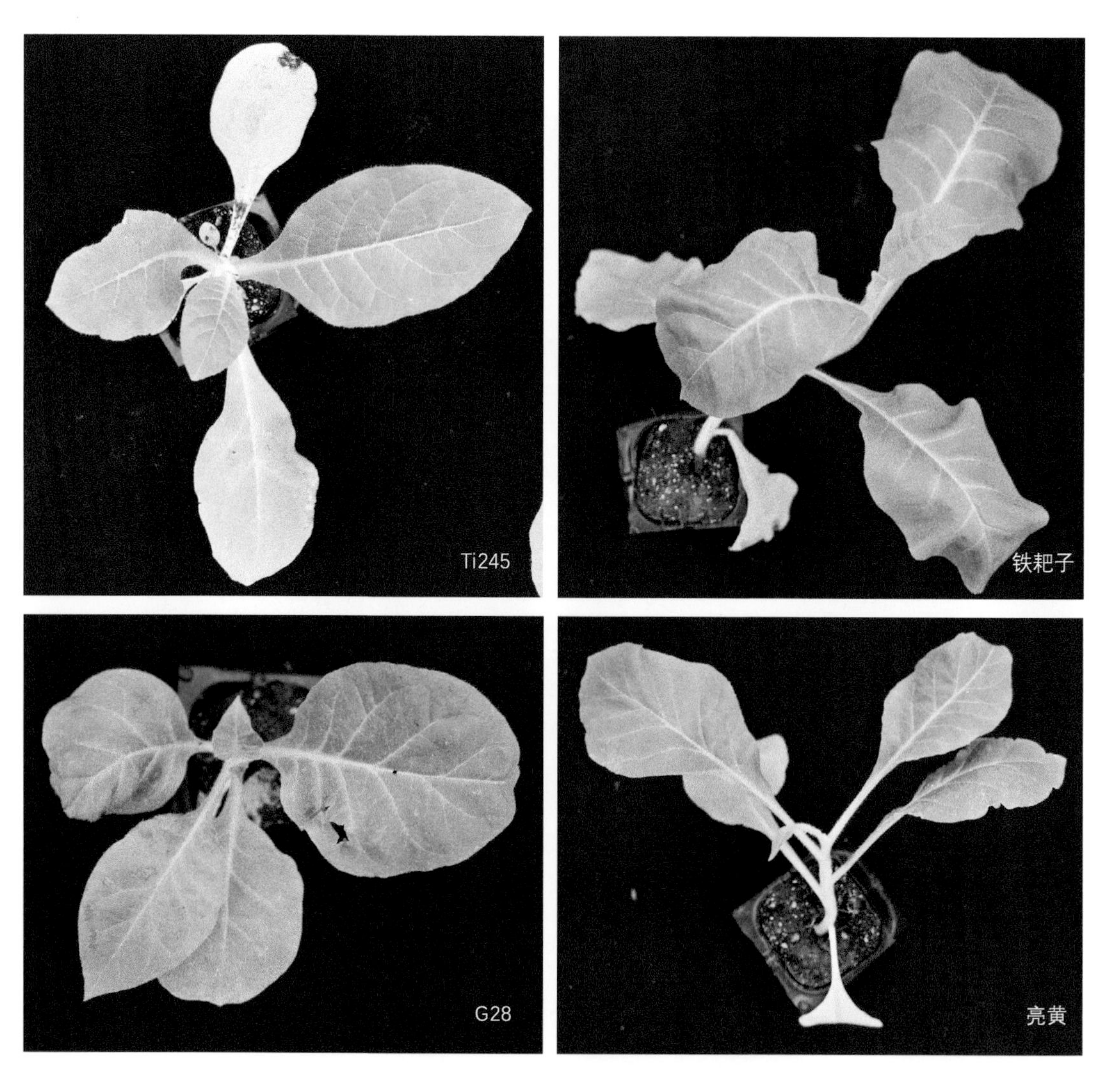

图 3-7-7　CMV 在抗 / 感对照烟草品种上病害症状

图 3-7-8　CMV 在抗 / 感对照烟草品种上群体症状

第八节　三生 NN 烟苗期接种 CMV 的显症与隐症

烟草对病毒接种的可见反应类型通常包括：免疫 immune（非寄主）、耐病 tolerant（潜隐侵染）、抗病 resistant（枯斑寄主过敏反应）、感病 susceptible 和敏感 sensitive（系统寄主）。

病毒初侵染进入表皮细胞或叶肉细胞中，经过复制后，通过胞间连丝移动到邻近细胞，经过韧皮部筛分子长距离移动扩散到植物体的大部分（从源叶扩散到库叶），从而表现花叶症状，即为显症。症状恢复是指病毒侵染植物在系统发病显症一段时间后，新生部分的症状出现减轻或消失的现象，也称隐症。显然，症状恢复也是系统寄主的反应类型之一。

寄主品种、病毒株系和环境条件是影响植物病毒发病后恢复的主要因素。例如，CMV-M 株系在白肋烟上具有典型的症状恢复现象，检测发现叶片中的病毒浓度与症状严重度或发病程度呈正相关（陈明胜等，2007）。高温通常会导致新生叶片隐症。在第三节中，CMV 在三生 NN 烟上较易观察到上部叶的隐症现象（图 3-3-5）。在第七节中，不同批次 K326 接种 CMV，即有观察到 CMV 的严重花叶畸形和病株矮化（图 3-7-1），亦有观察到上部新生叶片的隐症现象（图 3-7-2）。

在烟苗中部展开叶片上接种 CMV 后，系统侵染有时呈现出心叶严重花叶、病株矮化的重症症状；有时呈现出心叶显症—上部新生叶隐症—心叶又显症的动态规律，特别是及时浇水施肥保障和促进烟株生长时，这一规律更加显著。病毒在整个烟草植株中的含量以循环方式升降。上部叶隐症现象是病毒企图建立系统侵染而寄主努力抵抗病毒侵染的动态冲突下的平衡。

那么，CMV-ⅠB 株系毒源活体保存时，隐症的叶片是否含有病毒和具有侵染力？显症与隐症的叶片中，其病毒含量高低是否与症状严重度相对应呢？

为此，在 5~6 叶期三生 NN 烟上接种 40 倍 CMV 病汁液，试验设置 4~6 株重复。接种后 2 周上部心叶表现显著的花叶畸形；3 周上部新生展开叶表现隐症，4 周上部再新生心叶表现轻微花叶（图 3-8-1）。呈现出心叶显症—上部新生叶隐症—心叶又显症的生长

图 3-8-1　三生 NN 烟接种 CMV-ⅠB 后 3 周植株症状恢复现象

注：1，轻微花叶不变形；2-1、2-2，重花叶、叶片变形、叶尖变细革质化；3，恢复叶；4，心叶。

发病规律。

三生 NN 烟接种 CMV 后 3~4 周发病，取接种叶位上部的自下而上的叶片黄化斑驳、叶片变薄革质化、隐症叶、心叶轻微花叶，提取叶片总 RNA，采用 qRT-PCR 检测各叶位中的 CMV *CP* mRNA 积累量。3 株重复自下而上的各叶位症状及其病毒含量汇总至表 3-8-1，症状和检测结果见图 3-8-2。

表 3-8-1　三生 NN 烟接种 CMV-ⅠB 后 3~4 周植株各叶片中病毒含量

叶位及症状	病毒含量（$2^{-\Delta\Delta CT}$）			平均值	标准偏差
	重复株 1	重复株 2	重复株 3		
1 叶片黄化斑驳	0.80	1.11	1.13	1.01	0.11
2 叶片变薄革质化	0.24	0.54	0.57	0.45	0.11
3 隐症叶	0.01	0.004	0.01	0.007	0.001
4 心叶轻微花叶	0.02	0.03	0.02	0.02	0.003

综上 3 次（株）重复的检测结果显示：虽然在同一批次接种的不同重复植株上，其自下而上的叶片黄化斑驳、叶片变薄革质化、隐症叶、心叶轻微花叶，其中病毒积累量有所不同，但仪器原始检测的相对定量（relative quantification，RQ）值均在同一数量级内，结果具有较好的重现性；在隐症恢复叶片中，均能检测到病毒，且病毒含量均是最低的；各叶片中病毒含量的高低与花叶症状的严重度呈正相关（图 3-8-2）。这与 CMV-M 株系侵染白肋烟的发病规律，以及所导致的恢复叶片中病毒浓度很低，且叶片中的病毒浓度与症状严重程度呈正相关的报道相一致（陈明胜等，2007）。

试验后期亦观察到：在植株上部的恢复叶片中，靠上的少数叶片叶尖会出现 CMV 的花叶、叶尖变细及变薄革质化，靠下的多数恢复叶片始终处于隐症状态，最终也未完全发病（图 3-8-2）。及时浇水施肥，病株呈显症—隐症—显症—隐症的循环模式。亦有研究发现 CMV 侵染多年生黄色西番莲，植株中间部分发病，而茎尖和根不发病且恢复部分检测不到病毒存在（Gioria et al., 2002），因此茎尖脱毒苗也成为无毒育苗的重要手段之一。

上述 CMV 接种三生 NN 烟的显症和隐症现象，以及毒源植株各叶位的发病程度与病毒含量正相关的研究，说明在毒源活体保存期间，要及时施肥浇水及定期扩繁；制备接种物时取显症叶片。此外，在一些需要保证接种物浓度一致的试验中，仅以毒源质量浓度的统一是不够的，还要测定病毒浓度，确保试验纵向批次重复的平行性。

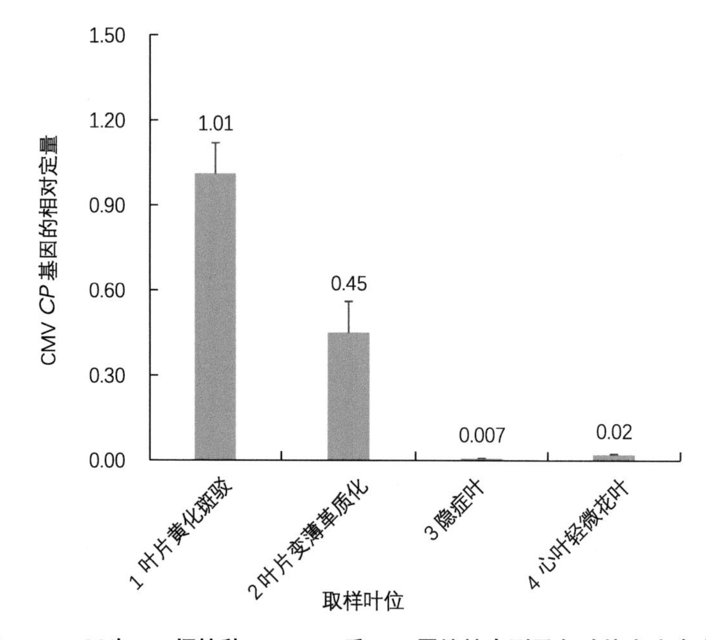

图 3-8-2　三生 NN 烟接种 CMV-IB 后 3~4 周植株表型及各叶片中病毒含量

第九节　烟草品种抗 CMV 苗期鉴定技术规程

筛选和鉴定抗病烟草品种进行种植是目前控制病毒病最有效的手段。抗性鉴定涉及供试毒株的分离纯化扩繁，育苗和接种，病情分级调查和抗性评价。

病毒株系、寄主抗性、接种后培养条件是决定 CMV 病情的关键因素。烟草苗期接种 CMV 试验，关于毒株、传导特性及寄主抗性的综合研究相对较少。本章对引起花叶狭长及疱斑畸形的烟草黄瓜花叶病毒，采用生物学接种、*CP* 基因扩增测序、电镜观察、免疫印迹、荧光定量等方法，系统研究了病毒分离物的株系、粒体形态、致病力、稀释限点、传导路径、在抗感烟草上的症状、在三生 NN 烟上的显症隐症以及各叶片病毒含量。

结果显示，分离物外壳蛋白基因 657 bp，其核苷酸序列与亚组Ⅱ的代表 Q 株系同源性为 69.83%，与亚组Ⅰ的代表 Fny 株系同源性为 93.00%，介于ⅠA 与ⅠB 株系之间。病毒粒体球形，直径 28~30 nm，对烟草致病力强。病汁液稀释限点为 10^{-5}。接种后病毒先由接种叶移动到主茎，再向下至根向上至心叶，然后扩散布满全株，最后持续向上部新叶运输，毒源病株顶端大致呈现显症—隐症—显症的规律。12~16 d 心叶脉明花叶、黄化狭长，21~28 d 心叶疱斑耳突，叶基伸长、叶尖变细、变薄革质化。亮黄和 G28 对其表现高感，Ti245 和铁耙子表现中抗。花叶畸形较 TMV 重，矮化较 PVY 重。

在上述研究的基础上，制定《烟草抗烟草黄瓜花叶病毒（CMV）苗期鉴定技术规程》。并明确青岛试验点采用的分离物 CMV-Qingdao 与亚组Ⅰ亲缘关系较近，介于ⅠA 和ⅠB 株系之间。病毒株系的明确，即有助于不同单位间或不同年份间抗性鉴定结果的可比性；亦有助于监测 CMV 优势株系的变异规律及其流行预警。

烟草抗黄瓜花叶病毒（CMV）苗期鉴定技术规程

Rule for Resistance Evaluation of Young Tobacco to Cucumber Mosaic Virus

1 范围

本标准规定了烟草抗烟草黄瓜花叶病毒病鉴定技术方法和抗性评价方法。

本标准适用于各类型烟草品种对烟草花叶病毒病的抗性鉴定和评价。

2 规范性引用文件

下列文件对于本文件的应用是必不可少的。凡是注日期的引用文件，仅所注日期的版本适用于本文件。凡是不注日期的引用文件，其最新版本（包括所有的修改单）适用于本文件。

GB/T 23224—2008 烟草品种抗病性鉴定

GB/T 23222—2008 烟草病虫害分级调查方法

3 术语和定义

下列术语和定义适用于本标准。

3.1 抗病性 disease resistance

植物体所具有的能够减轻或克服病原物致病作用的可遗传的性状。

3.2　致病性分化 variation of pathogenicity

病原物由于突变、杂交、适应性变异、不同孢子细胞质的异质性等致使生理小种改变，导致致病性差异。

3.3　人工接种鉴定 artificial inoculation for identification

用人工繁殖或收集的病原物，按一定量接种，创造发病条件，根据接种对象发病程度确定品种抗病性强弱。

3.4　接种体 inoculum

能够侵染寄主并引起病害的病原体。

3.5　病毒种 species

组成一个复制谱系、占据一个特定生态位的多特性病毒群体。即病毒种是具有相似特性的株系的集合。

3.5.1　分离物 isolate

从病株上通过分离纯化的手段，如接种到另一种寄主植物上，单斑分离或分子克隆而得到的病毒纯培养物。

3.5.2　株系 strain

株系是种内的变株。属于同一株系的分离物共同拥有一些已知的、有别于其他株系离物的特性，如寄主范围、传播行为、血清学或核苷酸序列。

3.6　严重度分级 disease rating scale

人为定量植物个体或群体发病程度的数值化描述。

3.7　对照品种 control cultivar

规范中为了检验试验的可靠性，在品种鉴定时附加的抗病品种和感病品种。

3.8　烟草黄瓜花叶病毒 cucumber mosaic virus

引起烟草叶片黄化斑驳、疱斑畸形、叶片变薄革质化、植株矮化、产质量受影响的烟草黄瓜花叶病毒病的病原。根据在烟草上的症状，可分为普通株系（CMV-C）、黄化株系（CMV-YEL）、坏死株系（CMV-TN）等。根据在烟草上的致病性分化、血清学及基因序列，通常分为Ⅰ、Ⅱ两个亚组，Ⅰ亚组又分为A、B两个株系。

3.8.1　Ⅰ亚组

引起烟草叶片严重的系统花叶、褪绿黄化、蕨叶畸形疱斑、叶片变薄革质化、植株矮化、产质量受影响的CMV重症株系，但不引起接种叶坏死环。代表株系有CMV-Fny和CMV-M。

3.8.2　Ⅱ亚组

引起烟草叶片温和的系统斑驳、黄化花叶和接种叶上出现坏死环、产质量受影响的CMV轻症株系。代表株系有CMV-Q。

4　接种体的制备和保存

4.1　株系的纯化

以我国烟区流行的Ⅰ亚组CMV-Ⅰ为病毒接种体。

——田间采集具有严重花叶畸形和叶片变薄革质化症状的典型烟草CMV病叶，经血清学（免疫胶体金试纸条）检测确认病毒种类；经PCR扩增病毒的全基因组，在NCBI数据库上比对确认病毒株系。

——接种在枯斑寄主枸杞或苋色藜上，单斑分离纯化3~4次后，接种在系统寄主三生NN烟上。并接种在抗病对照Ti245和铁耙子，感病对照G28和亮黄上，记录发病时期和症状。

4.2　株系的保存和繁殖

株系常年保存在防虫温室或培养箱内的三生NN烟苗上。为了防止保存期病毒的致病性退化，在使用前15天转接到三生NN烟苗复壮1次，备用。适宜发病温度为25~28℃。

5　鉴定方法

5.1　鉴定温室

采用温室内鉴定，尽量每个病毒有专用的隔离温室，常年注意保持无烟蚜和其他病虫。

5.2　供试材料的种植

先在25 cm×15cm的塑料盘内播种育苗，待烟苗长至2~3片真叶时，假植在16~20孔联体聚乙烯塑料托盘内，每品种重复3次，随机摆放在育苗畦内；或假植到直径8 cm小花盆内。留有足够生长空间置于一托盘内（每盘15株），每品种设置3托盘重复，随机摆放于培养架上。

育苗用营养土需用高温或其他方法消毒，育苗用工具和盘具用菌毒清或其他消毒剂消毒，保证无菌。

播种时间的选择，以播种后至烟苗适宜接种约两个月时，温室内的平均温度在25℃左右，不超过28℃。青岛通常选择在3月10日左右。

5.3　对照品种

设置Ti245、铁耙子为抗病对照，G28和亮黄烟为感病对照。

5.4　接种

5.4.1　接种时期

烟苗4~5片真叶期。选择晴天接种。

5.4.2　接种方法

采用汁液摩擦法，取CMV毒源新鲜病叶按照（1∶40）与灭菌后的磷酸缓冲液混合置于灭菌的榨汁机中，研磨碎成匀浆，灭菌纱布过滤取滤液置于冰水上，进行接种。接种前，需用肥皂对双手消毒，在烟苗上部第1~2片真叶上撒少许石英砂（600目）。

——接种时，以左手托着叶片，用消毒棉棒或棉团蘸取少量病毒汁液，在接种叶片上轻轻摩擦，要求仅使叶片表皮细胞造成微伤口而不死亡。或采用塑料衣刷蘸取病汁液，在育苗畦内烟苗叶片上来回轻轻摩擦3次。

——接种后用清水洗去接种叶片上的残留汁液，在25~27℃条件下培养，接种后5~7天未见发病再回接1次。

5.5 接种前后的烟苗管理

及时施肥和浇灌，保证植株正常生长。

6 病情调查

6.1 调查时间

一般在接种后7~10天观察系统花叶；15~21天，感病对照品种病情指数不低于60时，进行系统调查。

6.2 调查方法

逐株调查每一盘内发病情况。

6.3 病情分级

按GB/T 23222规定的分级标准，用目测法逐株记载病害严重度（表1）。

表1 烟草花叶病毒病苗期病级划分标准

严重度分级	划级标准
0级	全株无病
1级	心叶脉明或轻微花叶，病株无明显矮化
3级	1/3叶片花叶但不变形，或病株矮化为正常株高的3/4以上
5级	1/3~1/2叶片花叶，或少数叶片变形，或主脉变黑，或病株矮化为正常株高的2/3~3/4
7级	1/2~2/3叶片花叶，或变形或主侧脉坏死，或病株矮化为正常株高的1/2~2/3
9级	全株叶片花叶，严重变形或坏死，或病株矮化为正常株高的1/2以上

7 结果计算与抗性评价

7.1 发病率、病情指数及抗性指数计算

通过鉴定材料群体中个体发病程度的综合计算，确定各鉴定材料的平均病情。其计算方法如下，计算结果精确到小数点后两位：

7.1.1 发病率（T）

$$T=\frac{\sum M_i}{N}\times 100\%$$

式中，T——发病率；

i——病级数；

M_i——病情为 i 的株数；

N——调查总株数。

7.1.2 病情指数（DI）

$$DI=\frac{\sum (N_i\times i)}{N\times 9}\times 100$$

式中，DI——病情指数；

N_i——各级病叶（株）数；

i——病害的相应严重度级值；

N——调查总叶（株）数。

7.1.3 相对抗性指数（RI）

$$RI=\ln\frac{DI}{100-DI}-\ln\frac{DI_0}{100-DI_0}$$

式中，RI——相对抗性指数；

DI——各品种的病情指数；

DI_0——感病对照品种 G28 的病情指数。

7.2 抗性评价标准

依据每次试验调查的抗性指数划分抗性等级（表 2）。

表 2 烟草品种病毒病抗性级别划分标准

抗性等级	病情指数（DI）	抗性指数（RI）
免疫（Immune，I）	0	—
抗病（Resistant，R）	0.1~20	≤ –2.00
中抗（Moderately resistant，MR）	20.1~40	–2.10~–1.0
中感（Moderately susceptible，MS）	40.1~80	–1.10~0.0
感病（Susceptible，S）	80.1~100	≥ 0.0

注：根据以上抗性级别划分标准判定待鉴定材料的抗性级别，同时符合 2 个参数的抗性级别为待评价材料的抗性级别，不能同时符合的以抗性弱的级别为待评价材料的抗性级别。

7.3 鉴定有效性判别

当感病对照品种平均病情指数达到 60 时，该批次鉴定视为有效。

对试验结果加以分析、评价后写出正式试验报告，并保存好原始材料以备考察验证。

7.4 重复鉴定

凡是抗感分离的或中抗以上的材料，以同样方法重复鉴定。当年鉴定的材料，次年以同样方法重复鉴定。如果两年的结果相差太大，应进行重复验证。

8 鉴定记载表格

烟草抗烟草黄瓜花叶病毒病鉴定试验调查记载表见附录A。

附录 A

烟草品种抗 CMV（□ CMV-ⅠA、☑ CMV-ⅠB、□ CMV-Ⅱ）鉴定试验调查记载表

调查日期＿＿＿＿＿　调查人＿＿＿＿＿＿　记录人＿＿＿＿＿＿

品种名称 / 编号	重复	各级病害株数						总株数	发病率 /%	病情指数	抗性指数
		0	1	3	5	7	9				

04

第四章

烟草抗马铃薯Y病毒（PVY）鉴定方法

第一节　PVY 概述

Smith（1931）首先在马铃薯上发现马铃薯 Y 病毒（potato virus Y，PVY），之后各国学者在多种植物上分离到 PVY。PVY 主要靠汁液摩擦和蚜虫非持久性传播，能侵染包括茄科、藜科、豆科在内的 34 属 170 余种植物，严重为害马铃薯、番茄、辣椒、烟草等作物，是为害植物的十大病毒之一，也是公认的烟草上最具破坏性的病毒。

1950 年陈瑞泰在山东临朐首次发现 PVY 为害烟草（朱贤朝等，2002），之后在东北、黄淮和西南烟区，尤其是在烟草与马铃薯、蔬菜混种地区为害严重。烟草苗期和成株期均可感染 PVY，但以大田成株期发病较多，典型症状有脉明、花叶、褪绿环或褪绿斑、坏死斑、脉坏死、病叶皱缩向内侧弯曲、病株矮化。

一、PVY 特性、株系分化及烟草抗原

PVY 是马铃薯 Y 病毒科（*Potyviridae*）马铃薯 Y 病毒属（*Potyvirus*）的代表种。病毒粒体为稍微弯曲状的线状，长 680~900 nm，宽 11~12 nm，颗粒内有一单链正义 RNA，外面包被 34 KDa 的外壳蛋白。PVY 在体外的抗逆性较 TMV 差，一般在马铃薯块茎及番茄、辣椒及多年生杂草上越冬，致死温度为 55~65℃下 10 min；病汁液室温下保毒期为 2~6 d；稀释限点为 10^{-4}~10^{-6}。

PVY 在世界各国广泛分布，在许多烟草生产国以不同的严重程度发生为害。主要有两种类型：中度为害的花叶株系和严重为害的坏死兼花叶株系。坏死株系主要在东欧（匈牙利、保加利亚和波兰）、西欧（西班牙、意大利和法国）、亚洲（中国、日本和韩国）、北非（摩洛哥）、南美（阿根廷、智利）流行，经济损失严重。在北美流行的主要是致病性较弱的花叶和脉明株系。

PVY 在自然界中存在很多株系，根据与马铃薯抗病基因的识别关系，将其划分为 C、O、N、Z、E 等株系（Singh et al., 2008; Blanchard et al., 2008; Karasev et al., 2011）。C 株系和 O 株系在烟草上引起花叶和脉明，而 N 株系引起烟草叶脉坏死。由 O 株系和 N 株系重组产生 N:O、NTN、N-Wi、NTN-NW、NA-NTN 等株系（程林发等，2020），因含有 N 型 HC-Pro，均引起普通烟草叶脉坏死（Faurez et al.，2012；Tribodet et al.，2005），进一步研究发现 HC-Pro 第 182 位赖氨酸残基参与引起烟草叶脉坏死（程林发等，2021）。

中国各烟区已报道多种 PVY 株系或分离物。张帅（2010）将中国 8 个主产烟区的 51 个 PVY 分离物依据 CP 序列划分为 O、N、N:O、NTN 4 个株系，根据全长序列及其在 7 种寄主（三生 NN 烟、白肋 21、昆诺藜、辣椒、番茄、千日红、曼陀罗）上的症状差异，

分为坏死（necrosis）和普通（ordinary）两种类型。采用 DAS-ELISA 及 CP 序列检测到云南昭通烟草脉斑驳样品中存在 O 和 N 两个株系（卢训等，2013）。采用多重 PCR 测序在黑龙江烟草上发现 N、NTN、NW、NTN-NW 株系，其中优势株系为 NTN-NW（万秀清等，2015）。根据 CP 序列将四川烟草 PVY 分离物分为 O、N、N:O 三个株系（赵雪君，2017）。全序列或 CP 分析发现贵州烟田 PVY 优势株系为 N、NTN、NTN-NW（夏范讲等，2017；迟云化，2019）。全序列检测发现湖南烟草 PVY 分离物为 E 和 NTN-NW 株系（李思佳，2019）。多种株系的陆续检出既说明 PVY 在烟草上的严重危害，又显示 PVY 通过频繁重组，出现突破原症状或致病性的重组株系。

栽培抗病品种是最有效的防治措施。来自烟草 VAM 品种的隐性基因 *va* 抗 PVY 的多个株系（基因型 Virgin A mutant），被广泛应用于抗病育种，例如国外育成的 Wislica 和 PBD6，国内育出的抗 PVY 的改良品种云烟 87（RY21）和 K326（黄昌军，2018；杨爱国，2019）。但随着 *va* 基因型烟草品种的广泛种植，已在美洲的美国、智利、阿根廷和欧洲的匈牙利、波兰、意大利、法国，以及中国，发现能够克服 *va* 基因抗性的突变毒株，影响抗病烟草品种（Lacroix et al., 2011; Kim et al., 2014; 李若等，2020）。

研究发现普通烟草 21 号染色体上的 *eIF4E-1* 为感病基因，控制烟草对 PVY 的隐性抗性。而经过 X 射线辐射诱变的美国烟草品系 VAM，其缺失的长约 1 Mb 的染色体片段恰包含该基因（Julio et al., 2015）。目前，多国已发现能够克服 *va* 基因抗性的突变毒株（Lacroix et al., 2011; Kim et al., 2014），多数突变 PVY 的 VPg 蛋白其 105 位氨基酸，由赖氨酸（Lys）替换为谷氨酸（Glu），导致病毒突破 *va* 基因抗性（Masuta et al., 1999）。进一步研究发现 *va* 基因型烟草中的 *eIF(iso)4E-T* 为感病基因，抗性突破毒株的 VPg 蛋白与 eIF(iso)4E-T 蛋白互作从而突破抗性（Takakura et al., 2018）。

PVY-CJ 是我国首个报道的突破 *va* 抗性的毒株，分子进化分析将其归类于 NTN 株系；但相比其他 NTN 株系，其 VPg 蛋白 105 位氨基酸由赖氨酸替换为谷氨酸，导致 VAM、Wislica 和 PBD6 产生脉坏死症状（李若等，2020）。鉴于国内 *va* 基因抗性突破突变毒株的出现，以及 PVY 抗性改良烟草品种的推广应用，需要制定针对靶标株系的抗病性鉴定标准，筛选和储备抗病烟草品种。

二、PVY 抗性鉴定试验的影响因素

PVY 是传染力较强的病毒之一，在室内幼苗上，极易通过汁液摩擦传染；田间农事操作亦可传播，但主要靠蚜虫取食，以非持久性方式进行传播。多个属的蚜虫均可传播 PVY，其中桃蚜（*Myzus persicae*）和棉蚜（*Aphis gossypii*）是重要的传毒介体，因此蚜虫迁入时节易与另一种蚜传病毒 CMV 混合流行，症状加重。此外，大田早期感染 PVY 的烟株，中后期当温度超过 30℃时，上部叶片常表现高温隐症（王凤龙等，2019；王静等，2021）。在室内汁液摩擦接种时亦发现：接种后 2~3 周进行系统调查时，仅上部叶片表现

轻微的花叶症状，呈轻症表型；而仔细观察会发现下部叶其叶片反卷和脉坏死严重。初次调查者，易被这一现象所干扰，轻判病情。

鉴于毒株致病性、寄主抗性、接种后培养条件以及人为因素是影响病毒病害症状和试验准确性的重要因素。本章对优势株系的分离纯化，鉴定保存、稀释限点、传导路径、在抗/感寄主上的症状、以及隐症和混合侵染，展开研究，以期为制订烟草苗期接种 PVY 抗性鉴定方法提供技术支撑。

第二节　烟草田期感染 PVY 的病害症状和病情

一、田间 PVY 病害症状

田间于青岛即墨试验基地，以中烟 100 或 K326 自然发病，于团棵期调查记录 PVY 的病害症状（表 4-2-1）。

PVY 在田间烟草上，初期表现脉明、轻微斑驳花叶、褪绿环、褪绿斑；随后出现叶片皱缩向内侧弯曲、叶脉坏死（通常叶背面显著），下部叶出现黄化及坏死斑；中后期上部叶片常表现高温隐症；病株矮化（图 4-2-1~ 图 4-2-4）。

表 4-2-1　烟草马铃薯 Y 病毒（PVY）病害症状

简称	症状描述
Mo	花叶，叶片不变形（mosaic no deformation，Mo）
MY	花叶，浅绿深绿相间、叶面无突起（yellow mosaic，MY）
MM	浅绿深绿相间的斑驳花叶，叶片不变形（motif mosaic no deformation，MM）
CR	在叶面上扩展出一些直径 2~3 cm 的褪绿环，不坏死（chlorotic rings，CR）
CS	在叶面上扩展出一些直径 2~3 cm 的褪绿斑，不坏死（chlorotic spots，CS）
NS	在叶面上扩展出一些直径 2~3 cm 的坏死斑（necrotic spots，NS）
YB	沿叶脉的浅黄色带、边缘深绿色（yellow banding，YB）
VB	沿叶脉的深绿色带、边缘浅绿色到黄色（vein banding，VB）
VC	叶脉轻微脉明或变黄，不坏死，叶脉比叶片生长少导致叶片皱褶（vein clearing，VC）
VN	先是脉明，随后叶脉坏死变褐，叶面皱褶、叶片卷曲或扭曲，简称脉坏死（vein necrosis，VN）
St	病株矮化，茎、叶、顶芽常伴有坏死（stunting，St)

图 4-2-1　PVY 明脉、褪绿斑 / 环、脉坏死、叶面皱缩

图 4-2-2　PVY 脉明、脉坏死、叶面皱缩

图 4-2-2 （续）

图 4-2-3 PVY 脉坏死、叶面皱缩向内侧弯曲、上部叶隐症

图 4-2-3 （续）

图 4-2-4　PVY 下部叶脉坏死、叶片皱缩反卷，上部叶隐症，病株矮化

二、田间 PVY 病情

参照 TMV 调查方法，开展 PVY 田间系统调查。

汁液摩擦较易传播 PVY，蚜虫取食亦能传播病毒（图 4-2-5），因此，田间农事操作也会造成 PVY 成行发生。此外，蚜虫迁入烟田时节易与 CMV 混合流行，加重症状（图 4-2-6）。

图 4-2-5　汁液摩擦接种和蚜虫取食传播 PVY

图 4-2-6　PVY 和 CMV 混合发生症状加重

2019 年于团棵期至旺长期调查即墨试验基地的病毒病圃，PVY 亦存在成行发病现象，发病率约 25.53%，病情指数为 21.29，低于 TMV、高于 CMV。典型症状有褪绿斑、斑驳花叶、下部叶片卷曲皱缩、叶脉坏死。旺长期后调查，虽然发病率显著上升，但发病程度较轻，可能与试验地块操作次数多和不施用杀蚜虫药剂导致再次感染增加，但高温隐症表现发病级别不高有关（图 4-2-7）。

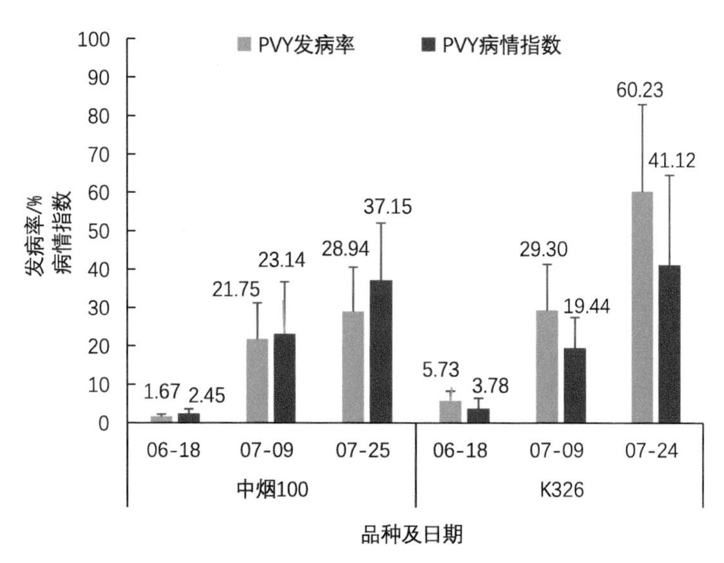

图 4-2-7　2019 年即墨试验基地病毒病病圃 PVY 病情普查

第三节　PVY 分离纯化、保存及株系鉴定

一、单斑分离 PVY 及活体保存

采用枯斑寄主苋色藜单斑分离、纯化 PVY，并接种在系统寄主三生 NN 烟上活体保存。

田间于发病初期，采集具有叶片脉坏死、向内侧弯曲的典型 PVY 病叶。取 1 g 研磨成病汁液，分别用 TMV、CMV、PVY 免疫胶体金试纸条检测，排除混合侵染（图 4-3-1）。

病汁液摩擦接种在枯斑寄主苋色藜上，26℃培养 5~7 d，接种叶呈现小的黄褐色坏死斑点，病毒被限定在侵染点，不扩展（图 4-3-2）。自然界中 PVY 的枯斑寄主还有昆诺藜（*C. quinoa*）、枸杞（*Lycium chinensis*）、洋酸浆（*Physalis floridana*）。

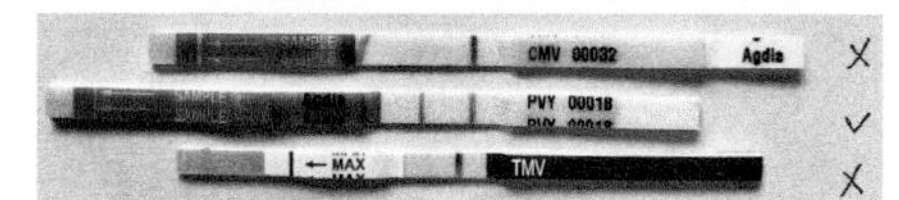

图 4-3-1　PVY 毒源的采集和检测

图 4-3-2　在枯斑寄主枸杞或苋色藜单斑分离 PVY

用灭菌的枪头抠离单斑，研磨汁液接种于 5~6 叶期三生 NN 烟上，接种后 10~14 d 心叶出现系统侵染的花叶症状，下部叶片表现明显的脉坏死和皱缩向内侧弯曲症状（图 4-3-3）。不同批次或不同苗龄接种，症状会略有差异。PVY 在粘烟草上亦表现褪绿环和斑驳花叶，但症状较 CMV 轻。

图 4-3-3　在三生 NN 烟或粘烟草上扩繁 PVY

此外，还可在 K326、NC89、中烟 100 等系统寄主上扩繁 PVY，26℃培养 7~17 d，先是心叶出现脉明、花叶症状，随后中下部叶出现脉坏死、皱缩向内侧弯曲，以及全株系统花叶症状，较易观察到上部叶片的隐症现象（图 4-3-4）。

图 4-3-4　在系统寄主三生 NN、NC89、K326 上扩繁 PVY

二、PVY 株系鉴定

采用外壳蛋白 *CP* 序列比对法鉴定病毒株系。

根据 PVY^{N} 株系的 *CP* 序列，采用 Primer 5.0 软件设计 PCR 及 qRT-PCR 检测引物（表 4-3-1）。

取新鲜病叶 1 g，采用 Trizol 法提取病叶总 RNA。一步法合成第一链 cDNA。以 cDNA 为模板，以病毒外壳蛋白全长的检测引物（PVY-CP-F1/R1），配置 PCR 反应体系。扩增产物经 SDS 凝胶电泳后，切胶回收测序。将序列提交 NCBI 比对病毒株系，采用 MEGA7.0 制作系统进化树。

表 4-3-1　病毒外壳蛋白全长及荧光定量的检测引物

引物名称	碱基序列	产物大小 /bp
PVY-CP-F1（全长）	5′-ATGGCAAATGACACAATTGATGC-3′	804
PVY-CP-R1	5′-CATGTTCTTGACTCCAAGTAGAGC-3′	
PVY-CP-F2（定量）	5′-GTATGAGGCAGTGCGGATGG-3′	112
PVY-CP-R2	5′-TCCGTTGACATTTGGCGAGG-3′	
Actin-F	5′-CAAGGAAATCACCGCTTTGG-3′	106
Actin-R	5′-AAGGGATGCGAGGATGGA-3′	

结果显示：PCR 病毒的外壳蛋白 *CP* 基因序列，其扩增产物大小为 807 bp。凝胶回收测序比对，发现青岛分离物 PVY-Qingdao 与 PVY-O 株系、PVY-C 株系、PVY-NTN 株系、PVY-N 株系的亲缘关系相对较远，核苷酸相似性分别为 96.14%~98.01%、91.20%~91.95%、89.37%~90.67%、87.73%~89.76%。PVY-Qingdao 与 PVY-N:O 株系的核苷酸相似性最高，为 98.75%，其系统关系聚为一族，显示青岛烟草分离物属于 N:O 株系。提取病叶总蛋白，利用 Western blot 免疫印迹到一条 34 kDa 的单一蛋白条带，与 PVY CP 大小一致（图 4-3-5）。

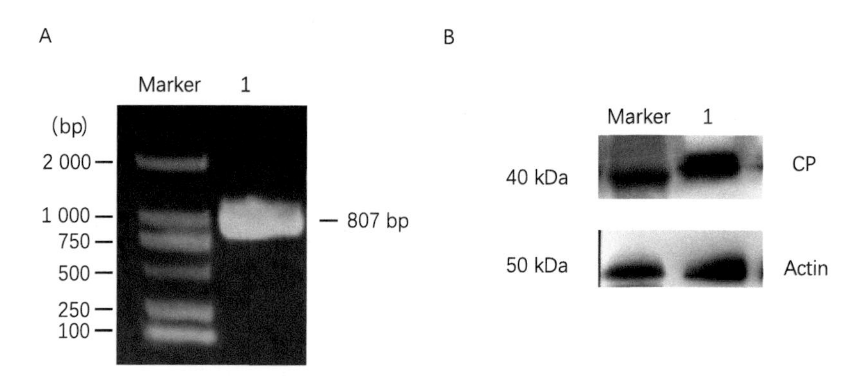

图 4-3-5　PVY 青岛分离物 *CP* 序列系统进化树

注：A. *CP* 基因核酸电泳，1 为 PVY 病样；B. CP 蛋白印迹，1 为 PVY 病样；C. CP 蛋白株系进化树。

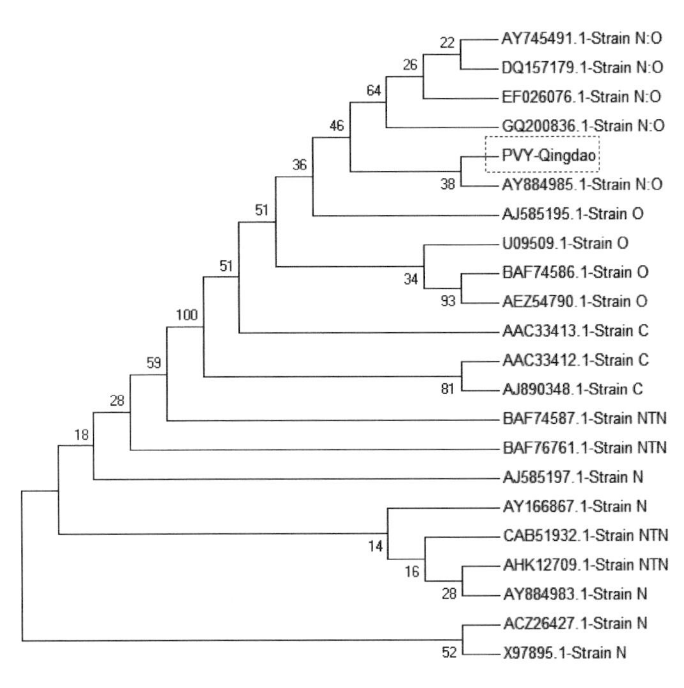

图 4-3-5 （续）

第四节 PVY 提纯、粒体形态及致病力

一、病毒提纯和病毒粒体形态

1. 病毒提纯

取 100 g 新鲜病叶，采用聚乙二醇（PEG）法提纯 PVY。

① 新鲜或冷冻病叶，加 2 倍体积的 0.5 mol/L pH 7.2 的磷酸缓冲液 PBS（含 0.1% 巯基乙醇和 0.1 mol/L EDTA），组织捣碎机匀浆，双层纱布过滤得滤液，5 000 r/min 离心 15 min，留上清液。

② 加入 4% 的 PEG（MW6 000），0.1 mol/L NaCl，1%Triton X-100，充分溶解，置于 4℃过夜，10 000 r/min 离心 20 min，收集沉淀。

③ 悬浮于 0.01 mol/L pH 7.2（含 0.01 mol/L $MgCl_2$）的 PBS 中，8 000 r/min 离心 15 min，取上清液。

④ 再 40 000 r/min 离心 90 min，收集沉淀。

⑤ 重复步骤③悬浮。

⑥ 8 000 r/min 离心 20 min，留上清液，即为病毒粗提纯液，–20℃保存。

采用紫外分析仪测定 OD_{280} 的吸收峰，计算 PVY 蛋白浓度。

2. 病毒提纯液浓度检测

100 g 病叶经 PEG 法提纯获得 10 mL 病毒提纯液，取 1 μL 在核酸微量仪上测定 A280 nm 处的蛋白吸收峰（4.274 mg/mL），$A_{260/280}$ 为 1.43。由 Warburg-Christain 经验公式，病毒蛋白浓度（mg/mL）=（$1.45 \times OD_{280} - 0.74 \times OD_{260}$）× 稀释倍数数，换算成病毒提纯液的浓度为 1.675 mg/mL。

3. 病毒粒子形态

采用醋酸铀负染法，于透射电镜下观察提纯的 PVY 粒体形态。

提纯的 PVY 在电镜下观察到微弯曲的线状的病毒粒体粒子，长 680~900 nm，宽 11~12 nm。线形颗粒内有一单链正义 RNA，外面包被外壳蛋白。PVY 在病叶组织细胞中易形成风轮状的内含体（图 4-4-1）。

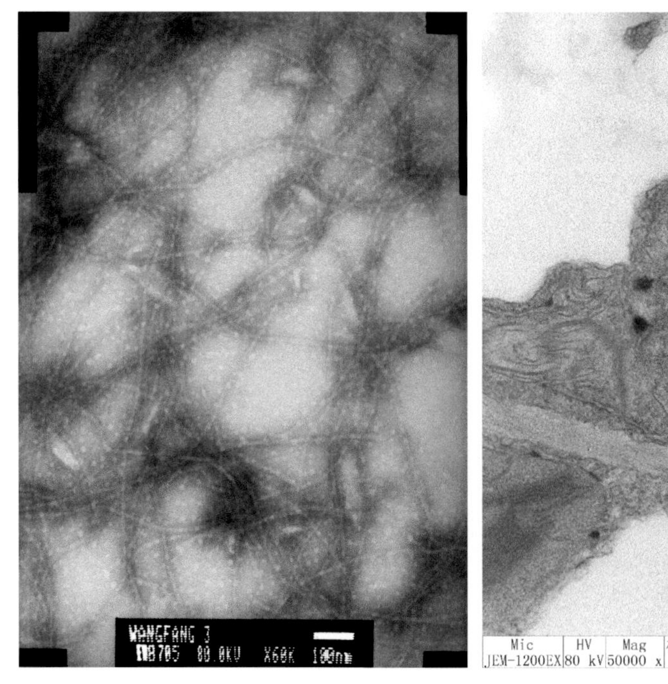

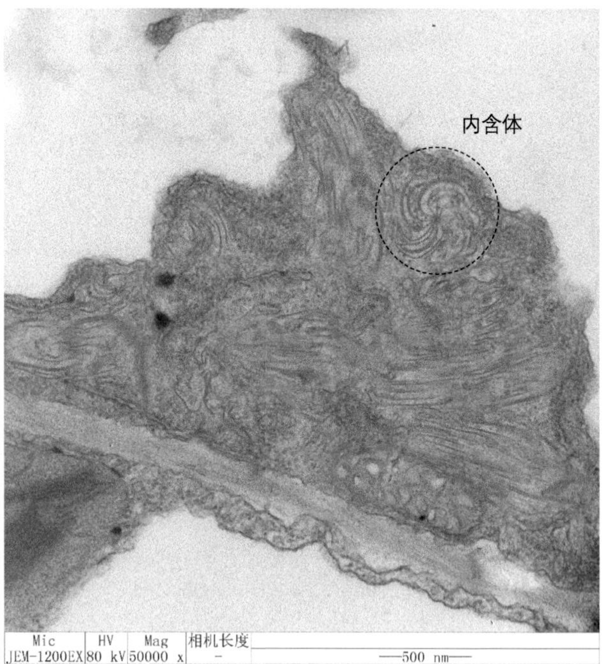

图 4-4-1　电镜下 PVY 线形粒体及细胞中风轮状内含体

二、病毒提纯液的致病力

采用感病寄主上的系统花叶症状测定病毒提纯液的致病力。

取 10 μL 提纯的 PVY，用 PBS 稀释 50 倍（0.034 mg/mL）~100 倍（0.017 mg/mL），摩擦接种感病寄主三生 NN 烟，以 PVY 病汁液和 PBS 分别为阳性和阴性对照，检测提纯病毒的致病力。

接种后 7~15 d，接种叶呈现轻微的花叶或脉明症状，心叶表现花叶、疱斑、畸形和矮化，与接种 PVY 毒源的阳性对照症状相同（图 4-4-2）。

图 4-4-2　PVY 提纯液接种在三生 NN 上的致病力

第五节　PVY 的稀释限点和接种物浓度筛选

采用枯斑寄主苋色藜测定保存期毒源的稀释限点。

PVY 接种在三生 NN 上活体保存 35 d 的毒源，取上部展开病叶研磨汁液稀释成 10^{-1}~10^{-5} 系列浓度后，接种在苋色藜上，制作病毒质量浓度与枯斑数量曲线图。

结果显示：随稀释倍数的增加，枯斑数量显著降低，当病汁液稀释到 10^{-5} 时已不具备侵染力，稀释限点为 10^{-4}（图 4-5-1）。此外，随保存时间的延长，养分缺失植株生长受阻，且烟株会进入花期开始生殖生长，导致病毒增殖下降。因此，需要间隔 2~3 个月定期对毒源进行转接复壮，使用质量浓度以不低于 10^{-2} 为宜。

图 4-5-1　PVY 毒源保存期病株心叶在苋色藜上的稀释限点

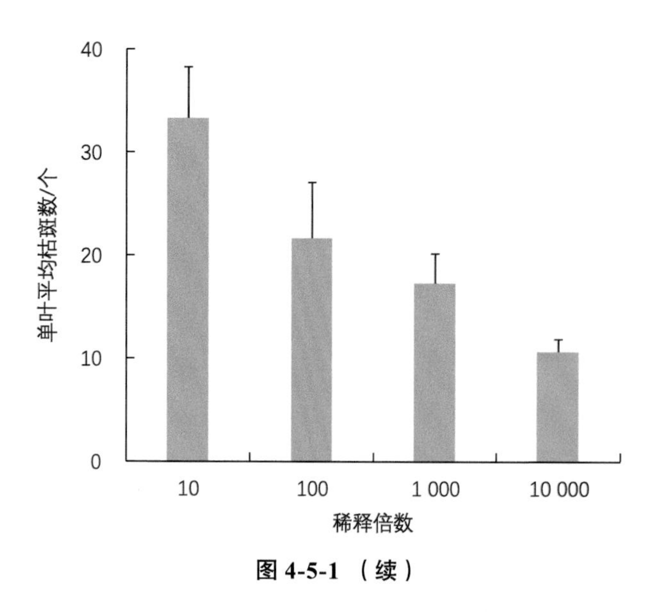

图 4-5-1 （续）

第六节 病毒的系统扩散路径

一、PVY 和 PVY-GFP 在本氏烟上的扩散路径

根据 PVY 显症过程和 GFP 示踪测定病毒在本氏烟上的扩散路径。

在本氏烟上，采用汁液摩擦接种 PVY，采用浸润法接种侵染性克隆 PVY-GFP，于 25~26℃培养。在自然光下观察病害显症过程，在紫外光下观察病毒绿色荧光扩散路径，拍照记录。

结果显示：在 5~6 叶期本氏烟上摩擦接种 40 倍 PVY 后 4~16 d，心叶最先显症，表现卷曲皱缩，随之为心叶下叶向内侧卷曲，最后上部叶皱缩。没有 TMV 的迅速系统坏死，且植株矮化症状也显著轻于 CMV（图 4-6-1）。

图 4-6-1 PVY 在本氏烟上的系统扩散路径

浸润接种侵染性克隆 PVY-GFP，通过绿色荧光蛋白 GFP 示踪，发现病毒在烟草地上部的扩散路径为：接种叶浸润点→支脉、主脉→茎→心叶→心叶下叶（图 4-6-2）。

图 4-6-2　PVY-GFP 在本氏烟地上部的系统扩散路径

二、PVY 在 K326 上的系统扩散路径

采用 qRT-PCR 检测 PVY *CP* mRNA 表达量揭示病毒在 K326 上的扩散路径。

K326 接种 PVY 后标记接种叶上 2 叶、接种叶上 1 叶、接种叶、接种叶下 1 叶、接种叶下 2 叶。于接种后 4 d、8 d、12 d、16 d，分别取上述各部位（图 4-6-3），采用荧光定量检测外壳蛋白 *CP* mRNA 表达量。

RNA 检测发现：接种后 4 d，在根部、接种叶、上 1 叶、上 2 叶检测到 PVY，其中根部含量最高，显示病毒由侵染叶到达茎后，先近乎同时向下至根、向上至心叶。第 8 d 各部位均检测到病毒，积累量排序为：下 1 叶＜上 2 叶＜根＜下 2 叶＜接种叶＜上 1 叶，显示病毒向上运输活动旺盛，系统侵染面积扩大，布满全株。接种后 12 d 积累量排序为：接种叶＜上 2 叶＜根＜上 1 叶＜下 1 叶＜下 2 叶，说明此时病毒已大面积扩散，随着心叶显症生长受阻，病毒向中下部叶扩散。接种后 16 d 积累量排序为：根＜下 1 叶＜下 2 叶＜上 2 叶＜接种叶＜上 1 叶，显示病毒继续在全株扩散增殖，并持续向上部新叶运输。

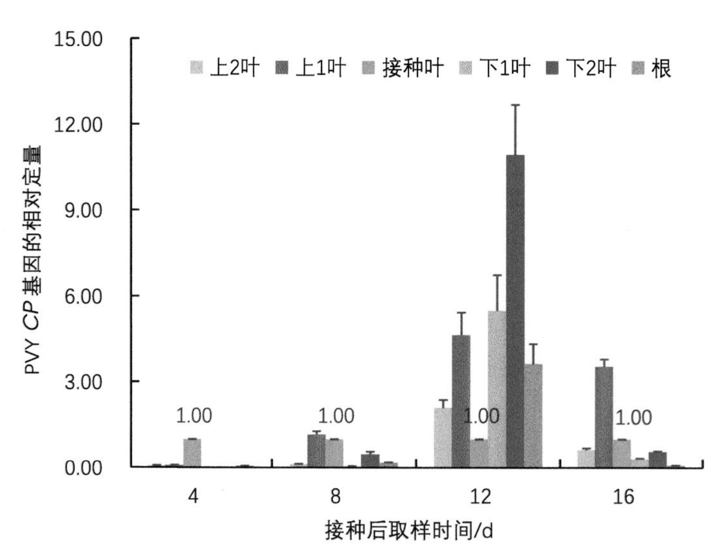

图 4-6-3　荧光定量检测 K326 接种 PVY 后各部位 *CP* 表达量

由上述病害显症过程、GFP 示踪、RNA 检测，显示 PVY 在烟株内的扩散路径为：从接种叶扩散至主茎后，先向下至根、向上至心叶，再向下部叶扩散、布满全株，最后集中在生长旺盛的顶部叶。

第七节　烟草苗期接种 PVY 的典型症状

一、PVY 在 K326 和云烟 87 上的病害症状

在温室内，以 5~6 叶期单株系统寄主烟草 K326 接种 40 倍 PVY。其症状发展过程为：初始心叶上出现脉明、褪绿；随之上部叶出现褪绿斑，逐渐发展为斑驳花叶，叶脉生长慢于叶肉生长导致叶片轻微弯曲皱缩，中下部叶叶背面出现脉坏死；最后全株花叶，顶叶瘦长，病株矮化。及时施肥，心叶会相对长开，出现烟株生长伴随花叶显症的现象。最终烟株因营养不良，下部叶变黄、顶芽皱缩畸形（图 4-7-1）。

及时施肥，心叶会相对长开，出现烟株生长伴随花叶显症的现象。不同批次或不同苗龄接种，病害发展过程和病害严重度会略有不同。但 PVY 在 K326 上症状显著轻于 TMV 和 CMV。接种在云烟 87 上显示相似的病害发展过程（图 4-7-2）。

图 4-7-1　K326 苗期接种 PVY 的症状发展过程

注：dpi，接种后天数。

图 4-7-2　云烟 87 苗期接种 PVY 的症状发展过程

注：dpi，接种后天数。

二、PVY 在抗 / 感对照烟草品种上的病害症状

烟草苗期接种 PVY 的抗性鉴定中通常采用 VAM 和 CV91 为抗病对照，云烟 85 和 NC95 为感病对照。

2019 年在即墨温室进行的试验中，在 5~6 叶期 30 株假植盘烟苗上，接种 40 倍 PVY-N:O 后 21 d 调查，在叶片上典型的症状有斑驳花叶、脉坏死、叶片反卷皱缩等（图 4-7-3）。

图 4-7-3　PVY 在烟草上的脉明、花叶、皱缩、脉坏死症状

VAM 对 PVY 表现抗病，在 CV91 上表现轻微的花叶症状，在感病品种云烟 85 和 NC95 上表现心叶和上部叶脉明、花叶畸形，以及下部叶脉坏死症状（图 4-7-4）。

图 4-7-4　PVY 在抗 / 感对照品种上的症状

第八节　烟草接种 PVY 后隐症及 TMV、CMV、PVY 复合侵染

一、烟草接种 PVY 后隐症现象

在第二节中，烟草田间早期感染 PVY，团棵期后尤其至旺长期病株常表现上部叶隐症（图 4-2-3、图 4-2-4）；在第三节中，PVY 在三生 NN 烟上扩繁时，上部叶常出现隐症现象（图 4-3-4）。在第七节中，不同批次 K326 苗期接种 PVY，亦有观察到病株上部叶片的隐症现象（图 4-7-2）。

在第三章第八节中，描述了三生 NN 烟苗期接种 CMV 的隐症现象，以及在显症叶和隐症叶片中，病毒浓度与叶片症状严重度呈正相关。

同样的方法，在三生 NN 烟接种 PVY 的试验中，亦观察到 PVY 的隐症现象，以及叶片中病毒浓度与症状严重度呈正相关。5~6 叶期三生 NN 烟接种 PVY 后 7~10 d，上部系统叶先出现脉明花叶，随后表现脉坏死和叶片反卷皱缩，心叶出现花叶；至 14~21 d，上部叶出现隐症现象，顶端新生叶轻微花叶。qRT-PCR 检测各叶位叶片中病毒 CP 含量，显示病毒浓度与症状呈正相关，隐症叶片中病毒含量最少（图 4-8-1）。

图 4-8-1　PVY 在三生 NN 烟上的显症 / 隐症及其叶片中病毒浓度

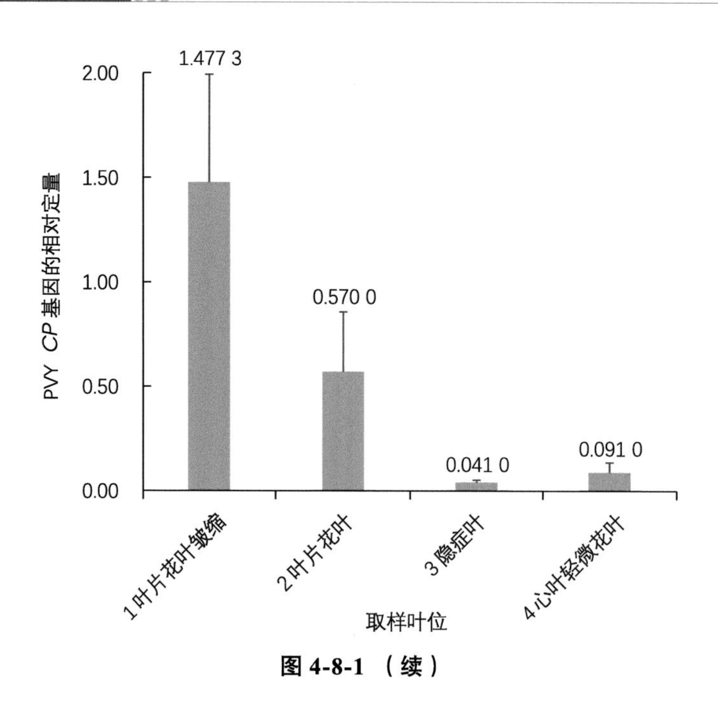

图 4-8-1 （续）

此外，在批量的烟草苗期接种 TMV、CMV、PVY 的抗性鉴定中，发现 PVY 的隐症现象是最突出的。通常是，接种 PVY 后 7 d，烟株顶部心叶开始出现花叶、脉明，表现接种发病的症状；待到接种后 21 d 的系统调查时，一眼望去，有时烟株群体上部几近看不到 PVY 的症状；但逐株分级调查时，会发现顶部叶片表现 PVY 的轻微花叶和脉明，中间叶片隐症，而底部叶片则出现显著的花叶、脉坏死和叶片卷缩，尤其是叶片背面的脉坏死症状显著。

由此可见，病毒在烟草上的隐症现象，既是接种后普遍的植株生长发病规律，也是 PVY 所显著具有的一种现象。

二、TMV、CMV、PVY 复合侵染烟草

2019—2021 年，在即墨烟田病毒病病圃栽植的中烟 100 和 K326 上，对几种主要病毒病的系统调查和监测显示，3 年的调查统计结果呈现大致相同的发病规律，以下为 2021 年的调查统计结果（图 4-8-2、图 4-8-3）。

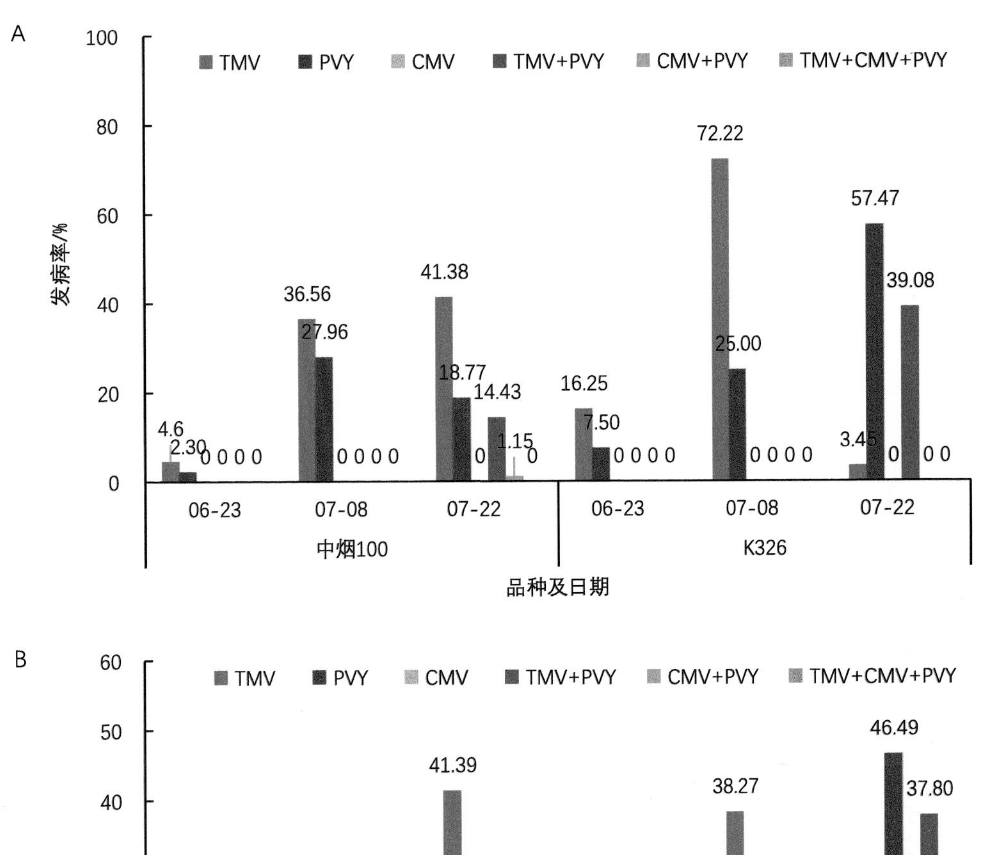

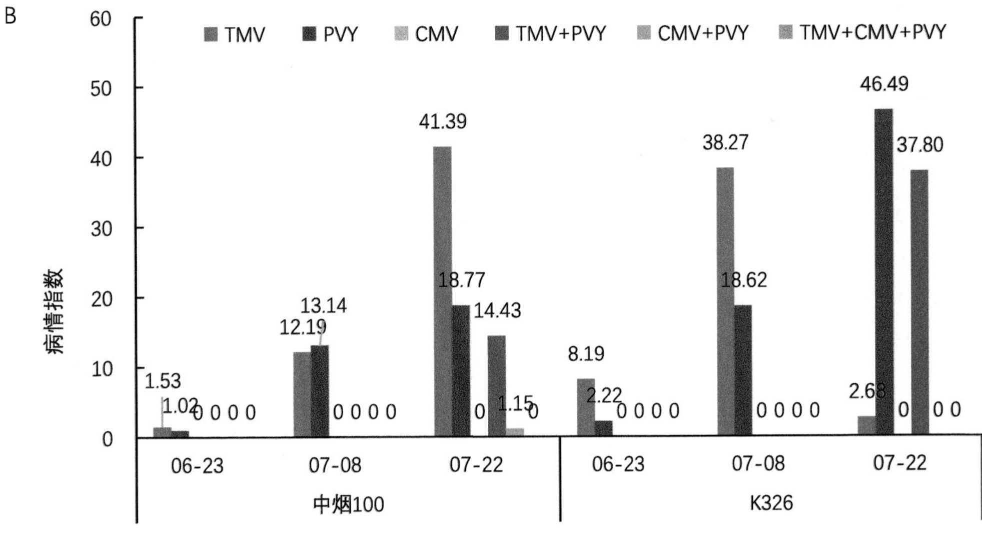

图 4-8-2　2021 即墨病圃病毒病发生种类、发病率及病情指数

注：A. 发病率；B. 病情指数。每品种调查 100 株，逐株记录发病级别。

图 4-8-3　田间 TMV、CMV、PVY 单独及混合侵染所致病害症状

图 4-8-3 （续）

即墨烟田烟草病毒病发病规律通常如下。

① 移栽缓苗至团棵期，TMV 呈行发生，发病率在 10%~30%，这主要是因为苗床带毒和移栽时接触传毒所致；田间几次农事操作后，至旺长期和现蕾前，TMV 发病率达到 70% 以上，中后期与 PVY 混合发生比率显著提高。

② 自团棵期 PVY 发病率逐渐上升，时有观察到成行发生，若不控制蚜虫，中后期发病率则显著提高，且与 TMV 或 CMV 混合发生，症状加重。

③ 烟草全生育期中，能观察到 CMV 发生，但发病率显著低于 TMV 和 PVY，仅在中后期发现少数 CMV 与 PVY 混合侵染植株，这与 CMV 主要靠蚜虫传播，温室内批量汁液摩擦接种能传播但接种易失败的现象相一致，也与 CMV 为三分体 RNA 病毒具有更加复杂的侵染和增殖机制有关。

④ 其他在西南烟区蔓延流行的 TSWV 和 ChiVMV，在山东莒县和诸城发现的 MDV，暂时未监测到。

由此可见，两种或几种病毒复合侵染是烟草生产中后期较为常见的发病现象。此外，在同一温室内同时空进行的苗期接种几种病毒的抗性鉴定中，接种和浇水等操作不规范以及感染蚜虫，也极易造成交叉侵染，导致发病症状复杂、病情加重，影响发病级别的判定。这除了要求规范操作外，还需要精准的识别复合侵染，以及明确几种病毒复合侵染时的相互协同或干扰作用。

多种病毒在同一植物体内发生复合侵染时，主要表现为协生作用和干扰作用。同种病毒的不同株系主要表现交叉保护作用，即先侵入的株系干扰或阻止后一株系的侵染增殖；不同种类的病毒多数情况下表现协生作用，即症状加重（夏烨，2017）。

为此，于温室内在 5~6 叶期三生 NN 烟和 K326 上，开展了 TMV、CMV、PVY 复合侵染的病害表型记录。试验设置 8 个处理，每处理设置 3 × 3 株重复。发病表型见图 4-8-4 和图 4-8-5；症状描述见表 4-8-1，均显示复合侵染加重症状；病毒含量的检测结果见图 4-8-6。

图 4-8-4 TMV、CMV、PVY 单独及混合接种三生 NN 烟后 5 d 和 12 d 症状

注：A. 接种后 5 d；B. 接种后 12 d。

B

图 4-8-4 （续）

图 4-8-5 TMV、CMV、PVY 单独及混合接种 K326 后 7 d 症状

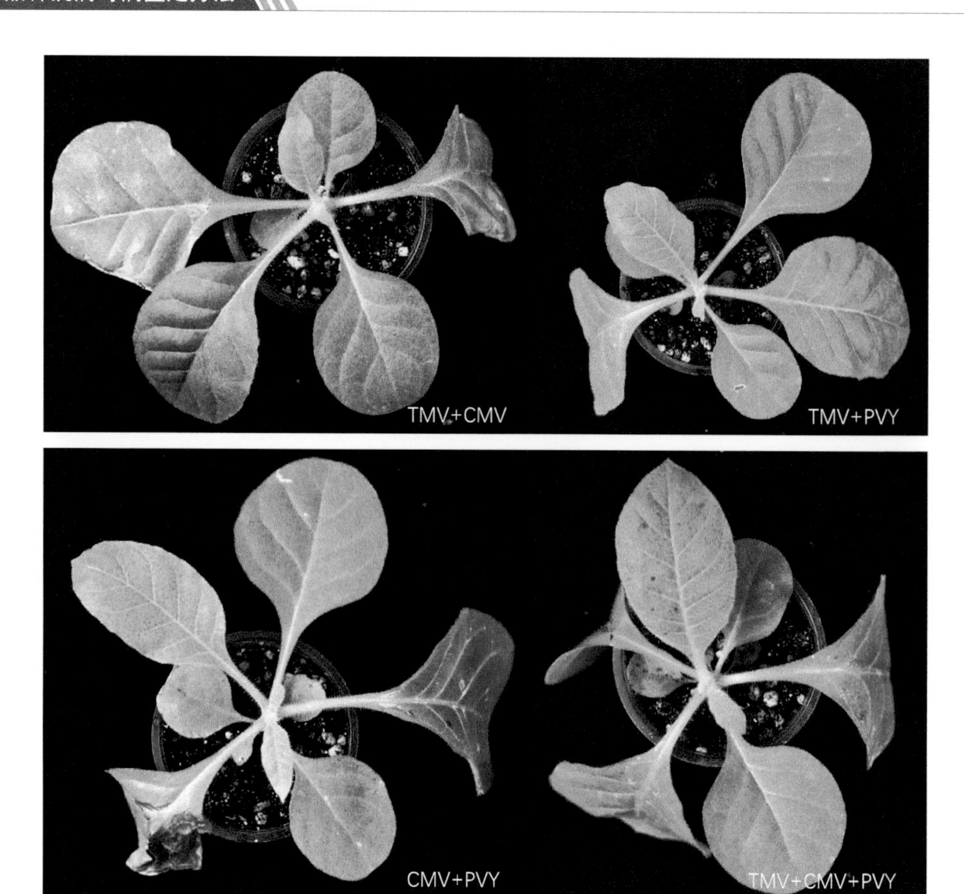

图 4-8-5 （续）

表 4-8-1 TMV、CMV、PVY 单独及混合侵染所致病害症状

处理	接种物	症状描述		
		三生 NN 烟 5 d	三生 NN 烟 12 d	K326 12 d
1	CK0（H_2O）	健康无症	健康无症	健康无症
2	TMV	接种叶枯斑	整株系统坏死	心叶轻微花叶
3	CMV	尚无明显花叶	中部叶花叶斑驳、上部心叶隐症	心叶狭长、轻微花叶
4	PVY	尚无明显花叶	中部叶脉坏死反卷、上部心叶隐症	心叶脉明、坏死
5	TMV+CMV	接种叶枯斑、心叶系统坏死初期	整株系统坏死	心叶脉明、轻微花叶
6	TMV+PVY	接种叶枯斑、心叶系统坏死初期	整株系统坏死	心叶脉明花叶
7	CMV+PVY	心叶轻微脉明	整株花叶斑驳、脉坏死反卷	心叶狭长、脉明花叶
8	TMV+CMV+PVY	接种叶枯斑、心叶系统坏死初期	整株系统坏死	心叶狭长、脉明花叶

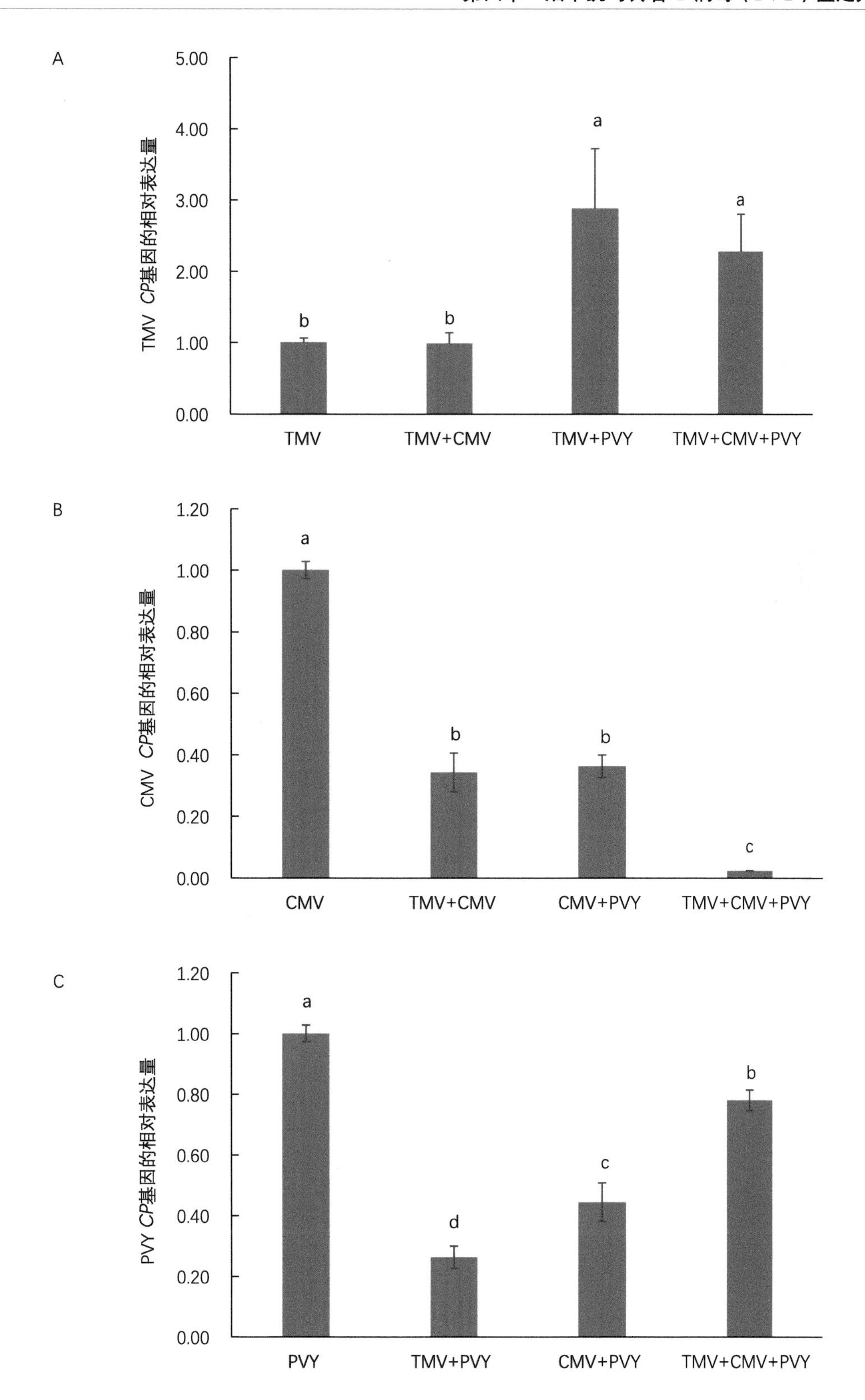

图 4-8-6　TMV、CMV、PVY 单独及混合接种 K326 后 7 d 的病毒含量检测

注：A. TMV *CP* 基因的相对表达量；B. CMV *CP* 基因的相对表达量；C. PVY *CP* 基因的相对表达量。

在三生 NN 烟上的混合侵染试验中，接种后 5 d 当 TMV 仅出现显著的接种叶枯斑时，在 TMV 分别附加 CMV 或 PVY 的两者混合侵染，或联合 CMV 和 PVY 的三者混合侵染的处理植株上，不仅表现 TMV 所致的接种叶枯斑，还在心叶上表现系统坏死的初期症状；此时 CMV、PVY 单独侵染的植株尚未表现症状，而混合侵染的植株显著矮小且花叶脉明。接种后 12 d，上述复合侵染的整株系统坏死或花叶脉坏死更加显著（图 4-8-4）。

这一结果显示的 CMV 和 PVY 混合侵染症状加剧，与田间观察到的这两种病毒复合侵染症状加剧相一致；另外，由于 TMV 所致的接种叶枯斑和随之枯斑连片导致的系统坏死占主导优势，不易观察到 TMV、CMV、PVY 三者之间的关系。

为此，在三种病毒的系统寄主 K326 上进行混合侵染试验（图 4-8-5），并在接种后 7 d 取整株系统叶，采用 qRT-PCR 检测病毒外壳蛋白含量。检测结果显示如下。

① 相比于 TMV 单独侵染，TMV+CMV 复合侵染时，TMV *CP* 表达量略有降低但差异不显著；而 TMV+PVY 复合侵染以及 TMV+CMV+PVY 同时侵染时，均显著促进 TMV *CP* 表达，但后者的促进作用略低。显示两者混合侵染时，CMV 对 TMV 的干扰不显著，PVY 对 TMV 起协生作用，在三者混合侵染时，CMV 的干扰部分的抵消 PVY 的协生作用（图 4-8-6 A）。

② 相比于 CMV 单独侵染，TMV+CMV 复合侵染、CMV+PVY 复合侵染时，CMV *CP* 表达量显著被抑制，而且这种抑制作用在 TMV+CMV+PVY 三者同时侵染时最大。显示两者和三者混合侵染时，TMV 和 PVY 均对 CMV 起干扰作用，且呈累加干扰效应（图 4-8-6 B）。

③ 相比于 PVY 单独侵染，TMV+CMV 复合侵染、CMV+PVY 复合侵染以及 TMV+CMV+PVY 同时侵染时，PVY *CP* 表达量均显著被抑制，而且抑制程度渐次减弱。显示两者和三者混合侵染时，TMV 和 CMV 对 PVY 起干扰作用，其中以 TMV 的干扰作用强于 CMV 的干扰作用，但两者无累加干扰效应（图 4-8-5 C）。

上述结果说明 3 种病毒在其两两复合侵染时，TMV 显著抑制 CMV 而 CMV 对 TMV 的抑制不显著；TMV 显著抑制 PVY 而 PVY 显著促进 TMV；CMV 与 PVY 相互显著抑制。在三者同时侵染时，CMV 对 TMV 的轻微干扰部分地抵消 PVY 对 TMV 的协生作用；TMV 和 PVY 对 CMV 的干扰呈累加效应；TMV 对 PVY 的干扰强于 CMV 对 PVY 的干扰，但无累加效应。此外，接种 7 d 时，与接种 H_2O 的对照相比，接种病毒的处理植株其心叶刚开始显现脉明花叶，部分处理间症状差异不显著，但能观察到 TMV 对 PVY 脉坏死的显著抑制，这与 qRT-PCR 检测结果一致（表 4-8-1、图 4-8-6 C）。

关于烟草上病毒之间的互作，田文会（1987）发现 TMV 与 CMV 间干扰作用较强。在三生 NN 烟上先接种 TMV 后 10 d 再接种 CMV，与只接种 CMV 的对照相比，发病率显著降低；而先接种 CMV 出现花叶后再接种 TMV，与只接种 TMV 的对照相比，枯斑数显著降低。

夏烨（2017）在复合侵染 K326 后 7 d 的检测结果显示，TMV 与 CMV 两者同时侵染时，CMV 对 TMV 干扰、TMV 对 CMV 协生；在 TMV、CMV、PVY 三者同时侵染时，CMV 对 TMV 干扰、PVY 对 TMV 协生且占主导，TMV 对 CMV 协生、PVY 对 CMV 干扰且占主导。其研究结论中的两者混合侵染时 TMV 对 CMV 的协生与本章研究相反，且本章研究未检测到其研究结论中的 CMV 对 TMV 的显著干扰。三者同时侵染时，其研究结论中的 PVY 对 TMV 协生且占主导，与本章研究结论一致；但本章研究还检测到 TMV 和 PVY 均对 CMV 干扰，TMV 和 CMV 对 PVY 干扰，且 TMV 干扰占主导。

植物病毒混合侵染烟株时，病毒之间的干扰或协生较为复杂，病毒复制扩散是一动态过程，不同的试验材料、检测方法甚至检测时间，可能会得出不同的结论。因此，在研究这一问题时，需要设置病毒单独侵染的对照和足够量的重复株数，并详细记录特定试验条件下发病症状，从而便于比对分析结果，得出规律性结论。

第九节　烟草品种抗 PVY 苗期鉴定技术规程

筛选和鉴定抗病烟草品种进行种植是目前控制病毒病最有效的手段。抗性鉴定涉及供试毒株的分离纯化扩繁，育苗和接种，病情分级调查和抗性评价。病级判定是烟草接种 PVY 品种抗性鉴定及药效生测试验中的关键步骤。

病毒株系的致病性、寄主抗性、接种后培养条件以及其他人为因素是影响烟草病毒病害症状、病情发展乃至试验准确性的重要因素。烟草苗期接种 PVY 试验，关于毒株、传导特性及寄主抗性的综合研究较少。本章对表现叶片脉坏死兼花叶的烟草马铃薯 Y 病毒（PVY），采用病毒生物学、qRT-PCR、Western blot 等技术，进行了株系鉴定并系统研究了其生物学特性。

结果显示，青岛烟草 PVY 分离物为 N:O 株系，活体保存期病汁液稀释限点为 10^{-5}。PVY-N:O 对烟草具有强致病力，26℃接种后先由接种叶传导到主茎，再向下至根、向上至心叶，随后逐渐扩散，12~16 d 布满全株，21~28 d 花叶及脉坏死显著；绝大多数品种表现感病，VAM 表现高抗，适宜作为抗病烟草品种培育的抗源材料。接种在三生 NN 烟上活体保存毒源，使用质量浓度为 40~60 倍稀释；于小花盆单株或 25~30 联体孔假植盘培养烟草至 5~6 叶期，接种后 25~27℃培养，2~3 周内进行病情调查。

在此基础上，制定《烟草抗烟草马铃薯 Y 病毒（PVY）苗期鉴定技术规程》，并明确青岛分离物为 PVY-N:O 株系，有助于不同试验批次和单位间其抗性鉴定结果的可比性。

烟草抗烟草马铃薯 Y 病毒（PVY）苗期鉴定技术规程

Rule for Resistance Evaluation of Young Tobacco to Potato Virus Y

1 范围

本标准规定了烟草抗烟草马铃薯 Y 病毒病鉴定技术方法和抗性评价方法。

本标准适用于各类型烟草品种对烟草花叶病毒病的抗性鉴定和评价。

2 规范性引用文件

下列文件对于本文件的应用是必不可少的。凡是注日期的引用文件，仅所注日期的版本适用于本文件。凡是不注日期的引用文件，其最新版本（包括所有的修改单）适用于本文件。

GB/T 23224—2008 烟草品种抗病性鉴定

GB/T 23222—2008 烟草病虫害分级调查方法

3 术语和定义

下列术语和定义适用于本标准。

3.1 抗病性 disease resistance

植物体所具有的能够减轻或克服病原物致病作用的可遗传的性状。

3.2 致病性分化 variation of pathogenicity

病原物由于突变、杂交、适应性变异、不同孢子细胞质的异质性等致使生理小种改变，导致致病性差异。

3.3 人工接种鉴定 artificial inoculation for identification

用人工繁殖或收集的病原物，按一定量接种，创造发病条件，根据接种对象发病程度确定品种抗病性强弱。

3.4 接种体 inoculum

能够侵染寄主并引起病害的病原体。

3.5 病毒种 species

组成一个复制谱系、占据一个特定生态位的多特性病毒群体。即病毒种是具有相似特性的株系的集合。

3.5.1 分离物 isolate

从病株上通过分离纯化的手段，如接种到另一种寄主植物上，单斑分离或分子克隆而得到的病毒纯培养物。

3.5.2　株系 strain

株系是种内的变株。属于同一株系的分离物共同拥有一些已知的、有别于其他株系离物的特性，如寄主范围、传播行为、血清学或核苷酸序列。

3.6　严重度分级 disease rating scale

人为定量植物个体或群体发病程度的数值化描述。

3.7　对照品种 control cultivar

规范中为了检验试验的可靠性，在品种鉴定时附加的抗病品种和感病品种。

3.8　烟草马铃薯 Y 病毒 potato virus Y

引起烟草叶片花叶、褪绿条斑、叶脉或茎秆坏死、植株矮化、产质量受影响的烟草马铃薯 Y 病毒病的病原。根据在烟草等鉴别寄主上的症状反应，可分为普通株系（PVY-O）、点刻条斑株系（PVY-C）、脉坏死株系（PVY-VN）和茎坏死株系（PVY-NS）。根据在烟草上的致病性分化、血清学及基因序列，通常分为轻症和重症两类。

3.8.1　轻症花叶株系 moderate strains

引起烟草叶片花叶、植株矮化、产质量受影响的 PVY 花叶株系（PVY-C 或 PVY-O）。

3.8.2　重症脉坏死兼花叶株系 severe strains

引起烟草叶片脉坏死兼花叶、植株矮化、产质量受影响的 PVY 脉坏死株系（PVY-N）。

3.8.3　重组株系 recombinant strain

由 O 和 N 株系重组产生的 N:O、NTN、N-Wi、NTN-NW、NA-NTN 等株系，因含有 N 型 HC-Pro，均引起普通烟草叶脉坏死。

4　接种体的制备和保存

4.1　株系的纯化

以我国烟区流行的脉坏死株系 PVY-VN 为病毒接种体。

——田间采集具有脉坏死和花叶症状的典型烟草 PVY 病叶，经血清学（免疫胶体金试纸条）检测确认病毒种类；经 PCR 扩增病毒的全基因组，在 NCBI 数据库上比对确认病毒株系。

——接种在枯斑寄主枸杞或苋色藜上，单斑分离纯化 2~3 次后，接种在系统寄主三生 NN 烟上。并接种在抗病对照 VAM 和 CV91，感病对照 NC95 和云烟 85 上，记录发病时期和症状。

4.2　株系的保存和繁殖

株系常年保存在防虫温室或培养箱内的三生 NN 烟苗上。为了防止保存期病毒的致病性退化，在使用前 15 天转接到三生 NN 烟苗复壮 1 次，备用。适宜发病温度为 25~28℃。

5 鉴定方法

5.1 鉴定温室

采用温室内鉴定，尽量每个病毒有专用的隔离温室，常年注意保持无烟蚜和其他病虫。

5.2 供试材料的种植

先在 25 cm×15cm 的塑料盘内播种育苗，待烟苗长至 2~3 片真叶时，假植在 16~20 孔联体聚乙烯塑料托盘内，每品种重复 3 次，随机摆放在育苗畦内；或假植到直径 8 cm 小花盆内。留有足够生长空间置于一托盘内（每盘 15 株），每品种设置 3 托盘重复，随机摆放于培养架上。

育苗用营养土需用高温或其他方法消毒，育苗用工具和盘具用菌毒清或其他消毒剂消毒，保证无菌。

播种时间的选择，以播种后至烟苗适宜接种约两个月时，温室内的平均温度在 25℃左右，不超过 28℃。青岛通常选择在 3 月 10 日左右。

5.3 对照品种

设置 VAM 和 CV91 为抗病对照，NC95 和云烟 85 为感病对照。

5.4 接种

5.4.1 接种时期

烟苗 5~6 片真叶期。选择晴天接种。

5.4.2 接种方法

采用汁液摩擦法，取相应毒源新鲜病叶按照（1∶40）与灭菌后的磷酸缓冲液混合置于灭菌的榨汁机中，研磨碎成匀浆，灭菌纱布过滤取滤液置于冰水上，进行接种。接种前，需用肥皂对双手消毒，在烟苗上部第 1~2 片真叶上撒少许石英砂（600 目）。

——接种时，以左手托着叶片，用消毒棉棒或棉团蘸取少量病毒汁液，在接种叶片上轻轻摩擦，要求仅使叶片表皮细胞造成微伤口而不死亡。或采用塑料衣刷蘸取病汁液，在育苗畦内的烟苗叶片上来回轻轻摩擦 3 次。

——接种后用清水洗去接种叶片上的残留汁液，在 25~27℃条件下培养。

5.5 接种前后的烟苗管理

及时施肥和浇灌，保证植株正常生长。

6 病情调查

6.1 调查时间

一般在接种后 7~10 天观察系统花叶与否；15~21 天，感病对照品种病情指数不低于

60 时，进行系统调查。

6.2　调查方法

逐株调查每一盘内发病情况。

6.3　病情分级

按 GB/T 23222 规定的分级标准，用目测法逐株记载病害严重度（表 1）。

表 1　烟草马铃薯 Y 病毒病苗期病级划分标准

严重度分级	划级标准
0 级	全株无病
1 级	心叶脉明或轻微花叶，病株无明显矮化
3 级	1/3 叶片花叶但不变形，或病株矮化为正常株高的 3/4 以上
5 级	1/3~1/2 叶片花叶，或少数叶片变形，或主脉变黑，或病株矮化为正常株高的 2/3~3/4
7 级	1/2~2/3 叶片花叶，或变形或主侧脉坏死，或病株矮化为正常株高的 1/2~2/3
9 级	全株叶片花叶，严重变形或坏死，或病株矮化为正常株高的 1/2 以上

7　结果计算与抗性评价

7.1　发病率、病情指数及抗性指数计算

通过鉴定材料群体中个体发病程度的综合计算，确定各鉴定材料的平均病情。其计算方法如下，计算结果精确到小数点后两位：

7.1.1　发病率（T）

$$T=\frac{\sum M_i}{N}\times 100\%$$

式中，T——发病率；

i——病害的相应严重度级值；

M_i——病情为 i 的株数；

N——调查总株数。

7.1.2　病情指数（DI）

$$DI=\frac{\sum (N_i\times i)}{N\times 9}\times 100$$

式中，DI——病情指数；

N_i——各级病叶（株）数；

i——病害的相应严重度级值；

N——调查总叶（株）数。

7.1.3　相对抗性指数（*RI*）

$$RI = \ln\frac{DI}{100-DI} - \ln\frac{DI_0}{100-DI_0}$$

式中，*RI*——相对抗性指数；

DI——各品种的病情指数；

DI_0——感病对照品种 NC95 的病情指数。

7.2　抗性评价标准

依据每次试验调查的抗性指数划分抗性等级（表 2）。

表 2　烟草品种病毒病抗性级别划分标准

抗性等级	病情指数（*DI*）	抗性指数（*RI*）
免疫（Immune，I）	0	—
抗病（Resistant，R）	0.1~20	≤ –2.00
中抗（Moderately resistant，MR）	20.1~40	–2.10 ~ –1.0
中感（Moderately susceptible，MS）	40.1~80	–1.10~0.0
感病（Susceptible，S）	80.1~100	≥ 0.0

注：根据以上抗性级别划分标准判定待鉴定材料的抗性级别，同时符合 2 个参数的抗性级别为待评价材料的抗性级别，不能同时符合的以抗性弱的级别为待评价材料的抗性级别。

7.3　鉴定有效性判别

当感病对照品种平均病情指数达到 60 时，该批次鉴定视为有效。

对试验结果加以分析、评价后写出正式试验报告，并保存好原始材料以备考察验证。

7.4　重复鉴定

凡是抗感分离的或中抗以上的材料，以同样方法重复鉴定。当年鉴定的材料，次年以同样方法重复鉴定。如果两年的结果相差太大，应进行重复验证。

8　鉴定记载表格

烟草抗马铃薯 Y 病毒病鉴定试验调查记载表见附录 A。

附录 A

烟草品种抗 PVY（☐ PVY-N、☑ PVY-N:O、☐ PVY-O、☐ PVY-C）鉴定试验调查记载表

调查日期＿＿＿＿＿＿　调查人＿＿＿＿＿＿　记录人＿＿＿＿＿＿

品种名称 / 编号	重复	各级病害株数						总株数	发病率 /%	病情指数	抗性指数
		0	1	3	5	7	9				

05

第五章

烟草抗番茄斑萎病毒（TSWV）鉴定方法

第一节　TSWV 概述

Lownsberry（1906）最早在南非烟草上描述斑萎症状，Samuel（1930）鉴定了澳大利亚番茄斑萎病毒（tomato spotted wilt virus，TSWV）。之后，在澳洲、欧洲、南非、北美和亚洲烟草上，陆续报道该病流行为害。TSWV 主要靠蓟马持久性传播和汁液摩擦传染，能侵染包括茄科、豆科、菊科和葫芦科在内的约 360 余种植物，严重为害番茄、烟草、辣椒、马铃薯、花生、莴苣等作物，是为害植物的十大病毒之一，也是烟草上公认的最具潜在威胁的病毒（Scholthof et al. 2011）。

TSWV 自 1992 年首次在中国四川晒烟上发生后，危害范围逐年扩大，云南、贵州、黑龙江、山东等烤烟上均有发生（姚革，1992；朱贤朝等，2002；张万红等，2020）。目前 TSWV 已成为西南烟区（云南、四川、贵州）的偶发且重发性病毒之一，烟草苗期和成株期均可感染 TSWV，典型症状有：半边叶上出现点状密集坏死、叶片不对称生长 / 损伤、顶部新叶变灰坏死、茎秆凹陷坏死对应髓部变黑、病株矮化伴有顶芽向一侧倾倒坏死。

一、TSWV 特性、株系分化及烟草抗原

TSWV 是布尼亚病毒科（*Bunyaviridae*）正番茄斑萎病毒属（*Orthotospovirus*）的重要成员，该属的番茄环纹斑点病毒（tomato zonate spot virus，TZSV）可侵染烟草引起类似的症状。病毒粒体为等轴对称球状，直径 70~90 nm，表面有一层明显的胞膜，基因组为三分体单链 RNA（L RNA 为负义、M RNA 和 S RNA 为双义）。TSWV 在体外的理化性质很不稳定，主要在花卉、庭院植物及多年生杂草上越冬。致死温度为 46℃下 10 min；病汁液室温下保毒期为 5 h；稀释限点为 10^{-3}~10^{-2}。

TSWV 世界分布，在许多烟草生产国以不同的严重程度发生为害。在北美的美国，东欧的保加利亚、匈牙利、波兰、希腊，为害较重，在亚洲和大洋洲呈上升趋势，中国西南烟区的云南、广西、贵州、四川、重庆是 TSWV 的常发地区，且已向北蔓延至北方（黑龙江）和黄淮（山东）烟区。

Norris（1949）最早根据病害症状将番茄上的 TSWV 分离物划分为顶端枯萎（TB）、坏死（N）、环斑（R）、轻型（M）、极轻型（VM）5 个株系。烟草上亦存在这 5 个株系，但几个株系混合侵染的现象较为普遍。Best（1968）报道了 A、B、C_1、C_2、D 和 E 株系。后人研究多认为：此为不同寄主（番茄、烟草、莴苣、凤仙花、花生、甜瓜等）上的番茄斑萎病毒属的成员，当时按寄主范围区分为同种病毒的不同株系，现多归为番茄斑萎病

毒属的不同成员种。在中国云南、江苏、山东、北京、宁夏、黑龙江地区的番茄、辣椒等蔬菜作物上均有报道 TSWV 分离物。根据血清学将烟草上的 TSWV 分离物区分为最常见的普通株系 L（Lettuce），及现已归为凤仙花坏死环斑病毒（impatiens necrotic spot virus，INSV）的 I 株系。

抗 TSWV 的 *Sw-5* 基因最初由 Smith（1944）在番茄（*Lycopersicon peruvianum*）中鉴定。*Sw-5* 为单显性的 *R* 基因，符合基因对基因学说，M RNA 编码的移动蛋白 NSm 为该病毒的无毒因子。*Sw-5* 通过识别 NSm 来诱导过敏性坏死反应（hypersensitive response，HR）从而防止病毒入侵；但番茄上已出现突破 *Sw-5* 抗性的 TSWV 分离物（白保辉，2016；冯致科，2016；Hoffmann et al.，2001）。转 *N* 基因（编码 TSWV 核衣壳蛋白 nucleocapsid）的烟草、莴苣、菊花通过 RNA 介导的转录后基因沉默而抗 TSWV；但田间自然选择和试验环境下病毒基因重组亦会导致 *N* 基因抗性突破株。例如，含 *Sw-5* 基因的番茄和转 *N* 基因的烟草对 TSWV-D 株系表现抗病；而 TSWV-A 株系能突破番茄 *Sw-5* 抗性和烟草 TSWV-N 基因介导的抗性（Hoffmann et al.，2001）。辣椒 *Tsw* 为抗 TSWV 单显性 *R* 基因，其抗性需要病毒 *NSs* 编码的 RNA 沉默抑制子来引发过敏反应（Ronde et al.，2013）。

指示植物矮牵牛（*Petuina hybride* Vilm）接种 TSWV 后表现大的褐色局部斑，病毒不系统扩展，可作为鉴定和分离病毒的局部枯斑寄主。

烟属的 TSWV 抗原主要来自野生烟（*Nicotiana alata*）的一对显性等位基因，通过小孢子原生质体融合技术已将抗病基因转移到栽培烟草，例如波兰育成的香料烟 Polata 较抗 TSWV，但尚无抗性较强的烤烟品种。

20 世纪八九十年代，在国际烟草科学研究合作组织（Cooperation Centre for Scientific Research Relative to Tobacco，CORESTA）大会上，Opoka、Palakarcheve、Gajos、Patrascu、Jancheva 等学者研究报道：烟属野生种 *N. glauca*、*N. alata*、*N. noctiflora*、*N. sanderae*、*N. langsdorfii* 对 TSWV 表现高抗；并利用 *N. alata* 的一对显性等位基因（控制对 TSWV 的抗性）育成香料烟 Polata，不仅抗 TSWV，且连锁兼抗烟草根黑腐病菌（*Thielaviopsis basicola*）和 PVY-N 株系；*N. sanderae* 与感病香料烟杂交 F_1 代抗 TSWV、TMV 和烟草白粉病菌（*Erysiphe cichoracearum* D C.），而且其抗性亦为显性遗传。

目前生产上的中烟 100、云烟 87、K326、G28、NC78 等烤烟品种，以及模式烟草本氏烟（*N. benthamiana*）、含 *N* 基因的粘烟草（*N. glutinosa*）和三生 NN 烟（Samsun NN）、含 *va* 基因的 VAM，均不抗 TSWV（Culbreath et al. 1991）。5~6 叶期本氏烟感染或接种 TSWV 后 1 周内，接种叶片上出现大的局部坏死斑，上部系统叶半边出现点状密集坏死，随即顶芽半边坏死侧倒；因此多是采集接种 1 周的植株病叶，冷冻保存毒源。

二、TSWV 抗性鉴定试验的影响因素

在室内幼苗上，汁液摩擦接触能传播 TSWV；田间主要靠蓟马取食，以持久性方式进行传播，若虫获毒、成虫传毒、不经卵传。蓟马传毒无专化性，烟草蓟马（葱蓟马）（*Thrips tabaci*）、苏花蓟马（*Frankliniella schultzei*）、西花蓟马（*Frankliniella occidentalis*）、烟褐花蓟马（*Frankliniella fusca*）等均可持久性传播 TSWV 的各种株系。因此，烟草生长初期高温干旱，烟田蓟马的繁殖和迁飞加快，病害加重。此外，田间超过 35℃时烟株感染但不表现症状；5~6 叶期幼苗接种易发病，而较大的植株抗性强，加之 TSWV 体外存活期不超过 5 h，因此接种易失败。

有关 TSWV 株系和接种物浓度、寄主抗性和接种苗龄等条件对病情的影响，尚未有系统报道。鉴于 TSWV 在西南烟区逐年加重的趋势，以及其逐渐向黄淮和北方烟区蔓延危害的现状。本章对山东临沂和云南红河的 TSWV 优势株系进行分离纯化、鉴定保存、接种物浓度以及抗 / 感烟草品种筛选的研究，进而制定《烟草抗番茄斑萎病毒（TSWV）苗期鉴定技术规程》，以指导抗病烟草品种的筛选和鉴定。

第二节　烟草田期感染 TSWV 的病害症状和病情

一、田间 TSWV 病害症状

烟草在田间感染 TSWV，初期发病叶片先在半边叶上出现点状密集坏死，伴随病叶不对称生长；发病中期，病叶出现半边叶坏死斑点和脉坏死，顶部心叶出现整叶坏死，烟株顶芽向一侧坏死倾倒；发病后期，烟株进一步坏死，茎秆上有明显的凹陷坏死症状，且对应部位的髓部变黑，但不形成烟草黑胫病的碟片状，最终导致烟草整株死亡（图 5-2-1、图 5-2-2）。TSWV 病毒症状描述见表 5-2-1。不同烟草品种或不同生育期感病，症状略有不同，但叶片和烟株均表现显著的不对称坏死。

图 5-2-1　TSWV 病叶半边点状密集坏死、不对称生长（云南红河）

图 5-2-2　TSWV 病叶半边点状密集坏死、顶芽侧倒、茎秆半边坏死

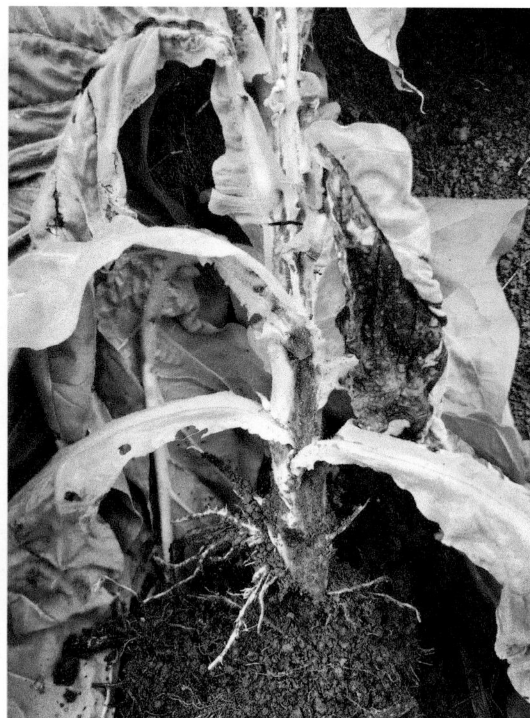

图 5-2-2 （续）

表 5-2-1　烟草番茄斑萎病毒（TSWV）病害症状

简称	症状描述
LC	侵染初期叶片褪绿萎黄（beginning of the infection of leaf chlorosis，LC）
PN	半边叶上出现点状密集坏死（punctate dense necrosis on the lateral lobes，PN）
AD	叶片不对称损伤（asymmetric distribution of the lesions symptoms within the leaf blade，AD）
AL	顶部新叶变灰坏死（gray and lesions on the apex，AL）
UL	蓟马为害导致上部叶沿叶支脉损伤（lesions caused by thrips—lesions on upper side of the leaf vein，UL）
BL	蓟马为害导致下部叶沿叶支脉损伤（lesions caused by thrips—lesions on bottom side of leaf vein，BL）
SN	茎秆凹陷坏死，其对应髓部变黑（necrosis on sunken stem with blacken medulla，SN）
St	病株矮化，伴有顶芽或顶部半边萎黄坏死（stunting，St)

二、田间 TSWV 病情

参照 TMV 调查方法，开展 TSWV 田间系统调查。

室内幼苗能通过汁液摩擦接种 TSWV，但田间主要靠蓟马传播。蓟马为害烟叶不仅导致上、下部叶片沿叶支脉损伤（图 5-2-3），还传播 TSWV，导致烟株顶部新叶变灰坏死，病株茎秆凹陷坏死其对应髓部变黑，严重矮化且伴有顶芽或顶部半边萎黄坏死（图 5-2-4）。因此，高温干旱时，蓟马的繁殖和迁飞加快，在烟草上为害的传毒介体种群数量多，病害重。

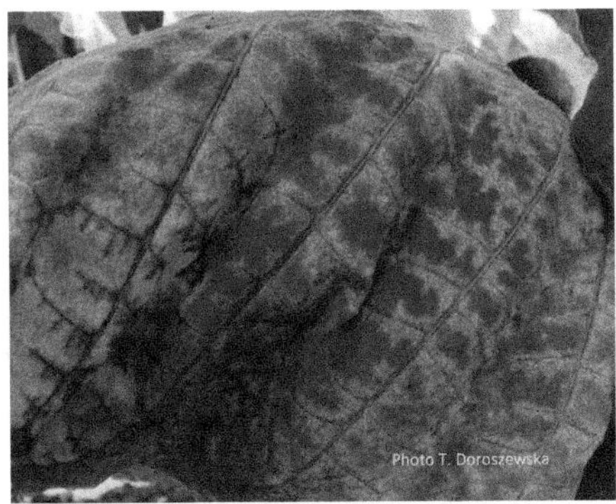

图 5-2-3　TSWV 传毒介体蓟马为害导致叶片损伤及植株不对称坏死

图 5-2-4　TSWV 病叶半边点状密集坏死、不对称生长、茎部凹陷坏死（云南保山）

图 5-2-4 （续）

2020 年 6 月于云南红河泸西金马镇烟田云烟 87 旺长期调查病毒病病情。发现 TSWV 为优势病毒，典型症状有半边叶点状密集坏死、不对称生长、顶芽坏死向一侧倾倒；发病率约 20%，病情指数达 15.00，烟田及周边小葱或杂草上有蓟马为害。2021 年推迟移栽期 10 d，且自苗期开始防控蓟马，并喷施抗病毒剂，田间普查发现蓟马虫口基数显著下降，该病呈零星发生，发病率仅 1%~2%，且为害程度显著减轻。

2022 年于云南保山调查发现云烟 105、云烟 116、红花大金元、中烟 300、K326 均对 TSWV 表现感病。在青华海毗邻大豆和杂草的烟田地边，TSWV 发病率达 10%，后期调查显示，重病株仅剩半边黑茎秆和半边坏死腋芽。

第三节　TSWV 分离纯化、保存及株系鉴定

一、单斑分离 TSWV 及繁殖保存

2019—2020 年于山东省临沂市平邑县和云南红河泸西县，采集具有半边叶点状密集坏死、不对称生长的典型 TSWV 病叶。取 1 g 研磨成病汁液，采用局部枯斑寄主矮牵牛（*Petuina hybride*）单斑分离纯化 TSWV。并接种在繁殖寄主本氏烟（*N. benthamiana*）上，接种后 5~8 d 植株接种叶上显示大的褪绿斑，心叶表现褪绿斑驳和皱缩畸形，顶芽向接种叶一侧弯曲，需要此时取病叶冷藏，因为再过 1~2 d 植株会顶芽坏死侧倒（图 5-3-1）。

图 5-3-1　在矮牵牛和本氏烟上分离纯化和繁殖 TSWV

注：A. 矮牵牛接种 TSWV 后 7 d；B. 本氏烟接种后 6 d。箭头示接种叶。

病汁液接种在5~6叶期三生NN烟上，5~6 d接种叶上显示褪绿的双层同心的中间点状的坏死环斑，上部系统叶先是半边自基部始出现点状密集坏死，逐渐扩展至叶尖和另一侧，叶片出现不对称生长，向一侧扭曲，很快顶芽坏死侧倒。在三生NN烟上，TSWV的症状与TMV有少许相似；但TMV在接种叶上的枯斑及偶有扩展到心叶上的系统坏死，其轮廓更清晰（图5-3-2）。

图5-3-2　在三生NN烟上接种TSWV和TMV的坏死症状差异

注：A~D. 接种TSWV的接种叶环斑，心叶点状密集坏死和不对称生长；E~H. 接种TMV的接种叶枯斑，扩展至主茎和心叶的系统坏死。

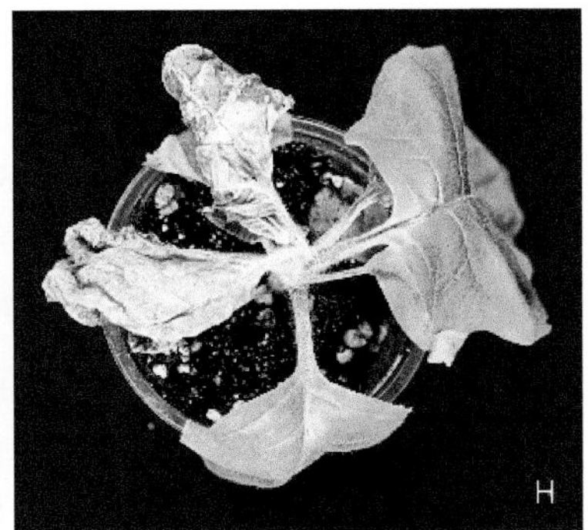

图 5-3-2 （续）

二、TSWV 株系鉴定

克隆全基因组序列比对鉴定病毒株系。

TSWV 为多分体 RNA 病毒，其基因组含有 3 条 RNA 链。依据已公开的 TSWV 基因组序列，设计全基因组扩增引物，L RNA 设计 9 对引物、M RNA 设计 5 对引物、S RNA 设计 3 对引物（表 5-3-1），对 3 条 RNA 链分段进行克隆，通过相邻片段的重叠部分拼接，从而获得全基因组序列（图 5-3-3）。

表 5-3-1　TSWV 全基因组扩增引物

引物名称	引物序列（5′-3′）	片段大小 /bp	退火温度 T_m/℃
TSWV-L-1F	AGAGCAATCAGGTAACAAC	1 257	51
TSWV-L-1R	TTTTGGATTAAGTGGTCTTTC		
TSWV-L-2F	GAAGATATTGAAAGAATAATTGATTC	1 101	50
TSWV-L-2R	ATTCAGGATTTTTAGCATAATTATTG		
TSWV-L-3F	CAAGTATAGACATGTCTTCTCTGACTC	1 286	55
TSWV-L-3R	CCTAGATACTAATCAGATAATGCTTTC		
TSWV-L-4F	TGAAGACATATACCCTAAGAAAGC	976	52
TSWV-L-4R	CAGATAGGAAAGCCAATCTTG		
TSWV-L-5F	CATCGGAAGCCATATCTATAAG	1 158	54
TSWV-L-5R	GCTCTCTGAATCTCATCTGTAGATA		
TSWV-L-6F	CTCCTATAGAGCCGTTGTCTATATTAG	1 161	55
TSWV-L-6R	ATCATATAATTGCATGCTTTCACC		
TSWV-L-7F	TTGGAACAGGTTTAATCATGG	1 276	52
TSWV-L-7R	TTCTCTGATATCATCATCTACAATCTC		
TSWV-L-8F	GAATGACCACAGACAACAAAATG	1 131	52

（续表）

引物名称	引物序列（5′-3′）	片段大小/bp	退火温度 T_m/℃
TSWV-L-8R	CAATCAAGAACTTTATCAACTCACTTAG	1 131	52
TSWV-L-9F	GTGTTGAGGCTAGATGAGGAAG	916	55
TSWV-L-9R	AGAGCAATCAGGTACAACTAAAAC		
TSWV-M-1F	AGAGCAATCAGTGCATCAGA	955	55
TSWV-M-1R	CTTCTTCTTCAACTGATCTCTCAAG		
TSWV-M-2F	GCAAGCTGATAATTCCTAAAGG	1 351	55
TSWV-M-2R	AAGGAGATGACATGTCTTGGG		
TSWV-M-3F	CCGCATAGAAGACAGCC	1 276	55
TSWV-M-3R	GTTATAGAAGGTCCTAATGATTGCA		
TSWV-M-4F	GTTAACCCTAAAGAGCTTCCTG	979	52
TSWV-M-4R	GAGAAGATCATGGGTTATTTGAT		
TSWV-M-5F	CTTATCCAAGAAAAATTGATGC	1 051	50
TSWV-M-5R	AGAGCAATCAGTGCAAACAAAA		
TSWV-S-1F	AGAGCAATTGTGTCATAATTTTATTC	1 258	52
TSWV-S-1R	TTGCAGATATCTTCACTGTAATTTAAG		
TSWV-S-2F	CTCTGCTTGAAACTCACACATC	1 097	52
TSWV-S-2R	AAATGAATGAAGATCAGGTGAAG		
TSWV-S-3F	YCCATAGCAATACTTCCTTTAGC	848	50
TSWV-S-3R	AGAGCAATTGTGTCAATTTTATTC		

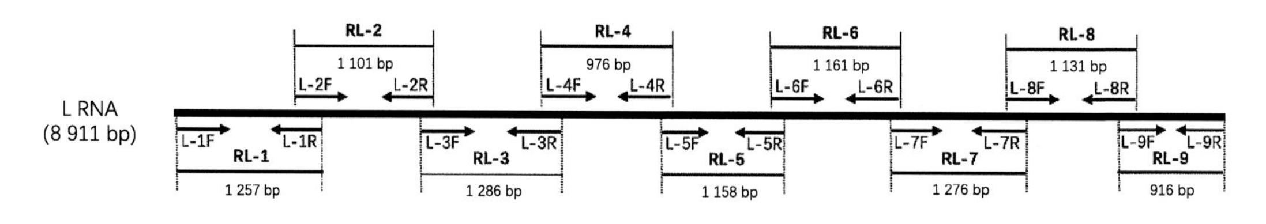

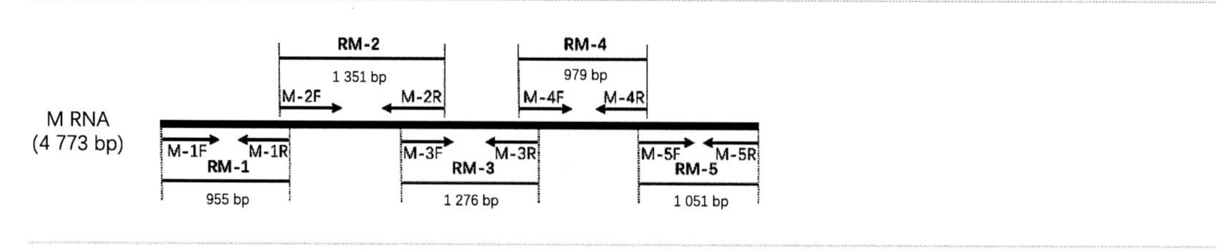

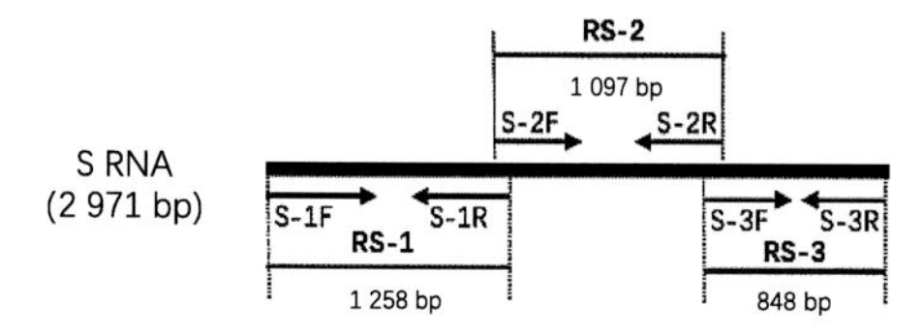

图 5-3-3　TSWV 全基因组克隆策略

取新鲜病叶 1 g，采用 Trizol 法提取病叶总 RNA。一步法合成第一链 cDNA。以获得的 cDNA 为模版进行 PCR 扩增。PCR 产物进行琼脂糖凝胶电泳，按照扩增片段大小进行胶回收。回收产物连接到 T 载体上，连接产物转化至大肠杆菌感受态细胞当中，筛选阳性克隆，送至生物公司测序（张万红等，2020）。

利用 DNAMAN 分别对 3 条 RNA 进行拼接，获得 TSWV 全基因组序列。通过 NCBI 中的 BLAST 进行序列同源性分析，并使用 MEGA 7.0 软件构建系统发育树。

结果显示：山东临沂烟草 TSWV-SDLY2 分离物含有 3 条 RNA，且 3 条 RNA 链与已发表的 TSWV 其他分离物的同源性均在 99% 以上。

其中反义链 L RNA 全长 8 911 bp（GenBank: MN833242），其互补链能够编码依赖于 RNA 的 RNA 聚合酶 RdRp，分子量大小为 331.5 kDa，两端非编码区存在互补结构，且序列保守，形成锅柄状结构。分离物 L RNA 与已发布的其他 9 个 TSWV 分离物在同一分支上，并与其中的云南分离物（GenBank: MF805766）序列相似度最高，为 99.35%，与正番茄斑萎病毒属（*Orthotospovirus*）其他种花生环斑病毒（groundnut ringspot virus，GRSV）、凤仙花坏死斑病毒（impatiens necrotic spot virus，INSV）、花生芽坏死病毒（groundnut bud necrosis virus，GBNV）等聚类到不同的分支上（图 5-3-4）。

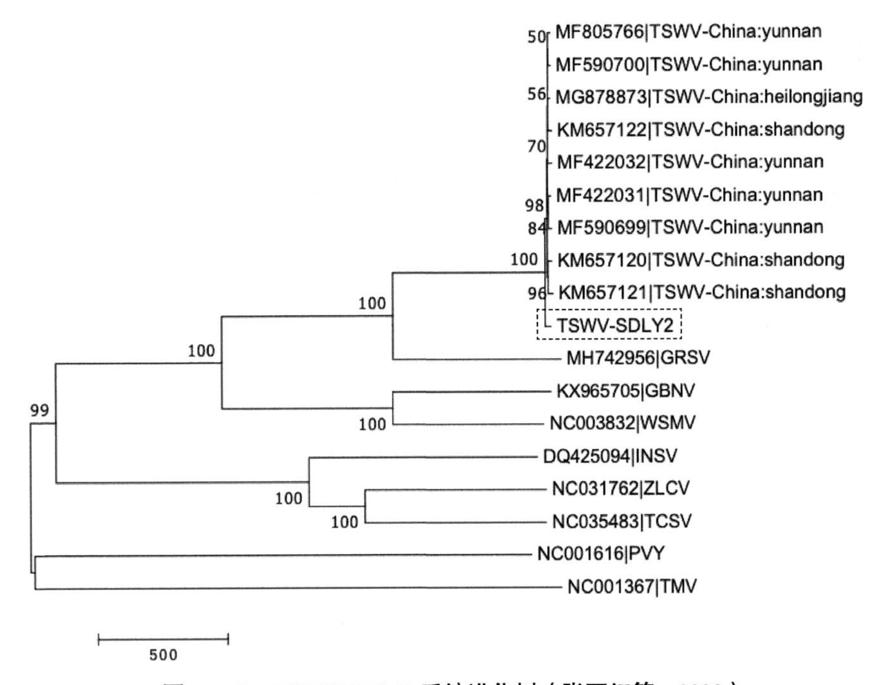

图 5-3-4 TSWV RNA L 系统进化树（张万红等，2020）

双义链 M RNA 全长 4 773 bp（GenBank: MN870629），正义编码移动蛋白 NSm（33.6 kDa），互补链编码 Gn（78.0 kDa）、Gc（58.0 kDa）两种糖蛋白。M RNA 与山东分离物（GenBank: KM657118）序列相似度最高，为 99.69%（图 5-3-5）。

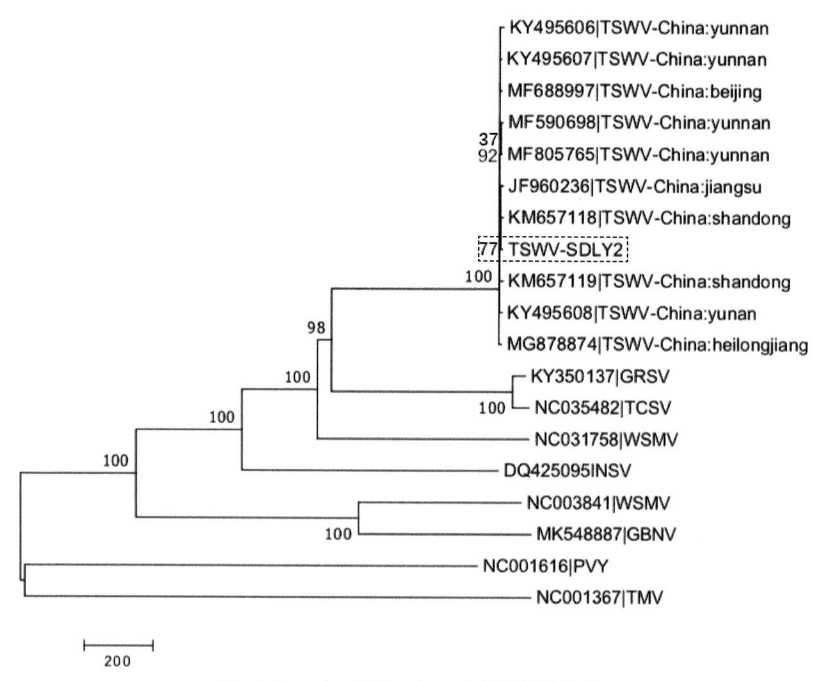

图 5-3-5 TSWV RNA M 系统进化树

双义链 S RNA 全长 2 971 bp（GenBank: MN861978），正义编码非结构蛋白 NSs（52.4 kDa），互补链编码病毒的核衣壳蛋白 N（28.8 kDa）。S RNA 与云南分离物（GenBank: HQ402595）序列相似度最高，为 99.53%，该分离物 RNA M 与 RNA S 均与其他 TSWV 分离物在同一分支上，与其他同属不同种的分离物聚类到不同分支上（图 5-3-6）。

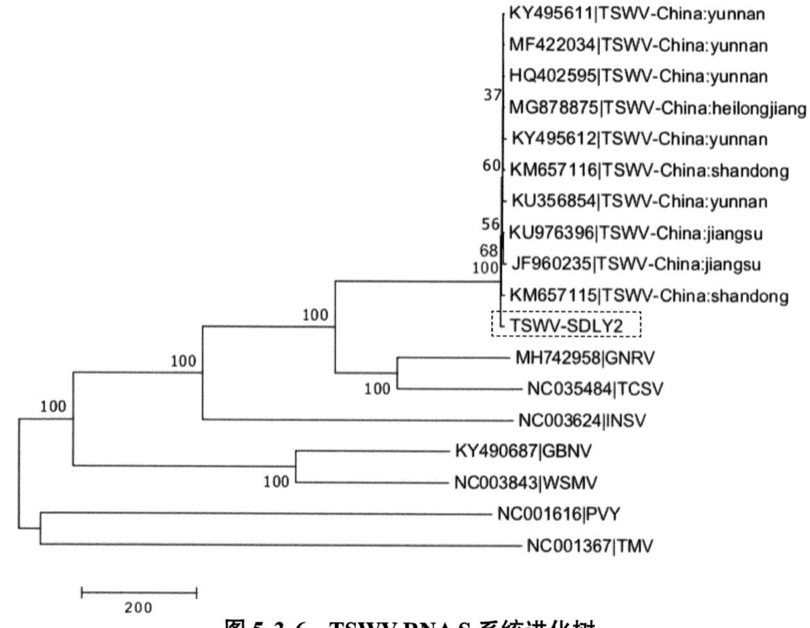

图 5-3-6 TSWV RNA S 系统进化树

烟草番茄斑萎病毒在澳洲、欧洲、非洲南部及美洲流行，中国大陆于 1992 年首次在四川烟草上发现 TSWV，随后贵州、黑龙江、云南等烟区发生该病。近年已在山东临沂烟区侵染发生，遗传进化分析显示山东临沂 TSWV 分离物可能由云南烟区传入，且已在全国烟区蔓延为害。

第四节　TSWV 提纯、粒体形态、致病力与接种物浓度筛选

与其他病毒相比，TSWV 有 4 个显著特征：病毒粒体有明显的包膜，直径约 85 nm；病毒的理化性质极不稳定；田间由蓟马传播；为害烟草导致病叶半边点状密集坏死、不对称生长及顶芽坏死侧倒。

一、病毒提纯与病毒粒体形态

1. 病毒提纯

① 取新鲜病叶，在榨汁机上，添加溶剂（0.1 mol/L、pH 7.0 的磷酸钾 K_3PO_4 缓冲液中加 0.01 mol/L 的亚硫酸钠 Na_2SO_3）搅碎匀浆，纱布过滤，收集滤液。

② 滤液在 10 000 r/min 离心 15 min，收集沉淀，加入 0.01 mol/L Na_2SO_3（与原组织同重），低速匀浆打散，4℃下静置 30 min；8 000 r/min 离心 15 min，收集上清。

③ 上清在 10 000 r/min 离心 35 min，收集沉淀，悬浮在 0.01 mol/L 的 Na_2SO_3 中（相当于原叶重的 1/10），4℃下静置 30 min，9 000 r/min 离心 10 min，收集上清，即为病毒粗提纯液。

④ 通过蔗糖密度梯度 10%~40%（蔗糖溶液在 0.01 mol/L 的 Na_2SO_3 中），离心收集含有病毒的乳白色沉淀带；10 000 r/min 离心 25 min 浓缩，收集沉淀，悬浮于 0.01 mol/L Na_2SO_3 中，即为病毒提纯液。

2. 病毒粒体形态

采用醋酸铀负染法，于透射电镜下观察提纯的 TSWV 粒体形态。病毒粒体为等轴对称球状，直径 70~90 nm，外面有明显的包膜，膜外层由 5 nm 厚的均匀的刺状突起组成，纯化的病毒粒体有时出现尾状挤出物（图 5-4-1）。

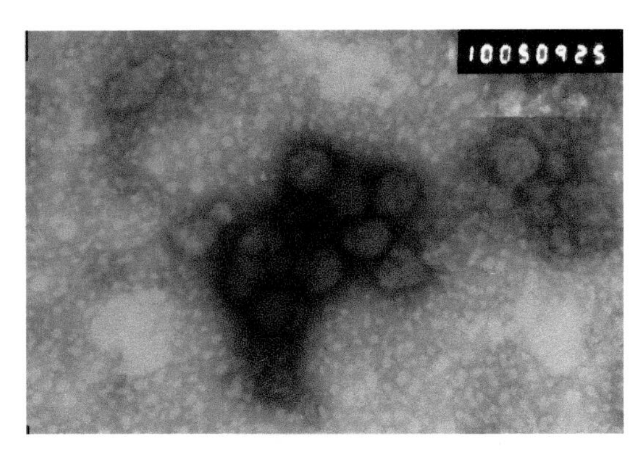

图 5-4-1　提纯的 TSWV 电镜下病毒粒体（王凤龙等，2019）（图片提供：丁铭）

二、病汁液的致病力与接种物浓度筛选

TSWV 在体外的理化性质不稳定，致死温度为 46℃下 10 min；病汁液室温下保毒期为 5 h；稀释限点为 10^{-2}~10^{-3}。室内可以通过汁液摩擦接种在烟草幼苗上，但同样的 6~7 叶期的苗龄和 100 倍质量浓度的接种物，接种成功率远低于 TMV、PVY 及 CMV。

TSWV 接种在本氏烟上 6~8 d，取上部褪绿斑驳病叶，研磨稀释成 10 倍、20 倍、40 倍、80 倍、160 倍、240 倍系列质量浓度后，将病汁液接种在枯斑寄主矮牵牛上，根据枯斑密度筛选适宜的接种物浓度；或接种在系统寄主 TI1203 上，接种后 7~10 d 根据发病率及病害严重度来筛选新鲜病叶的接种物浓度。

结果显示：随稀释倍数的增加，发病率和病害严重度显著降低，当病汁液稀释到 160 倍时叶片上枯斑数目显著降低，稀释至 240 倍时已不具备侵染力（图 5-4-2）。10~80 倍病汁液接种在 5~6 叶期 TI1203 上，发病烟株在显示系统症状，即系统叶出现半边点状密集坏死和不对称生长后，很快顶芽坏死侧倒、整株死亡（图 5-4-3）。因此，在筛选到适宜活体保存的系统寄主前，仍需在接种后 5~8 d 植株显示褪绿斑驳和系统坏死前，取病叶冷藏；使用时接种物质量浓度以 20~40 倍为宜。

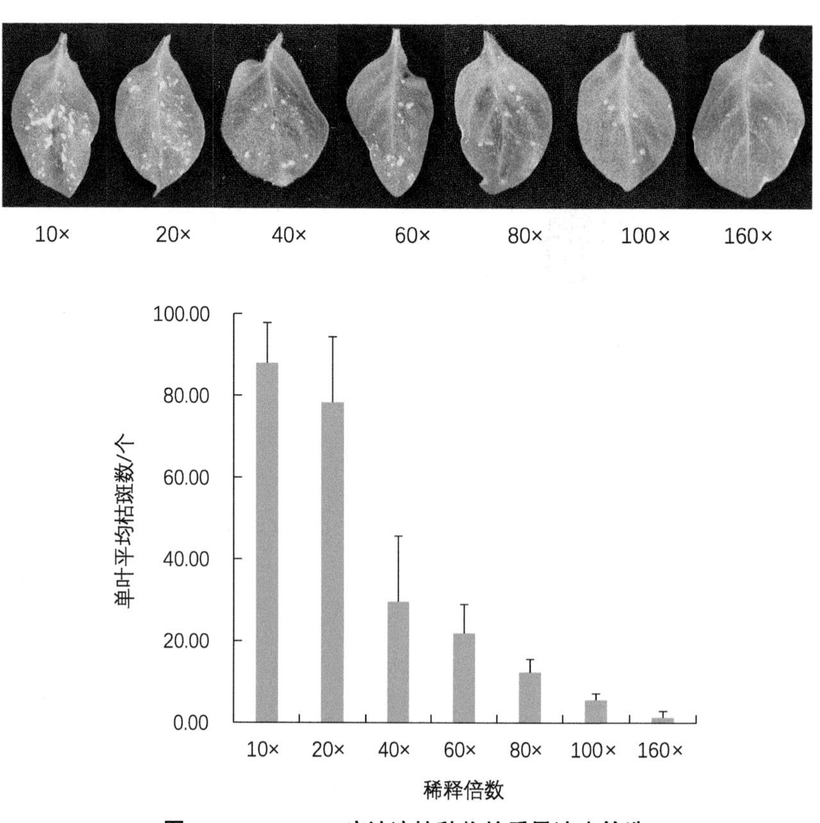

图 5-4-2 TSWV 病汁液接种物的质量浓度筛选

图 5-4-3　10~80 倍质量浓度的 TSWV 病汁液接种在 TI1203 上的症状

注：CK 为对照。箭头所示为接种叶。

第五节　烟草品种对 TSWV 的敏感性及抗 / 感对照品种筛选

一、TSWV 在云烟 87 和 K326 上的病害症状及严重度分级

在温室内，以 5~6 叶期烟草云烟 87，接种质量浓度 30 倍的 TSWV 病汁液（1 g 病叶研磨后加 30 mL 磷酸缓冲液）。其症状发展过程为：初始接种叶上出现密集的点状或环状坏死斑；逐渐扩展至上部叶，从叶基部开始半边叶上先出现点状密集坏死，随后亦会沿叶脉蔓延至另一边，但叶片两侧的坏死轻重显著不同，呈现不对称生长。最后顶芽皱缩坏

死，倒向一侧（图 5-5-1、图 5-5-2）。不同品种接种，其发病过程和病害严重度，会略有不同，但均表现典型的半边叶点状密集坏死和不对称生长。云烟 87 对 TSWV 表现高感，不适宜活体保存毒源。在 K326 上显示相似的病害发展过程（图 5-5-3）。

图 5-5-1　烟草（云烟 87）苗期接种 TSWV 的症状发展过程

注：dpi，接种后天数。

图 5-5-2　烟草（云烟 87）苗期接种 TSWV 的病害严重度分级

图 5-5-3　烟草（K326）苗期接种 TSWV 的症状发展过程

注：dpi，接种后天数。

二、TSWV 抗 / 感对照烟草品种筛选

在烟草品种区域试验材料的病毒病苗期接种抗性鉴定中，通常采用中烟 100、云烟 87、K326、NC89、龙江 911 为大区对照；TMV 采用三生 NN 烟为高抗对照，革新三号为中抗对照，G140 和红花大金元为感病对照；CMV 采用 Ti245 和铁耙子为抗病对照，G28 和亮黄为感病对照，PVY 采用 VAM 和 CV91 为抗病对照，NC95 和云烟 85 为感病对照。

为筛选 TSWV 的抗感对照，将上述品种单盆单株假植或在 30 联体孔假植盘上，于 5~6 叶期时，汁液摩擦接种上部两片展开叶，TSWV 接种物浓度为 30 倍。接种后于 26~27℃培养，接种后 6~8 d 记录各品种的病害症状和抗感情况。

结果显示：供试的 17 份材料，均对 TSWV 表现不同程度的感病。单盆单株处理与 30 联体孔处理，植株接种后发病略有不同，但前期均表现 TSWV 的典型症状：接种叶上出现褪绿的双层同心的中间点状的坏死环斑，上部系统叶先是半边自基部始出现点状密集坏死，逐渐扩展至叶尖和另一侧，叶片不对称生长，向一侧扭曲，很快顶芽坏死侧倒（图 5-5-4、图 5-5-5）。

图 5-5-4　烟草品种对 TSWV 的敏感性（单株育苗接种）

图 5-5-5 烟草品种对 TSWV 的敏感性（30 联体孔育苗接种）

虽然未筛选到抗病的栽培烟草品种，但野生烟（*N. alata*）对 TSWV 不显症，可以作为抗病对照（图 5-5-4）。

此外，试验中还观察到，部分品种其前期显症充分的病株，后期会生出健康心叶，这种现象在长势较强的烟株上尤为普遍。而且 6~7 叶期以上的较大苗龄接种，仅在接种叶上出现坏死环斑，未发展成心叶的系统坏死（图 5-5-6）。这一方面说明了品种间存在抗

图 5-5-6　烟草苗龄和品种影响 TSWV 症状扩展

注：箭头所示为接种叶。上排为在 3~4 叶期同一品种长势不一的烟苗上接种 40 倍质量浓度 TSWV，同一时期调查显示弱苗病情重。中排为在 4~5 叶期烟苗上接种 40 倍质量浓度 TSWV，同一病株心叶显症后及时浇水，部分植株新生叶片生长正常。下排为在 6~7 叶期烟苗上批量接种 100 倍质量浓度 TSWV，仅在接种叶上出现坏死环斑。

性差异；另一方面也进一步验证了烟株大小和长势是影响病毒病显症快慢和发病程度的重要因素，进而干扰抗性鉴定结果的准确性和可比性。对于表现半边叶坏死症状的 TSWV，坏死蔓延至主茎和顶芽的速度是决定危害程度的关键。

第六节　烟草品种抗 TSWV 苗期鉴定技术规程

TSWV 是烟草上公认的最具潜在威胁的病毒，由蓟马取食传播，其中西花蓟马（*Frankliniella occidentalis*）是主要传播介体之一。西花蓟马于 19 世纪在美国发现，并逐渐发展成为世界性的害虫之一；在我国山东、云南等多个省份均有发现且为害严重，是导致我国烟草上 TSWV 为害流行的关键因素。因此，加强各烟区间的检疫和及时控制传毒介体是目前最有效的防病策略。

此外，种植抗病品种也是最有效的防病措施。由于 TSWV 在我国报道和研究相对晚于北美、澳洲和欧洲，因此，国内对 TSWV 的抗性鉴定和抗病育种研究相对较少，生产上尚无表现抗性的烤烟品种。一旦干旱年份蓟马流行，防控不及时，常导致个别地块毁灭性损失。而且 TSWV 无论从症状还是病毒特性上，都与其他 3 种病毒 TMV、CMV、PVY 显著不同，亟须研究制定烟草对该病的鉴定技术标准。为此，本章对表现半边叶点状密集坏死和不对称生长的烟草番茄斑萎病毒，采用病毒生物学和分子生物学的相关技术，系统研究了病毒株系及其生物学特性。

结果显示，山东临沂烟草 TSWV 分离物株系与云南烟草 TSWV 分离物在系统进化上归为一组，该分离物对烟草具有强致病力，绝大多数品种表现高感，接种后 6~8 d 表现典型的接种叶上同心坏死环斑和心叶点状密集坏死，适宜作为抗病烟草品种筛选的毒株。毒源接种在本氏烟或三生 NN 烟上 5~6 d 时取褪绿斑驳花叶和不对称生长病叶，冷冻保存。批量接种鉴定时需重新扩繁新鲜病叶，接种物使用质量浓度为 20~40 倍稀释；于小花盆单株或 16~20 联体孔假植盘培养烟草至 5~6 叶期，接种后 25~27℃培养，7~10 d 内进行病情系统调查。

在此基础上，制定《烟草抗烟草番茄斑萎病毒（TSWV）苗期鉴定技术规程》，以加快抗病种质的筛选和抗病品种的培育储备。

烟草抗烟草番茄斑萎病毒（TSWV）苗期鉴定技术规程

Rule for Resistance Evaluation of Young Tobacco to Tomato Spotted Wilt Virus

1　范围

本标准规定了烟草抗烟草番茄斑萎病毒病鉴定技术方法和抗性评价方法。

2　规范性引用文件

下列文件对于本文件的应用是必不可少的。凡是注日期的引用文件，仅所注日期的版本适用于本文件。凡是不注日期的引用文件，其最新版本（包括所有的修改单）适用于本文件。

GB/T 23224—2008　烟草品种抗病性鉴定

GB/T 23222—2008　烟草病虫害分级调查方法

3　术语和定义

下列术语和定义适用于本标准。

3.1　抗病性 disease resistance

植物体所具有的能够减轻或克服病原物致病作用的可遗传的性状。

3.2　致病性分化 variation of pathogenicity

病原物由于突变、杂交、适应性变异、不同孢子细胞质的异质性等致使生理小种改变，导致致病性差异。

3.3　人工接种鉴定 artificial inoculation for identification

用人工繁殖或收集的病原物，按一定量接种，创造发病条件，根据接种对象发病程度确定品种抗病性强弱。

3.4　接种体 inoculum

能够侵染寄主并引起病害的病原体。

3.5　病毒种 species

组成一个复制谱系、占据一个特定生态位的多特性病毒群体。即病毒种是具有相似特性的株系的集合。

3.5.1　分离物 isolate

从病株上通过分离纯化的手段，如接种到另一种寄主植物上，单斑分离或分子克隆而得到的病毒纯培养物。

3.5.2　株系 strain

株系是种内的变株。属于同一株系的分离物共同拥有一些已知的、有别于其他株系离物的特性，如寄主范围、传播行为、血清学或核苷酸序列。

3.6　严重度分级 disease rating scale

人为定量植物个体或群体发病程度的数值化描述。

3.7　对照品种 control cultivar

规范中为了检验试验的可靠性，在品种鉴定时附加的抗病品种和感病品种。

3.8　烟草番茄斑萎病毒 tomato spotted wilt virus

引起烟草叶片半边叶上点状密集坏死、叶片不对称损伤、顶部新叶变灰坏死、茎秆凹陷坏死对应髓部变黑、病株矮化伴有顶芽向一侧倾倒坏死、产质量受影响的烟草番茄斑萎病毒病的病原。

根据在烟草上的症状、血清学及 *CP* 基因序列，通常分为 L 和 I 两个株系。烟草上的 TSWV 分离物根据血清学划分为最常见的普通株系 L（Lettuce），及现已归为凤仙花坏死环斑病毒（impatiens necrotic spot virus，INSV）的 I 株系。

4　接种体的制备和保存

4.1　株系的纯化

以我国烟区流行的普通株系 TSWV-L 为病毒接种体。

——田间采集具有半边叶点状密集坏死症状的典型烟草番茄斑萎病毒病叶片，经血清学（免疫胶体金试纸条）检测确认病毒种类；经 PCR 扩增病毒的全基因组，在 NCBI 数据库上比对确认病毒株系。

——接种在枯斑寄主矮牵牛上，单斑分离纯化 2~3 次后，接种在抗病寄主野生烟（*Nicotiana alata*）及系统寄主本氏烟、三生 NN 烟、云烟 87 或中烟 100 上，记录发病时期和症状。

4.2　株系的保存和繁殖

株系接种在防虫温室或培养箱内的 5~6 叶期本氏烟或三生 NN 烟等感病烟苗上，5~6 d 取褪绿斑驳病叶冷冻保存。为了防止保存期病毒的致病性退化，在使用前 7~10 d 转接复壮 1 次，留取新鲜病叶备用。适宜发病温度为 25~28℃。

5　鉴定方法

5.1　鉴定温室

采用温室内鉴定，尽量每个病毒有专用的隔离温室，常年注意保持无蓟马和其他病虫。

5.2　供试材料的种植

先在 25 cm×15 cm 的塑料盘内播种育苗，待烟苗长至 2~3 片真叶时假植。

对上百份材料的大样本，假植在 16~20 孔联体聚乙烯塑料托盘内，每品种重复 3 次，随机摆放在育苗畦内。对十几份材料的小样本，假植到直径 8 cm 小花盆内。留有足够生长空间置于一托盘内（每盘 15 株），每品种设置 3 托盘重复，随机摆放于培养架上。

育苗用营养土需用高温或其他方法消毒，育苗用工具和盘具用菌毒清或其他消毒剂消毒，保证无菌。

播种时间的选择，以播种后至烟苗适宜接种约 2 个月时，温室内的平均温度在 25℃左右，不超过 28℃。青岛通常选择在 3 月 10 日左右。

5.3　对照品种

设置野生烟（*Nicotiana alata*）为高抗对照，云烟 87 和中烟 100 为感病对照。

5.4　接种

5.4.1　接种时期

烟苗 4~5 片真叶期。选择晴天接种。

5.4.2　接种方法

采用汁液摩擦法，取相应毒源新鲜病叶按照（1∶30）与灭菌后的磷酸缓冲液混合置于灭菌的榨汁机中，研磨碎成匀浆，灭菌纱布过滤取滤液置于冰水上，进行接种。接种前，需用肥皂对双手消毒，在烟苗上部第 1~2 片真叶上撒少许石英砂（600 目）。

——接种时，以左手托着叶片，用消毒棉棒蘸取少量病毒汁液，在接种叶片上轻轻摩擦，要求仅使叶片表皮细胞造成微伤口而不死亡。

——接种后用清水洗去接种叶片上的残留汁液，在 25~27℃条件下培养，接种 4 天后未见发病再回接 1 次。

5.5　接种前后的烟苗管理

及时施肥和浇灌，保证植株正常生长。

6　病情调查

6.1　调查时间

一般在接种后 4~5 天观察接种叶坏死环斑和心叶半边点状斑；7~10 天，感病对照品种病情指数不低于 60 时，进行系统调查。

6.2　调查方法

逐株调查每一盘内发病情况。

6.3　病情分级

参考 GB/T 23222 规定的 TMV、CMV 分级标准，制定 TSWV 分级标准，用目测法逐株记载病害严重度（表 1）。

表 1　烟草番茄斑萎病毒病苗期病级划分标准

严重度分级	划级标准
0 级	全株无病
1 级	病叶半边叶上出现点状密集坏死，病株无明显矮化
3 级	1/3 病叶半边叶上出现点状密集坏死，并伴随病叶不对称生长，或病株矮化为正常株高的 3/4 以上
5 级	1/3~1/2 病叶不对称生长，或顶部新叶出现整叶坏死，顶芽向一侧坏死倾倒，或病株矮化为正常株高的 2/3~3/4
7 级	1/2~2/3 病叶不对称生长，或顶芽坏死侧倒，茎秆上有明显的凹陷坏死症状，且对应部位的髓部变黑，或病株矮化为正常株高的 1/2~2/3
9 级	全株病叶不对称生长，顶芽严重坏死，或病株矮化为正常株高的 1/2 以上

7　结果计算与抗性评价

7.1　发病率、病情指数及抗性指数计算

通过鉴定材料群体中个体发病程度的综合计算，确定各鉴定材料的平均病情。其计算方法如下，计算结果精确到小数点后两位：

7.1.1　发病率（T）

$$T=\frac{\sum M_i}{N}\times 100\%$$

式中，T——发病率；

i——病害的相应严重度级值；

M_i——病情为 i 的株数；

N——调查总株数。

7.1.2　病情指数（DI）

$$DI=\frac{\sum(N_i\times i)}{N\times 9}\times 100$$

式中，DI——病情指数；

N_i——各级病叶（株）数；

i——病害的相应严重度级值；

N——调查总叶（株）数。

7.1.3　相对抗性指数（RI）

$$RI=\ln\frac{DI}{100-DI}-\ln\frac{DI_0}{100-DI_0}$$

式中，RI——相对抗性指数；

DI——各品种的病情指数；

DI_0——感病对照品种云烟87的病情指数。

7.2　抗性评价标准

依据每次试验调查的抗性指数划分抗性等级（表2）。

表2　烟草品种病毒病抗性级别划分标准

抗性等级	病情指数（*DI*）	抗性指数（*RI*）
免疫（Immune，I）	0	—
抗病（Resistant，R）	0.1~20	≤ –2.00
中抗（Moderately resistant，MR）	20.1~40	–2.10 ~ –1.0
中感（Moderately susceptible，MS）	40.1~80	–1.10~0.0
感病（Susceptible，S）	80.1~100	≥ 0.0

注：根据以上抗性级别划分标准判定待鉴定材料的抗性级别，同时符合2个参数的抗性级别为待评价材料的抗性级别，不能同时符合的以抗性弱的级别为待评价材料的抗性级别。

7.3　鉴定有效性判别

当感病对照品种平均病情指数达到60时，该批次鉴定视为有效。

对试验结果加以分析、评价后写出正式试验报告，并保存好原始材料以备考察验证。

7.4　重复鉴定

凡是抗感分离的或中抗以上的材料，以同样方法重复鉴定。当年鉴定的材料，次年以同样方法重复鉴定。如果两年的结果相差太大，应进行重复验证。

8　鉴定记载表格

烟草抗番茄斑萎病毒病鉴定试验调查记载表见附录A。

附录 A

烟草品种抗 TSWV（☑ TSWV-L、□ TSWV-I）鉴定试验调查记载表

调查日期____________ 调查人____________ 记录人____________

品种名称 / 编号	重复	各级病害株数						总株数	发病率 /%	病情指数	抗性指数
		0	1	3	5	7	9				

06

第六章 病毒病害表型组学

第一节　烟草病毒病害表型组学在抗性鉴定和药物筛选中的应用

目前，烟草抗病毒病鉴定是依照国家标准 GB/T 23224—2008《烟草品种抗病性鉴定》中的 TMV 和 CMV 部分。

一方面，目前的标准作为应用十余年的抗病性鉴定标准，有其技术的可靠性和不可替代性，有鉴定人员的经验性和依赖性；同时又面临高通量欠缺的压力和技术更新提升的需求。例如，抗病育种中大样本的群体组合、种质资源和烟草区域试验材料的抗性鉴定，均有高通量和高质量的试验需求。而目前病情调查是采用人工目测法来判定每一品种每一株的发病级别。这需要一定的专业知识和判定经验的积累，但仍不可避免地存在由识别疲倦导致的人为误差。

另一方面，目前的标准缺少对 PVY、TSWV、ChiVMV 等烟草重大病毒的抗性鉴定方法的规范描述。面对 PVY 替代 TMV 成为烟草上最具危害性的病毒，以及由西南烟区北上扩散的 TSWV 和由辣椒扩散至烟草的 ChiVMV，均需要筛选和储备抗病品种。

随着烟草表型大数据的积累和人工智能的发展，将烟草病害表型组学应用在病害的病情调查中，建立智能化识别、判定体系，这即能实现智能化和高通量，又能丰富烟草表型大数据，开拓烟草表型组学的新分支——烟草病害表型组学。

一、烟草重大病毒病害

烟草侵染性病害全世界报道 100 余种，我国已发现 86 种，其中病毒病害 31 种。据估计全世界烟草每年因病毒病害造成的产量损失平均为 10%~15%。

引起产量损失的主要有烟草花叶病毒病（tobacco mosaic virus，TMV）、黄瓜花叶病毒（cucumber mosaic virus，CMV）、马铃薯 Y 病毒（potato virus Y，PVY）、番茄斑萎病毒（tomato spot wilt virus，TSWV），分别引起叶片上有规则的黄绿相间的斑驳花叶，疱斑畸形及橡叶纹，花叶及脉坏死，半边叶上点状密集坏死、不对称生长及顶芽坏死侧倒。此外，辣椒脉斑驳病毒（chilli veinal mottle virus，ChiVMV）近年呈快速传播趋势，引起叶片上褪绿黄化的“圆形亮斑”以及疱斑黄化（图 6-1-1）。

图 6-1-1　烟草重大病毒病害

（一）烟草花叶病毒病

Mayer（1886）在荷兰第一次用花叶描述烟草病毒病，首先证实了烟草花叶病的传染性，Beijerinck（1898）在重复 Ivanowski（1892）过滤性试验室的基础上，首次使用滤过性病毒（filterable viruses）一词以区别于细菌，开启了以烟草花叶病毒（tobacco mosaic virus，TMV）为模式病毒的病毒学研究时代。TMV 主要通过汁液摩擦传播，能侵染包括烟草、番茄、马铃薯、茄子、辣椒、龙葵等茄科作物在内的 350 多种寄主植物。TMV 在世界各烟区普遍发生，造成严重损失，是危害烟草生产的最常发的重要病害。许多亚洲国家，如中国、泰国、越南、印度尼西亚等，大洋洲的澳大利亚，美洲的阿根廷、巴西、美国，都是 TMV 高感染率国家。非洲和中东地区的发病率普遍低于其他生产地区。欧洲的西班牙和意大利发病尤其严重。

最有效的防治措施是栽培抗病品种，来自粘烟草（*Nicotiana glutinosa*）的单显性 *N* 基因抗 TMV，将 *N* 基因渐渗杂交入普通烟草能获得抗 TMV 的烟草种质。例如，1952 年利用粘烟草抗性育成第一个抗 TMV 的白肋烟品种 Kentacy 56，以及近年利用这一抗性育成的改良的 K326 和改良的红花大金元。但 *N* 基因抗 TMV 具有温敏性，28℃以下发挥抗性表现过敏性坏死反应枯斑；28℃以上抗性丧失表现系统花叶，当移回 28℃以下时抗性丧失会发生逆转，烟株会死于致命的系统性过敏坏死反应。

（二）烟草黄瓜花叶病毒病

Doolittle 和 Jagger（1916）首先在黄瓜上发现黄瓜花叶病毒（cucumber mosaic virus，CMV），之后各国学者在多种植物上分离到 CMV，是目前已知寄主范围最多、分布范围最广、危害性最大的植物病毒之一。CMV 主要通过蚜虫和汁液摩擦传播，能侵染包括茄科、葫芦科、豆科和十字花科在内的 1 000 多种植物。我国大部分地区的辣椒、番茄、烟草、南瓜、菜豆、豇豆、萝卜和大白菜上均有 CMV 发生，引起作物大量减产，是烟草上常发的重要病害之一。CMV 分布在世界范围内，但其对烟草的影响在不同国家之间差异很大。CMV 在亚洲的中国（大陆及台湾地区）和日本，欧洲的意大利、西班牙和法国，单独或与其他病毒混合发生严重，产量损失巨大；在美国、印度、菲律宾等国家也发生，但损失较小。

目前尚未发现来源于烟草的抗病基因，在 CMV 常发国家或地区，应及时防治传毒介体蚜虫，切断传播途径，减轻为害。

（三）烟草马铃薯 Y 病毒病

Smith（1931）首先在马铃薯上发现马铃薯 Y 病毒（potato virus Y，PVY），之后各国学者在多种植物上分离到 PVY。PVY 主要通过蚜虫和汁液摩擦传播，能侵染包括茄科、藜科、豆科在内的 34 个属 170 余种植物，在中国严重为害马铃薯、番茄、辣椒、烟草等作物，是烟草上常发的重要病害之一。PVY 在全球广泛传播，是烟草生产上最具破坏性的病毒，已报道的有中度为害的花叶株系和严重为害的坏死兼花叶株系。坏死株系主要在东欧（匈牙利、保加利亚和波兰）、西欧（西班牙、意大利和法国）和亚洲（中国、日本和韩国）、北非（摩洛哥）、南美（阿根廷、智利），严重流行，经济损失严重。在北美流行的主要是致病性弱的花叶株系。

来自烟草 VAM 品种的隐性基因 *va* 抗 PVY 的多个株系，但已在美洲的美国、智利、阿根廷和欧洲的匈牙利、波兰、意大利和法国，发现能够克服 *va* 基因抗性的突变毒株，影响抗病烟草品种。李若等（2020）报道我国首个突破 *va* 抗性的毒株 PVY-CJ。

（四）烟草番茄斑萎病毒病

Brittlebank（1919）首先在澳大利亚番茄上发现斑萎病，Samuel（1930）鉴定了番茄斑萎病毒（tomato spotted wilt virus，TSWV）。TSWV 主要通过蓟马和汁液摩擦传播，能侵染包括茄科、豆科、菊科、葫芦科在内的 360 余种植物。美国乔治亚州（1986）和北卡罗来纳州（1989）分别首次报道发现该病害；2002 年在美国东南部发生，成为对烟草最具破坏性的流行病。此外，TSWV 在东欧（保加利亚、匈牙利、波兰等）、希腊和中国（云南、四川）发生流行，为害严重。

来自野生烟 *N. alata* 的一对显性等位基因抗 TSWV，通过小孢子原生质体融合技术已将抗病基因转移到栽培烟草，育成的香料烟 Polata，较抗 TSWV，但尚无抗性较强的烤烟品种。在 TSWV 常发烟区，应及时防治传毒昆虫蓟马。

（五）烟草辣椒脉斑驳病毒病

Ong 等（1979）最早在马来西亚辣椒上报道辣椒脉斑驳病毒（chilli veinal mottle virus，ChiVMV）。在我国，首先发现于台湾辣椒和海南黄灯笼椒上。ChiVMV 主要通过蚜虫和汁液摩擦传播，能侵染包括辣椒、番茄、烟草在内的茄科作物，以及曼陀罗、醉鱼草、藜属植物等。2011 年，中国云南省首次报道了 ChiVMV 在烟草上的为害，此后在贵州、四川、东北、山东等烟区发现 ChiVMV，表明其迅速蔓延，已成为影响中国烟草生产的重要病毒之一。

目前，尚未发现来源于烟草的抗病基因，烟田防治传毒蚜虫、避免与辣椒邻作，能有效防病。

二、生物表型组学发展简史

1911 年遗传学家 Wilhelm Johannsen 首次将“表型”（phenotype）定义为可通过直接观察或精细测量进行描述区分的生物属性，认为生物体的表型是基因型（genotype）和环境因素（environmental factors）复杂交互的结果。因此，表型是由基因、表观遗传学、共生微生物、饮食和环境暴露之间复杂的相互作用而产生的一系列可测量特征，包括个体和群体的物理、化学和生物特征。表型组（phenome）则是指某一生物的全部性状特征。

1996 年 Steven Garan 首次提出“表型组学”，用以描述表型测量。1997 年 Nicholas Schork 在疾病研究中提出与基因组学相对应的表型组学的概念。表型组学（phenomics）

是一门在基因组水平上系统研究某一生物或细胞在各种不同环境条件下所有表型的学科。由此促进了对于生物（人、动物、植物）表型的研究。

植物表型是受基因和环境因素决定或影响的，反映植物结构及组成、植物生长发育过程及结果的全部物理、生理、生化特征和性状。植物表型组则是指植物的全部表型，是囊括了多种基因型和各种环境因素的集合，基因型是内因，环境是外因。那么，植物病害表型（plant disease phenotype）是受植物基因和病原物基因决定以及环境因素影响的，反映在植物表型上的感病后植物本身的症状和病原物的病征，如植物的叶片变色、坏死、畸形，真菌的霉层、细菌的溢脓、病毒的内含体。植物病害表型组（plant disease phenomics）便是某一植物（包括多种基因型）与各种不同病原（包括多种致病型）互作产生的一系列可测量特征的集合。植物病害表型组学（plant disease phenomics）则是一门在基因组水平上系统研究某一植物或细胞在各种不同病原（包括病毒、真菌、细菌、线虫、寄生性种子植物以及逆境）侵染胁迫下的所有表型的学科。

高通量和高精度的表型技术是表型组学研究与应用的关键。

2005 年，Christophe 等详细阐述了被称为“性状工厂（Trait Mill）”的可大规模自动化分析全生育期植物表型的技术设施。2006 年 Niculescu 等描述了一种新的用于表型组学分析的实验定量研究方法，并称其为“Pheno Chipping”。2009 年 4 月，第一届国际植物表型组大会在澳大利亚堪培拉成功举办。2011 年 Robert Furbank 针对表型技术提出了著名的表型研究瓶颈问题，这促进了表型工具、技术和分析方法的研究，并应用在小麦、水稻、玉米等大作物研究领域。2017 年 Francois Tardieu 和 Malcolm Bennett 提出多层次表型组（multi-scale phenomics）研究，指出由巨量图像和传感器数据到有意义的生物学知识的转化是研究的瓶颈，这促进了表型性状萃取、数据处理和动态建模的研究（周济等，2018）。植物表型组学的研究策略包括 6 步：依据问题设计试验，采集数据，整合数据，分析数据，萃取性状，解决实际科学问题。

2019 年 7 月 27 日，中国科学院与湖北省联合共建的作物表型组学联合研究中心在武汉成立。致力于针对不同作物的株型、产量、耐旱涝、耐寒热、抗病虫、耐盐碱、养分利用、光合作用、品质等性状和特征，开展鉴定与分析。

2019 年 1 月 22 日，由南京农业大学与 *Science* 出版商美国科学促进会合作创办的英文学术期刊 *Plant Phenomics*（植物表型组学）正式上线发行。论文涵盖高通量表型分析的最新技术，基于图像分析和机器学习的表型分析研究，提取表型信息的新算法，作物栽培、植物育种和农业实践中的表型组学新应用，与植物表型相结合的分子生物学、植物生理学、统计学、作物模型和其他组学研究，表型组学相关的植物生物学等。这成为植物表型组学展示和交流的重要平台，极大地促进了学科发展。

2021 年 1 月 11 日，由上海国际人类表型组研究院与 Springer Nature 合作新创的国际期刊 *Phenomics*（表型组学）正式开刊。表型是基因与环境共同作用所产生的生物特征，表型组是指包括健康和疾病在内的所有生物特征的集合。通过运用高通量方法，深度表型测量已在人类和模型生物的功能基因组学、药物科学、生物医学工程、系统发育和疾病基因组学研究中引起了广泛关注。这不仅促进了高效一体化的表型测量设施和分析技术的研究，还促进了表型在疾病风险预警和临床精准治疗中的应用，还有助于人类健康、生物技术、农业和生命科学等相关领域的跨学科的理论研究和实践应用。

三、烟草主要病毒病害表型数据集的构建与应用

（一）烟草病毒病害表型组学的研究意义

烟草核心种质是重要的育种材料或主栽品种，而重大病毒病既是危害烟叶产值量安全的主要因素，又是抗病育种的主要研究靶标。因此，开展烟草主要病毒病害表型数据集的构建与应用研究，具有以下两方面的重大意义。

一方面，重大病毒病害表型数据集的构建，是烟草核心种质资源在病毒侵染胁迫环境下的病害表型精准鉴定，有助于推进核心优质骨干品种的病害表型组学研究，丰富烟草核心种质资源表型和基因型数据库，为后续品种抗性变异和抗病基因挖掘提供基础数据。

另一方面，重大病毒病害严重度分级智能模型的建立和应用，是基于病害精准表型数据集的智能识别系统，是病害表型组学数据在高通量抗性鉴定中的应用，有助于减少人工判别的误差，节省时间，提高鉴定结果的准确性。

（二）烟草表型数据库的研究现状

最早也最有代表性的烟草表型数据是烟草品种和种质资源数据库。《中国烟草种质资源图谱》《东北晾晒烟种质资源图鉴》《烟草突变体库》等图书，对烟草核心种质的表型均有高质量的图像和精准的文字注释，且亦有对应的烟草表型数据库。这些都是对烟草健康表型的描述和呈现。

毫无疑问，一望无际的健康的烟草表型，既是无数种植者辛勤耕作的结果，也是几代育种人定向培育的结晶。但作物在生长过程中，不可避免地面对各种病害的侵染和再侵染。

病害表型，尤其是病毒病害，是烟草表型的重要分支信息，是发掘抗性基因和选育抗病品种的保障。但目前尚无烟草核心种质重大病毒病害表型图谱。因此，建立烟草病毒病害表型组学数据集，是对烟草表型组学数据库的丰富，能提升数据库的综合服务性能。

2018 年国家烟草专卖局“烟草科研大数据”重大专项开始搭建烟草表型组学大数据平台。通过烟草表型分析来描述关键性状，可以为育种、栽培、植保等农业实践提供基于大数据的决策支持。

目前，烟草表型组学大数据平台在分子标记和基因验证方面已有应用，已有高通量数据采集设备，如无人机采集烟草群体表型数据。但已有数据标准不一，分布零散，有针对性的有效数据集较少，数据分析技术较缺乏，距离智能化萃取和应用尚远。

（三）烟草病毒病害表型数据集构建与应用

正常情况下，每一个烟草品种都有一个对应的健康表型；每一种烟草病害都有一个对应的典型病症或特有病征。建立健康表型与感病表型，乃至不同严重度的感病表型之间的特征关系数据集，进而实现烟草病毒病害种类识别、病情判定和抗性划分的智能化，这将大大加快抗病品种的室内筛选和田间鉴定过程，也将提升抗病毒药物的筛选和药效测定过程。当然这一切都要基于“烟草核心种质主要病毒病害表型标准化有像数据集的构建”和“病害严重度智能判定模型的建立”。

要实现这一目标，首先，要解决关键技术，如：烟草病毒病害原始表型有像数据集的高质量和高通量采集方法；标准化有像数据集的性状信息萃取技术、数据分析和数据转换方法；病害严重度分级建模技术。

其次，要进行合理的试验设计、标准化的有效数据采集；进而采用科学的解析方法，高效地总结共性规律，提取有生物学意义的信息；最终建立智能化识别数据集，即烟草品种基因型—健康表型—病原物致病型（病菌生理小种或病毒株系）—不同严重度感病表型与培养环境的多位一体的数据体系，用于病情的自动化判定，从而减轻现有鉴定标准的工作量，减少人为识别的误差，提高鉴定效率和准确度。

再次，要确定材料与靶标，以烟草大区对照品种中烟 100、云烟 87、K326、NC89、龙江 911 和各种病毒的抗 / 感对照品种及年度抗性鉴定品种为材料，以烟草主要病毒 TMV、CMV、PVY、TSWV、ChiVMV 为靶标，开展研究（图 6-1-2）。

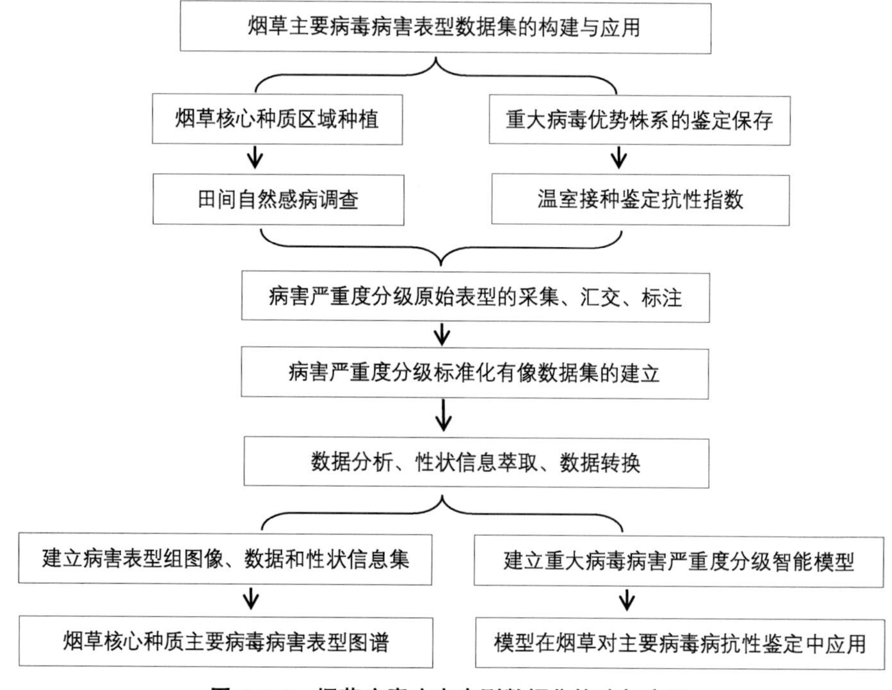

图 6-1-2　烟草病毒病害表型数据集构建与应用

① 烟草主要病毒病害表型数据的采集、汇交和标注技术。包括高质量原始图像数据的采集方法和品种健康 / 发病表型的注释方法。

② 烟草主要病毒病害表型高质量数据的采集、整合分析、性状萃取和数据转换。包括：由原始表型数据集整合建立标准化数据集，对表型组数据集进行分析和关键性状萃取，数据转换和建立对应的性状信息数据集。

③ 病毒病害表型—病害严重度分级—病情指数—抗性指数的智能化诊断模型建立和应用。包括：对性状信息数据集进行数学分析和建模，模型应用于年度的烟草品种区域试验或种质资源材料对病毒病的抗性鉴定，实现标准化和高通量，并逐年完善模型。

最后，建立智能化的烟草品种抗性鉴定流程，预期是这样的：标准化的温室育苗和毒源扩繁—衣刷汁液摩擦或喷枪快速接种—仪器采集单株或群体发病表型—计算机有像数据分析与性状萃取—病情判定和抗性划分—试验结果输出（图 6-1-3）。

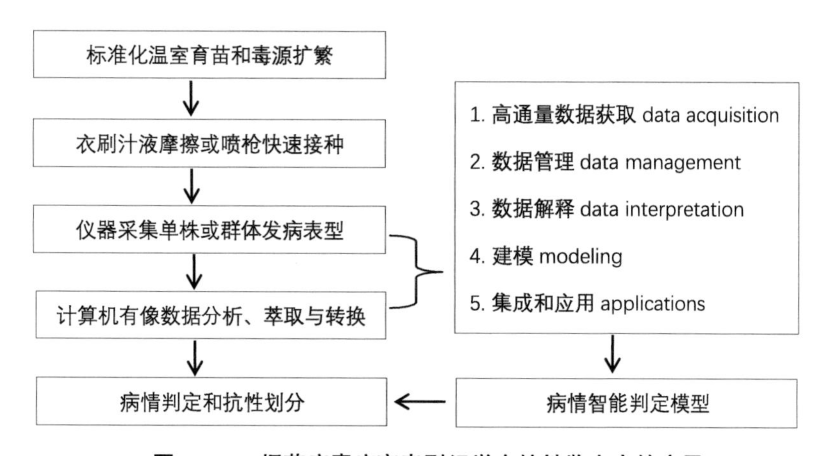

图 6-1-3 烟草病毒病害表型组学在抗性鉴定中的应用

同样，智能化的抗病毒药物筛选和药效测定流程，预期是这样的：标准化的温室育苗或田间病圃移栽——室内接种用药或田间自然感病用药——仪器采集单株或各小区群体发病表型——计算机有像数据分析与性状萃取——病情判定和药效评价——试验结果输出（图 6-1-4）。

未来，随着大数据和人工职能的发展，不仅烟草种植会走向智能化，而且传统的品种抗病性鉴定和药物筛选也将更趋于简约和精准。

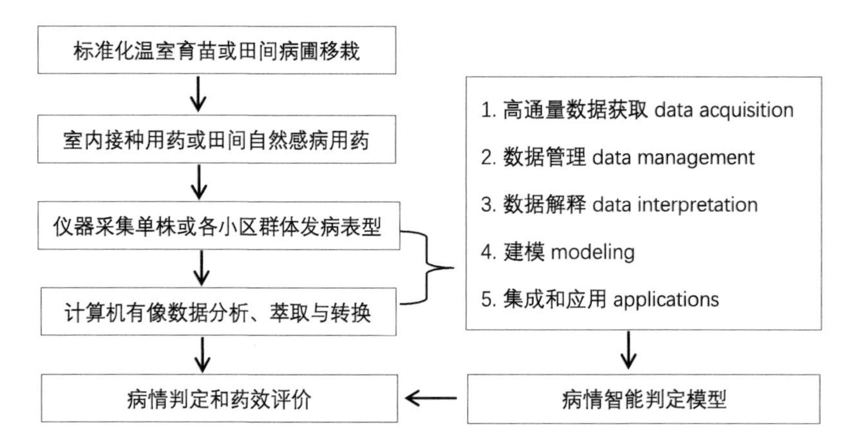

图 6-1-4　烟草病毒病害表型组学在药物筛选中的应用

第二节　烟草主要病毒病害表型描述规范和数据标准

烟草表型（tobacco phenotype）是受基因和环境因素决定或影响的，反映烟草结构及组成、生长发育过程及结果的全部物理、生理、生化特征和性状，可通过直接观察或精细测量进行描述区分的生物属性。烟草表型组（tobacco phenome）则是指烟草的全部性状特征。烟草表型组学（tobacco phenomics）是一门在基因组水平上系统研究烟草或细胞在各种不同环境条件（健康生境、逆境、病原侵染）下所有表型的学科。

烟草品种和种质资源数据库是最早、最具代表性的烟草表型数据，且对应有高质量的图像和精准的文字注释，是对烟草健康表型的描述和呈现，例如《中国烟草种质资源图谱》。

烟草病害表型（tobacco disease phenotype）是受烟草和病原物基因决定以及环境因素影响的，反映在烟草表型上的感病后烟草本身的症状和病原物的病征，如烟草的叶片变色、坏死、畸形，真菌的霉层、细菌的溢脓、病毒的内含体。烟草病害表型组（tobacco disease phenome）是烟草（包括多种基因型）与侵染烟草的多种病原（包括多种致病型）互作产生的一系列可测量特征的集合。烟草病害表型组学（tobacco disease phenomics）则是一门在基因组水平上系统研究烟草或其细胞在各种不同病原侵染胁迫下的所有表型的学科。

《中国烟草病害图鉴》是目前最具代表性的烟草病害表型，有各类病原，包括侵染性病原病毒、真菌、细菌、线虫、寄生性种子植物（以及非侵染性的逆境）对应的病原物特征和病株图像，以及症状、病原、发生规律和防治方法的文字注释，是更侧重于烟草病害表型的高清呈现和精准描述，在防治方法中提及抗耐病烟草品种，但未更详细地注释烟草基因型对病害表型的影响。

事实上，病害表型作为植物表型的重要分支信息，是植物病害症状和病原病征的综合表现，是植物基因型和病原物致病型及环境因素综合作用的结果。那么，在烟草表型的基础上，对应融入烟草病害表型，既是对烟草品种表型数据库和病害三角（感病寄主、致病病原、有利于发病的环境条件）关系的不断丰富，也是发掘抗性基因和选育抗病品种的重要保障。

这显然是一项有意义但非常精细宏大的系统工程。以烟草核心种质为材料，以烟草上危害较大的主要病毒为靶标，规范病毒病害的描述和数据记录标准，有助于推进烟草病害表型组学的发展，丰富烟草品种和种质资源数据库，提升其综合服务性能。

为此，参考 GB 23222—2008《烟草病虫害分级及调查方法》、GB 23224—2008《烟草品种抗病性鉴定》、YC/T 344—2010《烟草种质资源描述规范和数据标准》，制定《烟草主要病毒病害表型描述规范和数据标准》。

烟草主要病毒病害表型描述规范和数据标准

Descriptors and Data standard for Tobacco Main Virus Disease Phenotype

1　范围

本标准适用于烟草病毒病害表型的收集、保存，整理、整合和共享。

本标准规定了烟草主要病毒病害表型的描述、分级标准以及数据采集过程中的质量控制内容和方法。

2　规范性引用文件

下列文件对于本文件的应用是必不可少的。凡是注日期的引用文件，仅所注日期的版本适用于本文件。凡是不注日期的引用文件，其最新版本（包括所有的修改单）适用于本文件。

GB 23222—2008　烟草病虫害分级及调查方法

GB 23224—2008　烟草品种抗病性鉴定

YC/T 344—2010　烟草种质资源描述规范和数据标准

3　术语和定义

3.1　烟草 tobacco

烟草属于茄科（*Solanaceae*）烟草属（*Nicotiana*）。烟草栽培种有两个，分别来源于普通烟草（*N. tabacum* L.）和黄花烟（*N. rustica* L.），染色体数均为 $2n$=48。

3.2　烟草表型 tobacco phenotype

受基因和环境因素决定或影响的，反映烟草结构及组成、生长发育过程及结果的全部物理、生理、生化特征和性状，可通过直接观察或精细测量进行描述区分的生物属性。

烟草表型组（tobacco phenome）则是指烟草的全部性状特征。烟草表型组学（tobacco phenomics）是一门在基因组水平上系统研究烟草或细胞在各种不同环境条件（正常、逆境、病原侵染）下所有表型的学科。

3.3　烟草病害表型 tobacco disease phenotype

受烟草和病原物基因决定以及环境因素影响的，反映在烟草表型上的感病后烟草本身的症状和病原物的病征，如烟草的叶片变色、坏死、畸形，真菌的霉层、细菌的溢脓、病毒的内含体。

烟草病害表型组（tobacco disease phenome）是烟草（多种基因型）与多种病原（多种致病型）互作产生的一系列可测量特征的集合。烟草病害表型组学（tobacco disease phenomics）则是一门在基因组水平上系统研究烟草或其细胞在各种不同病原侵染胁迫下的所有表型的学科。

3.4　烟草病毒病害表型 tobacco virus disease phenotype

受烟草和病毒基因决定以及环境因素影响的，反映在烟草表型上的感病后烟草本身的花叶斑驳、卷叶、环斑、坏死、畸形、萎蔫、矮化等症状以及病组织（多为叶片）中的病毒内含体。

烟草病毒病害表型组（tobacco virus disease phenome）是烟草（多种基因型）与多种病毒（多种致病株系）互作产生的一系列可测量特征的集合。烟草病毒病害表型组学（tobacco virus disease phenomics）则是一门在基因组水平上系统研究烟草或其细胞在各种病毒侵染胁迫下的所有表型的学科。

3.5　植物病毒 plant virus

病毒通常是指包裹在由蛋白质或脂蛋白组成的一个或一个以上的保护性衣壳中，只能在适当的寄主细胞内完成其自身复制的一个或一套核酸模板分子。

植物病毒是指感染高等植物、藻类等真核生物的病毒。

3.6　病毒病害症状 virus disease symptoms

感病植物在病毒侵染胁迫及不良环境条件干扰下，植物体其生理、组织结构和形态上所发生的病变特征，如花叶斑驳、卷叶、环斑、坏死、畸形、萎蔫、矮化。

3.6.1　花叶斑驳 mottle

叶片上出现由浅绿和深绿形成的花叶黄化，幼叶上出现明脉、叶脉黄化甚至整叶黄化。

3.6.2　卷叶 leaf roll

叶片上卷或下卷，叶柄明显偏上或偏侧甚至弯曲。

3.6.3　环斑 ring spot

叶片上形成同心环和不规则线纹，有时也出现在果实上。

3.6.4　坏死 necrosis

叶脉坏死，甚至扩展至茎坏死和顶芽坏死侧倒。

3.6.5　畸形 distort

叶片不均匀生长、凸起成泡状或耳突状、叶片厚薄不均，叶缘扭曲、叶面皱缩、顶芽矮缩、植株矮化。

3.6.6　萎蔫 wilting

顶部心叶 / 心芽萎蔫及随后整株死亡。

3.6.7　矮化 stunning

节间缩短 / 顶部心叶皱缩及随后整株矮缩。

3.7　病毒病害严重度分级 virus disease rating scale

人为定量植物个体或群体在接种病毒或病毒侵染后的发病程度的数值化描述。

3.8　烟草病毒病害 tobacco virus diseases

由植物病毒单独或混合侵染烟草引起的花叶斑驳、卷叶、环斑、坏死、畸形、萎蔫症状的一大类病害。

3.8.1　烟草花叶病毒病 tobacco mosaic virus

由 TMV 引起的烟草叶片沿叶脉的深绿色花叶、斑驳花叶、植株矮化、产质量受影响的烟草花叶病毒病。

3.8.2　烟草黄瓜花叶病毒病 cucumber mosaic virus

由 CMV 引起的烟草叶片黄化斑驳、疱斑畸形、叶片变薄革质化、植株矮化、产质量受影响的烟草黄瓜花叶病毒病。

3.8.3　烟草马铃薯 Y 病毒病 potato virus Y

由 PVY 引起的烟草叶片花叶、褪绿条斑、叶脉或茎秆坏死、植株矮化、产质量受影响的烟草马铃薯 Y 病毒病。

3.8.4　烟草番茄斑萎病毒病 tomato spotted wilt virus

由 TSWV 引起的烟草叶片半边叶上点状密集坏死、叶片不对称损伤、顶部新叶变灰坏死、茎秆凹陷坏死对应髓部变黑、病株矮化伴有顶芽向一侧倾倒坏死、产质量受影响的烟草番茄斑萎病毒病。

3.8.5　辣椒脉斑驳病毒病 chilli veinal mottle virus

由 ChiVMV 引起的烟草叶片上褪绿黄化的圆形亮斑、疱斑黄化、产质量受影响的烟草辣椒脉斑驳病毒病。

4　烟草病毒病害症状特征和严重度分级

4.1　烟草花叶病毒病 TMV

4.1.1　TMV 病害症状

TMV 在田间初始表现沿叶脉的深绿色花叶，逐渐扩展成深绿、浅绿相间的斑驳花叶。由于病叶只一部分细胞加多或增大，致使叶片厚薄不均、叶片轻微变形有深绿色斑块，甚至叶片皱缩扭曲呈畸形。病株上部叶狭窄、斑驳黄化；雨后晴天时，下部叶会出现大块的花叶灼斑。远观，病株矮化、叶色发黄。

不同烟草品种或不同生育期感病，症状略有不同，均表现沿叶脉的深绿色花叶、叶片厚薄不均有大块深绿色斑驳的典型症状。TMV 病毒症状表述如表 1 所示。

表 1　烟草花叶病毒（TMV）病害症状

简称	症状描述
VC	心叶脉明（vein clearing on upper leaf，VC）
vMo	初始心叶上沿叶脉的深绿色花叶（beginning of dark green mosaic alone vein on upper leaf，vMo）
MM	沿叶脉的黄绿相间的斑驳花叶（motif mosaic alone vein，MM）
Mo	花叶，叶片不变形（mosaic no deformation，Mo）
MY	黄花叶，叶片不变形（yellow mosaic no deformation，MY）
hMo	严重花叶，叶片变形（heavy mosaic and deformed leaf，hMo）
DG	叶片厚薄不均、叶片轻微变形有深绿色斑块（deformed leaf lamina with dark green spots，DG）
LD	叶片厚薄不均，叶脉比叶片生长少导致叶片皱褶、扭曲畸形（leaf fold distorted deformity，LD）
MN	上部叶狭窄、黄花叶（narrow upper leaves and yellow mosaic，MN）
BN	下部叶花叶灼斑（mosaic and burning necrosis on bottom leaf，BN）
VN	叶片主脉变褐坏死（main vein necrosis，VN）
St	病株矮化，上部叶畸形、下部叶片常伴有坏死斑（stunting，St)

4.1.2　TMV 病害严重度分级

烟草花叶病毒（TMV）为系统侵染，整株发病。根据 GB/T 23222—2008 烟草病虫害分级及调查方法，以株为单位，逐株调查发病级别。TMV 病害严重待续如表 2 所示。

表 2　烟草花叶病毒（TMV）病害严重度分级

级别	症状描述
0	全株无病
1	心叶脉明或轻微花叶，病株无明显矮化
3	1/3 叶片花叶但不变形，或病株矮化为正常株高的 3/4 以上
5	1/3~1/2 叶片花叶，或少数叶片变形，或主脉变黑，或病株矮化为正常株高的 2/3~3/4
7	1/2~2/3 叶片花叶，或变形或主侧脉坏死，或病株矮化为正常株高的 1/2~2/3
9	全株叶片花叶，严重变形或坏死，或病株矮化为正常株高的 1/2 以上

4.2　烟草黄瓜花叶病毒病 CMV

4.2.1　CMV 病害症状

CMV 在田间，初始在心叶上出现脉明、沿叶脉的褪绿黄化，而后整片叶表现斑驳黄化，叶片革质化无光泽及叶缘上卷，逐渐发展为叶面疱斑耳突和扭曲畸形。病叶常狭长，叶基伸长、叶尖细长呈鼠尾状，严重时叶肉组织变窄，甚至消失，仅剩主脉而呈线条叶。中下部叶片还可表现沿主脉和侧脉的深褐色闪电状坏死斑纹，也称橡叶纹。

不同烟草品种或不同生育期感病，症状略有不同，均表现叶片斑驳黄化、疱斑鼠尾、变薄革质化或闪电纹坏死的典型症状。CMV 病害症状表述如表 3 所示。

表 3 烟草黄瓜花叶病毒（CMV）病害症状

简称	症状描述
mMo	轻微花叶，叶片不变形（mild mosaic no deformation，mMo）
MD	心叶花叶畸形（mosaic and distorted young leaves，MD）
hMo	严重花叶，上部叶片狭窄（heavy mosaic，upper leaves narrow，hMo）
LL	叶片明显狭长，叶面无突起，叶片黄化变薄革质化（narrow upper leaves and leaf leathery，LL）
LD	叶片厚薄不均，叶脉比叶片生长少导致叶片皱褶、扭曲畸形（leaf fold distorted deformity，LD）
RT	叶片狭长，叶基伸长，叶尖细长呈鼠尾状（leaf base elongation and leaf opex rat tail，RT）
MY	黄绿相间的花叶、叶面无突起（yellow mosaic，MY）
MM	有深绿色狭长斑块突起的错综间隔的斑驳花叶（motif mosaic，MM）
ME	严重花叶狭窄、叶面伴有耳状突起或疱斑畸形（heavy narrow mosaic and enations or distorted leaf，ME）
MN	严重花叶狭窄、甚至叶肉消失仅剩主脉呈线条叶（heavy narrow mosaic and leaf narrowing，MN）
OL	沿叶脉的褪绿坏死、不与叶脉相连，呈橡叶纹坏死（necrotic of oak leaf，OL）
St	病株矮化，伴有节间缩短、顶芽发育不良（stunting，St）

4.2.2 CMV 病害严重度分级

同 4.1.2 TMV 病害严重度分级。

4.3 烟草马铃薯 Y 病毒病 PVY

4.3.1 PVY 病害症状

PVY 在田间烟草上，初期表现脉明、轻微斑驳花叶、褪绿环、褪绿斑；随后出现叶片皱缩向内侧弯曲、叶脉坏死（通常叶背面显著），下部叶出现黄化及坏死斑；中后期上部叶片常表现高温隐症；病株矮化。

不同烟草品种或不同生育期感病，症状略有不同，均表现叶片脉坏死、向内侧弯曲的典型症状。PVY 病害症状表述如表 4 所示。

表 4　烟草马铃薯 Y 病毒（PVY）病害症状

简称	症状描述
Mo	花叶，叶片不变形（mosaic no deformation，Mo）
MY	花叶，浅绿深绿相间、叶面无突起（yellow mosaic，MY）
MM	浅绿深绿相间的斑驳花叶，叶片不变形（motif mosaic no deformation，MM）
CR	在叶面上扩展出一些直径 2~3 厘米的褪绿环，不坏死（chlorotic rings，CR）
CS	在叶面上扩展出一些直径 2~3 厘米的褪绿斑，不坏死（chlorotic spots，CS）
NS	在叶面上扩展出一些直径 2~3 厘米的坏死斑（necrotic spots，NS）
YB	沿叶脉的浅黄色带、边缘深绿色（yellow banding，YB）
VB	沿叶脉的深绿色带、边缘浅绿色到黄色（vein banding，VB）
VC	叶脉轻微脉明或变黄，不坏死，叶脉比叶片生长少导致叶片皱褶（vein clearing，VC）
VN	先是脉明，随后叶脉坏死变褐，叶面皱褶、叶片卷曲或扭曲，简称脉坏死（vein necrosis，VN）
St	病株矮化，茎、叶、顶芽常伴有坏死（stunting，St)

4.3.2　PVY 病害严重度分级

同 4.1.2　TMV 病害严重度分级。

4.4　烟草番茄斑萎病毒病 TSWV

4.4.1　TSWV 病害症状

烟草在田间感染 TSWV，初期发病叶片先在半边叶上出现点状密集坏死，伴随病叶不对称生长；发病中期，病叶出现半边叶坏死斑点和脉坏死，顶部心叶出现整叶坏死，烟株顶芽向一侧坏死倾倒；发病后期，烟株进一步坏死，茎秆上有明显的凹陷坏死症状，且对应部位的髓部变黑，但不形成烟草黑胫病的碟片状，最终导致烟草整株死亡。

不同烟草品种或不同生育期感病，症状略有不同，但叶片和烟株均表现显著的不对称坏死。TSWV 病害严重度分级如表 5 所示。

表 5　烟草番茄斑萎病毒（TSWV）病害严重度分级

级别	症状描述
0	全株无病
1	病叶半边叶上出现点状密集坏死，病株无明显矮化
3	1/3 病叶半边叶上出现点状密集坏死，并伴随病叶不对称生长，或病株矮化为正常株高的 3/4 以上
5	1/3~1/2 病叶不对称生长，或顶部新叶出现整叶坏死，顶芽向一侧坏死倾倒，或病株矮化为正常株高的 2/3~3/4
7	1/2~2/3 病叶不对称生长，或顶芽坏死侧倒，茎秆上有明显的凹陷坏死症状，且对应部位的髓部变黑，或病株矮化为正常株高的 1/2~2/3
9	全株病叶不对称生长，顶芽严重坏死，或病株矮化为正常株高的 1/2 以上

4.4.2 TSWV 病害严重度分级

根据 TSWV 的典型症状，参考 GB/T 23222—2008 烟草病虫害分级及调查方法，制定 TSWV 分级标准，以株为单位，逐株调查发病级别（表 6）。

表 6 烟草番茄斑萎病毒（TSWV）病苗期病级划分标准

严重度分级	划级标准
0 级	全株无病
1 级	病叶半边叶上出现点状密集坏死，病株无明显矮化
3 级	1/3 病叶半边叶上出现点状密集坏死，并伴随病叶不对称生长，或病株矮化为正常株高的 3/4 以上
5 级	1/3~1/2 病叶不对称生长，或顶部新叶出现整叶坏死，顶芽向一侧坏死倾倒，或病株矮化为正常株高的 2/3~3/4
7 级	1/2~2/3 病叶不对称生长，或顶芽坏死侧倒，茎秆上有明显的凹陷坏死症状，且对应部位的髓部变黑，或病株矮化为正常株高的 1/2~2/3
9 级	全株病叶不对称生长，顶芽严重坏死，或病株矮化为正常株高的 1/2 以上

4.5 烟草辣椒脉斑驳病毒病 ChiVMV

4.5.1 ChiVMV 病害症状

大田烟株感病后首先表现褪绿黄化的圆形亮斑，这是该病的典型症状。随后病斑连片，整片叶表现褪绿黄化的斑驳花叶、疱斑、皱缩畸形。严重时，圆形亮斑连片、变褐枯死，叶脉变褐坏死。

在田间，ChiVMV 后期叶片症状有时类似 TMV，但黄化症状更加明显，而疱斑症状相对较轻。ChiVMV 病害症状表述如表 7 所示。

表 7 烟草辣椒脉斑驳病毒（ChiVMV）病害症状

简称	症状描述
VC	叶脉轻微脉明或变黄，不坏死（vein clearing，VC）
CS	在叶面上扩展出一些直径几厘米的褪绿黄花的圆斑，不坏死（chlorotic spots，CS）
MM	沿叶脉褪绿黄化的斑驳花叶（motif mosaic along the yellow vein，MM）
MY	黄化的圆形亮斑连片导致整片叶黄化（yellow mosaic，MY）
NS	圆形亮斑变褐坏死（necrosis spots，NS）
VN	叶脉坏死变褐，叶面皱褶、叶片卷曲或扭曲（vein necrosis，VN）
MD	心叶出现褪绿黄化的圆形亮斑，花叶畸形（mosaic and distorted young leaves，MD）

4.5.2　ChiVMV 病害严重度分级

根据 ChiVMV 的典型症状，参考 GB/T 23222—2008 烟草病虫害分级及调查方法，制定 ChiVMV 分级标准。以株为单位，逐株调查发病级别（表 8）。

表 8　烟草辣椒脉斑驳病毒（CHiVMV）病害严重度分级

级别	症状描述
0	全株无病
1	心叶脉明或轻微黄色圆斑，病株无明显矮化
3	1/3 叶片出现褪绿黄斑但不皱缩变形，或病株矮化为正常株高的 3/4 以上
5	1/3~1/2 出现褪绿黄斑，或少数叶片皱缩变形，或病株矮化为正常株高的 2/3~3/4
7	1/2~2/3 出现褪绿黄斑花叶，或皱缩变形或主侧脉坏死，或病株矮化为正常株高的 1/2~2/3
9	全株叶片出现连片褪绿黄斑或花叶，严重变形或坏死，或病株矮化为正常株高的 1/2 以上

5　烟草病毒病害表型数据标准

烟草病毒病害表型数据标准见附录 A。

附录 A

烟草病毒病害表型数据标准采集记载表

调查日期____________ 调查人____________ 记录人____________

序号 / 编号	时间	地点	品种名称	病毒种类	发病级别	病症	英文缩写	示例
1	20220610	即墨	中烟100	TMV	1	初始心叶上沿叶脉的深绿色花叶	vMo	1-20220610-JM-ZY100-TMV-1-vMo
2								
3								
…								

注：根据病症和参照 GB 23222—2008《烟草病虫害分级及调查方法》和《烟草主要病虫害严重度分级图谱》(中国农业科学技术出版社，2021)，判定发病级别。

第三节　抗病毒药物室内生物活性测定试验准则

在20世纪早期，人们认识到，除了保持田园卫生、铲除病株和种植抗病品种或品系，病毒病的田间控制几乎是无效的。但一些发现，还是开辟了病毒病有效控制的新途径。

一、病毒病防治

1. 选育和利用抗病品种

在病毒病的防控上，鉴定抗病基因和培育抗病品种是最有效的措施。TMV抗原来自粘烟草（*N. glutinosa*）的单显性*N*基因。目前生产上抗TMV的品种较多，例如，辽烟8号、辽烟12号、台烟5号、9205、CV09-2、改良品种K326、改良品种红花大金元、中川208等。

PVY抗原来自VAM的单隐性*va*基因，抗性鉴定中使用VAM和CV91作为高抗和中抗对照。生产上抗PVY的品种有VAM、NC744、NCTG52、TN86、PBD6、改良品种云烟87和改良品种K326等。

目前尚无烟草属的CMV抗原，抗性鉴定中Ti245和铁耙子仅表现中抗。中抗品种还有TT6、TT7、台烟8号、FC8等。

烟属的TSWV抗原主要来自野生烟*N. alata*的一对显性等位基因，通过小孢子原生质体融合技术已将抗病基因转移到栽培烟草，如波兰育成的香料烟Polata较抗TSWV，但尚无抗性较强的烤烟品种。

早在1985年，裘维蕃提出，就植物病毒病的防治而言，除了免疫品种，世界上还难以通过单一措施来根治某种病毒病，因此针对植物病毒病的发生、流行特点，更应根据社会条件及生态因素等采取合理的综合农业措施。

烟草病毒病的综合农业措施包括：种子、苗床消毒，推行大棚集约化育苗和直播育苗，培育无病壮苗；严格田间消毒作业，减少农事操作，减少传播机会；因地制宜，合理布局烟田，实行烟麦套种，铲除野生寄主，注意邻近作物。

2. 切断传播途径

每种病毒都有自己的传播途径。例如：TMV能经汁液接触传播，蚜虫不能传播TMV，但能传播CMV、PVY、TEV、ChiVMV；蓟马能传播番茄斑萎病毒（TSWV）；叶蝉传播甜菜曲顶病毒（BCTV）；粉虱传播烟草曲叶病毒（TLCV）；嫁接能传播所有的病毒。选择合适的药剂防治传毒介体，切断传播途径是控制病毒病的有效途径之一。

蚜虫是地球上最具破坏性的害虫之一，其中为害农林业和园艺业的大约有250种。蚜虫种类多，分布广，能迁飞，繁殖力强，具有世代重叠和孤雌生殖现象，是多种病毒的传毒介体。

防治蚜虫主要有以下几种措施：驱蚜和诱蚜，采用银灰地膜覆盖或悬挂铝膜带趋避，采用黄板和蓝板诱集；以虫治蚜，采用蚜茧蜂或丽蚜小蜂寄生，采用草蛉、食蚜蝇、瓢虫等捕食；施药杀蚜，防治烟草蚜虫的低毒性登记产品，有效成分有吡虫啉（imidacloprid）、啶虫脒（acetamiprid）、噻虫嗪（thiamethoxam）、高效氯氟氰菊酯（lambda-cyhalothrin）、吡蚜酮（pymetrozine）、氯噻啉（imidaclothiz）、杀螟硫磷（fenitrothion）、苦参碱（matrine）、藜芦胺（veratramine）。

3. 茎尖培养和热处理

人们发现植物的茎尖几乎不含病毒，采用旺盛分裂的茎尖组织培养，就有可能去除病毒。尤其是一些营养繁殖的植物，比如马铃薯，采用茎尖培养，能获得无毒苗。马铃薯是我国重要的粮食作物，由病毒导致的种薯退化严重危害马铃薯生产，直到 1980 年田波等出版《马铃薯无病毒原种生产原理和技术》，才有效地控制了马铃薯病毒病。

在烟草生产中，人们常发现 PVY 具有症状恢复现象，即前期本来表现系统花叶或脉坏死症状的病株，后期当温度升高时，新生的上部叶片症状隐蔽和不显著，表现生长正常。因症状恢复通常发生在田间温度升上来的烟草生长后期，故亦称其为高温隐症。室内在三生 NN 烟上扩繁 CMV 和 PVY 毒源时，在接种叶上部的心叶出现 CMV 的系统花叶和 PVY 的系统花叶兼脉坏死时，再其上部的新生叶片通常会表现隐症现象。在室内，感病植物在接种病毒后，开始表现症状，但一段时间后，即时病毒依然存在，但是新生部分，尤其是新叶其症状出现减轻甚或消失，再过一段后，新叶又会表现症状。RNA 沉默是植物抵抗病毒的本能反应，通常认为是寄主植物的 RNA 沉默导致症状恢复。

高温隐症的机理可能是：较高一些的温度，利于寄主生长，使寄主生长速度超过病毒积累速度，病毒来不及布满或传导至新生叶。但显然高温不是导致植物发病后恢复现象的唯一因素，寄主品种、病毒株系、环境因素共同影响了植物发病后的恢复（Hull，2001）。

一般来说，适宜烟草生长的温度也利于病毒增殖，例如烤烟生长发育的最适温为 27~31℃，TMV 发生发展的最适温为 25~27℃，28~30℃发病最盛。研究发现，提高温度和光照强度能缩短病毒的潜育期，但没有一个温度能在一个固定阶段内持续地促成最高量的病毒浓度。在接种叶中，温度高寄主生长速度快，病毒合成量大；在系统感染叶中，寄主生长速度愈快病毒积累愈慢。当病毒浓度达到最高点后，温度通过影响寄主生长速度决定病毒在植株中积累的速度和浓度。在任何温度下，植株中 TMV 浓度遵循低—高—低的变化趋势（朱贤朝等，2021），这与植物显症—隐症—显症的过程相符。

4. 利用弱毒株交叉保护和利用人工小 RNA 抵抗植物病毒侵染

株系间的交叉保护是利用弱毒株保护寄主免受强毒株的侵染。1929 年 McKinney 发现植物病毒株系间的干扰现象，1934 年 Kunnkel 提出利用弱毒株预防强毒株侵染，1934 年 Holmes 通过 34.6℃热处理接种 TMV-U1 的番茄茎 15 d，首先筛选出明显干扰 TMV 强毒株的弱毒株系 M。开始了植物病毒弱毒疫苗的研制，弱毒株的获得方法包括：自然分离，高温、亚硝酸或紫外线辐射处理，用卫星 RNA 组建或用分子生物学技术构建。

1983 年田波等首次应用卫星 RNA，即拟病毒，作为防治 CMV 的生防因子，提出了卫星 RNA 干扰 CP 进入叶绿体的假说，其研究成果被国际著名教科书《植物病毒学》（R. E. F. Mattews 著，第 3 版，1991 年出版）引用。

1986—1990 年 Powell-Abel 等将 TMV 外壳蛋白 *CP* 基因转入烟草获得转基因植株，与野生型相比，在接种 TMV 后，来自自花授粉的转化植株的幼苗症状出现了推迟。这是一种源自病原物的抗性（parasite-derived resistance，PDR），在植物内表达病原菌的某些基因，从而产生病原菌的某些蛋白，这一过程可能干扰病原菌的侵染繁殖，使植物抗病。方荣祥等在烟草中同时表达烟草花叶病毒（TMV）和黄瓜花叶病毒（CMV）的外壳蛋白，获得了同时抗 TMV 和 CMV 的烟草，阐明了利用人工小 RNA 抵抗植物病毒侵染的新策略。

病毒通过微伤口进入寄主细胞后，脱壳并释放核酸，利用寄主细胞物质进行自身复制增殖，通过胞间连丝进入邻近细胞，随代谢物流在韧皮部筛分子中进行长距离运输，从而建立系统侵染关系。干扰这一过程中寄主或病毒的关键基因来对付植物病毒是可行的。基因治疗剂，是植物病毒靶向治疗的重要研究策略。根据病毒复制转运过程中源自病毒或寄主的关键基因设计 RNA 序列，借助壳聚糖季铵盐、二氧化硅、石墨烯等纳米材料（通常在 50 nm 以内能穿越细胞壁进入细胞，20 nm 以内则能穿越核膜进入细胞核）将外源序列递送至植物体内，通过 RNA 干扰（RNA interferene，RNAi）原理降解靶基因以干扰病毒复制，能有效防治 TMV 和 PVY。

5. 抗病毒药剂

人们早就认识到病毒病一旦发生，几乎无药可治。但一些具有诱导抗性的保护剂，从苗期开始喷药保护，对病毒病还是有一定预防作用的。

早在 1925 年，Duggar 和 Armstrong 报道美洲商陆汁液中有一种能抑制 CMV 和 TMV 传播的因子，随后 Kassanis 和 Kleczkowski 从叶片中分离提纯了这种阻碍因子，并描述了其性质。随后人们称其为美洲商陆抗病毒蛋白（pokeweed antiviral proteins，PAP），PAP 是一种广谱性的抗病毒蛋白。

裘维番、谢联辉等病毒学家很早就开始研究拮抗微生物的代谢物质对病毒的预防作用。这包括 NS-83 增抗剂（有效成分混合脂肪酸）和香菇多糖。1992 年美国康奈尔大学的韦忠民等在 *Science* 上报道植物病原细菌梨火疫病菌（*Erwinia amylovory*）的激发子 Harpin 蛋白，能诱导植物超敏反应。之后基于此开发出 3% 超敏蛋白微粒剂，于 2000 年在美国获登记。中国农业科学院植物保护研究所邱德文等将从极细链格孢菌（*Alternaria tenuissima*）发酵产物中提取的植物免疫诱抗蛋白与氨基寡糖素配比获得一种新型蛋白质农药——6% 寡糖・链蛋白可湿性粉剂，并于 2017 年获准上市。田间试验结果证明，该药剂对水稻条纹叶枯病、番茄黄化曲叶病毒病、烟草花叶病毒病具有较好的防效。

目前在烟草生产上登记使用的抗病毒物质主要有：生物类的氨基寡糖素、香菇多糖、宁南霉素、寡糖・链蛋白、超敏蛋白。化学类的盐酸吗啉胍、混合脂肪酸、辛菌胺醋酸盐、甲噻诱胺、氯溴异氰尿酸、乙酸铜、络氨铜、硫酸铜、硫酸锌、十二烷基硫酸钠、香芹酚、甾烯醇、三十烷醇、烯腺嘌呤、羟烯腺嘌呤等。

抗病毒的机理主要有：通过在体外钝化病毒或在植物表面形成保护膜，而抑制病毒对寄主的侵染；通过抑制病毒核酸的复制及蛋白质合成，以及通过影响病毒外壳蛋白体外聚合作用，而抑制病毒增殖；通过诱导植物产生茉莉酸或水杨酸，而诱导植物抗性反应。目前，抗病毒药剂的研发策略主要关注：高选择性、多作用位点、产生诱导抗性、促进生长。

进入 21 世纪，随着农药残留和重金属污染环境问题的日益凸显，国家相继提出“减肥减药”和“农作物病虫害绿色防控”。国家烟草专卖局于 2017 年提出“烟草病虫害绿色防控”，其中病毒病的绿色防控重点聚焦在研制抗病毒免疫诱抗剂上。

植物免疫诱抗剂，是当前国际上生物农药创制较为热门的研究方向。当植物受到外界刺激或处于逆境条件时，能够通过调节自身的防卫和代谢系统产生免疫反应，植物的这种防御或免疫抗性反应，可以使植物延迟或减轻病害的发生和发展。但是，植物免疫诱抗剂对农作物病虫害并没有直接的杀灭作用，而是由外源生物或分子通过植物拌种、浸种、浇根和叶面喷施，诱导或激活植物产生抗性物质，对某些病原物产生抗性或抑制病菌 / 毒的生长。同时激发植物体内的一系列代谢调控系统，具有促进植物根、茎、叶生长和提高叶绿素含量，最终对作物增产起到一定的作用。

荧光假单胞菌（*Pseadomonas fluorescens*）、芽胞杆菌（*Bacillus* spp.）及木霉（*Trichoderma*）制剂已登记用于防治烟草青枯病、赤星病和黑胫病。虽然早期试验也表明被细菌污染的病毒汁液，侵染活力显著下降，但暂无抗病毒生防菌剂的登记。

2018 年中国农科院烟草研究所从粘质沙雷氏菌（*Serratia marcescens*）S3 菌株的次级代谢产物中分离出抗病毒物质灵菌红素（prodigiosin）和碱性金属蛋白酶（alkaline metalloprotease，AMP）。浓度为 50 μg/mL 的 AMP 对 TMV 的钝化效果可达到 100%，喷施 AMP 能诱导烟株对 TMV 的抗性（图 6-3-1）。PVY 通过招募寄主 ER 膜上的热激蛋白 Hsp70-2 来促进自身侵染增殖，而对植株具有诱导抗性的粘质沙雷氏菌 S3 处理，能通过促进 Hsp70-2 的泛素化降解而抑制 PVY 复制。

图 6-3-1　粘质沙雷氏菌 S3 对 TMV 的体外钝化及诱导抗性

注：A. 菌落形态；B. 电镜形态；C. 半叶法测定对 TMV 的体外钝化作用；D. 诱导抗性。

在现阶段，室内筛选靶向、高效的抗病毒药物，自苗期开始喷药保护是烟草生产中预防病毒病流行的重要手段。病毒只能在寄主活体细胞内生存，抗病毒药物的室内生测试验通常采用幼苗摩擦接种病毒的方法。

参照《农药室内生物测定试验准则　杀菌剂》，以 TMV 为靶标，以其枯斑寄主三生 NN 烟和系统寄主 NC89 为材料，制定抗病毒药物室内生测试验准则——叶片局部枯斑法和盆栽病情指数法。可以更换枯斑寄主和选择适宜的感病寄主，参考 TMV 的方法，进行其他病毒的靶向药物筛选。

二、抑制烟草花叶病毒试验（一） 叶片局部枯斑法

农药室内生物测定试验准则 抗病毒药物抑制烟草花叶病毒试验（一） 叶片局部枯斑法

Guideline for Laboratory Bioassay of Pesticides Detached Leaf Local Lesion Test for Antivirals Control *Tobacco mosaic virus*

1 范围

本标准规定了叶片局部枯斑法测定抗病毒药物抑制烟草花叶病毒（tobacco mosaic virus, TMV）的试验方法。

本标准适用于农药登记用抗病毒药物对TMV的室内生物活性测定试验。

2 仪器设备

普通实验室常规仪器设备。

2.1 电子天平（感量0.1 mg）

2.2 喷雾器械

2.3 人工气候室

2.4 移液器

2.5 消毒棉棒或棉团

3 试剂与材料

方法所用试剂，凡未指明规格者，均为分析纯；水为蒸馏水。

3.1 生物试材

供试病毒为TMV-U1株系。记录毒株来源。

供试作物为抗TMV品种——*N*基因烟草三生NN烟等。选取盆栽至6~7叶期的苗龄一致的健康植株，编号备用；或剪取6~7叶期烟苗的上部充分展开、叶龄一致、带有1~2 cm叶柄的健康叶片，用湿棉球包裹叶柄放置在培养皿中保湿，编号备用。

3.2 试验药剂

原药或母药。

3.3 对照药剂

采用已登记注册且生产上常用的原药或母药，其化学结构类型或作用方式应与试验药

剂相同或相近。

4 试验步骤

4.1 药剂配制

水溶性药剂用蒸馏水溶解稀释。其他药剂选用合适的溶剂（甲醇、丙酮、二甲基甲酰胺或二甲基亚砜等）溶解，用 0.1% 的土温 80 或其他合适表面活性剂的水溶液稀释。根据药剂活性，设置 5~7 个系列质量浓度，有机溶剂最终含量一般不超过 0.5%~1%。制剂可以直接用水稀释。

4.2 药剂处理

体外钝化作用试验：将药液与等体积病毒汁液混合后 30 min 接种，以空白对照（含溶剂和表面活性剂而不含有效成分）与等体积病毒汁液混合为对照。保护和治疗作用试验：将药液均匀喷施于叶片正面，并设空白对照。每处理 10 片叶，4 次重复。

4.3 供试烟苗的培养

育苗用营养土需用高温或其他方法消毒，育苗用工具和盘具用菌毒清或其他消毒剂消毒，保证无菌。

先在 25 cm×15 cm 的塑料盘内播种，待烟苗长至 2~3 片真叶时，假植到直径 8 cm 小花盆内。留有足够生长空间置于一托盘内（每盘 10 株），每处理设置 4 托盘重复，随机摆放于培养架上。

4.4 接种液制备

取 TMV 毒源新鲜病叶置于灭菌的研钵中，加入液氮研磨碎成匀浆，按照 1 g 病叶与 80 mL 灭菌后的磷酸缓冲液混合配置病毒母液，以等体积的缓冲液稀释为病毒子液，置于冰水上。接种前，需用肥皂对双手消毒，在叶片上撒少许石英砂（600 目）。

4.5 接种与培养

接种时，以左手托着叶片，用消毒棉棒蘸取少量病毒汁液，在接种叶片上轻轻摩擦，要求仅使叶片表皮细胞造成微伤口而不死亡。

体外钝化作用试验为药液与等体积病毒汁液母液混合后 30 min 接种，以空白对照与等体积病毒汁液母液混合为对照，可采用整叶法接种；也可采用半叶法接种（处理和对照分别接种在叶片的左右两侧，并标记好）。保护作用试验在药剂处理后 24 h 接种病毒子液；治疗作用试验在药剂处理前 24 h 接种病毒子液。

接种后用清水洗去叶片上的残留汁液，在 24~26℃条件下培养 2~3 d。

4.6 调查

用计数器计数叶片（或叶片两侧）上的枯斑，取平均值，单位为个。

5 数据统计及分析

5.1 计算方法

根据调查数据，按公式（1）计算抑制率，以百分率（%）表示，计算结果精确到小数点后两位。

$$P=\frac{D_0-D_1}{D_0}\times 100\% \tag{1}$$

式中，P——抑制率，单位为百分数；

D_0——对照枯斑个数；

D_1——药剂处理枯斑个数。

5.2 统计分析

用 DPS 数据处理系统对药剂浓度对对数值与防效概率值进行回归分析，计算各药剂的 EC50、EC90 等值及其 95% 置信限，并进行各药剂处理间的差异显著性分析。

6 结果与报告编写

根据统计结果进行药效分析和评价，写出正式试验报告。

7 生测记载表格

抗病毒药物抑制烟草花叶病毒生测试验调查记载表见附录 A。

附录 A

抗病毒药物抑制烟草花叶病毒（TMV）生测试验调查记载表

调查日期＿＿＿＿＿＿　调查人＿＿＿＿＿＿　记录人＿＿＿＿＿＿

处理编号	重复编号	各叶片枯斑数目										平均	防效/%
		1	2	3	4	5	6	7	8	9	10		
1	Ⅰ												
	Ⅱ												
	Ⅲ												
	Ⅳ												
2	Ⅰ												
	Ⅱ												
	Ⅲ												
	Ⅳ												
3	Ⅰ												
	Ⅱ												
	Ⅲ												
	Ⅳ												
4	Ⅰ												
	Ⅱ												
	Ⅲ												
	Ⅳ												
5	Ⅰ												
	Ⅱ												
	Ⅲ												
	Ⅳ												
6	Ⅰ												
	Ⅱ												
	Ⅲ												
	Ⅳ												

三、抑制烟草花叶病毒试验（二） 盆栽病情指数法

农药室内生物测定试验准则 抗病毒药物防治烟草花叶病毒试验（二） 盆栽病情指数法

Guideline for Laboratory Bioassay of Pesticides Potted Plant Disease Index Test for Antivirals Control *Tobacco mosaic virus*

1 范围

本标准规定了盆栽病情指数法测定抗病毒药物抑制烟草花叶病毒（tobacco mosaic virus，TMV）、黄瓜花叶病毒（cocumber mosaic virus，CMV）、马铃薯Y病毒（potato virus Y，PVY）的试验方法。

本标准适用于农药登记用抗病毒药物对TMV、CMV、PVY等的室内生物活性测定试验。

2 仪器设备

普通实验室常规仪器设备。

2.1 电子天平（感量0.1 mg）

2.2 喷雾器械

2.3 人工气候室

2.4 移液器

2.5 消毒棉棒或脱脂棉团

3 试剂与材料

方法所用试剂，凡未指明规格者，均为分析纯；水为蒸馏水。

3.1 生物试材

供试病毒为烟草花叶病毒TMV-U1株系、黄瓜花叶病毒CMV-ⅠB株系、马铃薯Y病毒PVY-N:O株系。记录毒株来源。

供试作物为NC89或K326等感病品种，盆栽培养至4~5片真叶期，编号备用。

3.2 试验药剂

原药或母药。

3.3 对照药剂

采用已登记注册且生产上常用的原药或母药，其化学结构类型或作用方式应与试验药剂相同或相近。

4 试验步骤

4.1 药剂配制

水溶性药剂用蒸馏水溶解稀释。其他药剂选用合适的溶剂（甲醇、丙酮、二甲基甲酰胺或二甲基亚砜等）溶解，用 0.1% 的土温 80 或其他合适表面活性剂的水溶液稀释。根据药剂活性，设置 5~7 个系列质量浓度，有机溶剂最终含量一般不超过 0.5%~1%。制剂可以直接用水稀释。

4.2 药剂处理

体外钝化作用试验：将药液与等体积病毒汁液混合后 30 min 接种，以空白对照（含溶剂和表面活性剂而不含有效成分）与等体积病毒汁液混合为对照。保护和治疗作用试验：将药液均匀喷施于叶片正面，并设空白对照。每处理 10~15 盆，4 次重复。

4.3 供试烟苗的培养

育苗用营养土需用高温或其他方法消毒，育苗用工具和盘具用菌毒清或其他消毒剂消毒，保证无菌。

先在 25 cm×15cm 的塑料盘内播种 *N* 基因烟草，待烟苗长至 2~3 片真叶时，假植到直径 8 cm 小花盆内。留有足够生长空间置于一托盘内（每盘 10 株），每处理设置 4 托盘重复，摆放于培养架上。

4.4 接种液制备

取 TMV 毒源新鲜病叶置于灭菌的研钵中，加入液氮研磨碎成匀浆，按照 1 g 病叶与 80 mL 灭菌后的磷酸缓冲液混合配置病毒母液，以等体积的缓冲液稀释为病毒子液，置于冰水上。接种前，用肥皂对双手消毒，在叶片上撒少许石英砂（600 目）。

4.5 接种与培养

接种时，以左手托着叶片，用消毒棉棒蘸取少量病毒汁液，在接种叶片上轻轻摩擦，要求仅使叶片表皮细胞造成微伤口而不死亡。

体外钝化作用试验为药液与等体积病毒汁液母液混合后 30 min 接种，以空白对照与等体积病毒汁液母液混合为对照。保护作用试验在药剂处理后 24 h 接种病毒子液；治疗作用试验在药剂处理前 24 h 接种病毒子液，并设空白对照。

接种后用清水洗去叶片上的残留汁液，在 25~27℃条件下培养 15 d。

4.6 调查

待空白对照病情指数约达 60 时，逐株调查每一盘内发病情况，记录发病级别。分级方法按 GB/T 23222—2008《烟草病害调查分级标准》。

以株为单位，分级如下。

0 级：全株无病；

1 级：心叶脉明或轻微花叶，病株无明显矮化；

3 级：1/3 叶片花叶但不变形，或病株矮化为正常株高的 3/4 以上；

5 级：1/3~1/2 叶片花叶，或少数叶片变形，或主脉变黑，或病株矮化为正常株高的 2/3~3/4；

7 级：1/2~2/3 叶片花叶，或变形或主侧脉坏死，或病株矮化为正常株高的 1/2~2/3；

9 级：全株叶片花叶，严重变形或坏死，或病株矮化为正常株高的 1/2 以上。

5 数据统计及分析

5.1 计算方法

根据调查数据，按公式（1）、（2）和（3）分别计算各处理的发病率、病情指数和防治效果。计算结果精确到小数点后两位。

5.1.1 发病率

$$T = \frac{\sum M_i}{N} \times 100\% \qquad (1)$$

式中，T——发病率，单位为百分数（%）；

i——病级数，$i>0$；

M_i——病情为 i 的株数；

N——调查总株数。

5.1.2 病情指数

$$DI = \frac{\sum (N_i \times i)}{N \times 9} \times 100 \qquad (2)$$

式中，DI——病情指数；

N_i——各级病叶（株）数；

i——病害的相应严重度级值，$i>0$；

N——调查总叶（株）数。

5.1.3 防治效果

$$P = \frac{CK - PT}{CK} \times 100\% \qquad (3)$$

式中，P——防治效果，单位为百分数（%）；

CK——空白对照病情指数；

PT——药剂处理病情指数。

5.2　统计分析

用 DPS 数据处理系统对药剂浓度对对数值与防效概率值进行回归分析，计算各药剂的 EC50、EC90 等值及其 95% 置信限，并进行各药剂处理间的差异显著性分析。

6　结果与报告编写

根据统计结果进行药效分析和评价，写出正式试验报告。

7　生测记载表格

抗病毒药物抑制烟草花叶病毒生测试验调查记载表见附录 A。

附件　相关的国家或行业标准目录

一、GB 23222—2008 烟草病虫害分级及调查方法

二、GB 23224—2008 烟草品种抗病性鉴定

三、GB 23223—2019 烟用农药田间药效试验方法

四、NY/T 1464.73—2018 农药田间药效试验准则　第 73 部分：杀菌剂防治烟草病毒病

附录 A

抗病毒药物抑制烟草花叶病毒（TMV）生测试验调查记载表

调查日期＿＿＿＿＿＿　调查人＿＿＿＿＿＿　记录人＿＿＿＿＿＿

处理编号	重复编号	各发病级别株数						总株数	发病率/%	病情指数	防效/%
		0	1	3	5	7	9				
1	Ⅰ										
	Ⅱ										
	Ⅲ										
	Ⅳ										
2	Ⅰ										
	Ⅱ										
	Ⅲ										
	Ⅳ										
3	Ⅰ										
	Ⅱ										
	Ⅲ										
	Ⅳ										
4	Ⅰ										
	Ⅱ										
	Ⅲ										
	Ⅳ										
5	Ⅰ										
	Ⅱ										
	Ⅲ										
	Ⅳ										
6	Ⅰ										
	Ⅱ										
	Ⅲ										
	Ⅳ										

参考文献

白保辉，2016. 抗性蛋白 Sw–5b 与番茄斑萎病毒无毒因子 NSm 识别位点的鉴定 [D]. 南京：南京农业大学 .

陈静，冯振群，蒋士君，2007. 钙信号在烟草普通花叶病高温隐症中的作用 [J]. 烟草科技（11）：67–69.

陈明胜，2007. 黄瓜花叶病毒 M 株系引致烟草症状恢复的初步研究 [D]. 杨凌：西北农林科技大学 .

陈倩，谢旗，2018. 内质网胁迫在植物中的研究进展 [J]. 生物技术通报，34（1）：15–25.

程超华，唐蜻，邓灿辉，等，2020. 表型组学及多组学联合分析在植物种质资源精准鉴定中的应用 [J]. 分子植物育种，18（8）：2747–2753.

程林发，陈冠伟，姬丽云，等，2021. 马铃薯 Y 病毒中国分离物的分子株系组成 [J/OL]. 植物病理学报：1–17[2021–03–01]. https://doi.org/10.13926/j.cnki.apps.000552.

程林发，董文浩，张凤桐，等，2021. 马铃薯 Y 病毒 HC–Pro 第 182 位赖氨酸残基参与引起烟草叶脉坏死 [J]. 植物病理学报，51（1）：41–48.

迟云化，2019. 贵州省烟草主产区马铃薯 Y 病毒株系划分及致病力分析 [D]. 泰安：山东农业大学 .

代园凤，朱虹，张永至，等，2020. 毕节市烟草 3 种主要病毒检测及株系分析 [J]. 西南大学学报（自然科学版），42（9）：63–70.

董鹏，朱三荣，蔡海林，等，2020. 湖南烟草病毒病种类检测与系统进化分析 [J/OL]. 中国烟草科学：1–9[2020–04–20]. http://kns.cnki.net/kcms/detail/37.1277.s.20200306.0904.002.html.

段玉琪，邵丽，李德团，等，2004. 烟草品种对 TMV 病害苗期抗病性鉴定研究 [J]. 云南农业大学学报（1）：71–73.

方元，2000. 朊病毒研究进展 [J]. 病毒学报（4）：378–382.

冯兰香，蔡少华，郑贵彬，等，1987. 我国番茄病毒病的主要毒原种类和番茄上烟草花叶病毒株系的鉴定 [J]. 中国农业科学（3）：60–66.

冯月，陈爽，朴世领，等，2018. *N* 基因特异性 SSR 标记筛选及晒烟对烟草花叶病毒病抗性鉴定 [J]. 吉林农业大学学报，40（1）：50–57.

冯致科，2016. 番茄斑萎病毒核衣壳蛋白胞内运动和移动蛋白胞间运动机制研究 [D]. 南京：南京农业大学 .
付鸣佳，高乔婉，范怀忠，1997. 烟草花叶病毒株系鉴定研究进展 [J]. 华南农业大学学报（4）：116–120.
高苗，杨金广，刘旭，等，2015. 一株裂解性青枯雷尔氏菌噬菌体的分离及生物学特性分析 [J]. 中国农业科学，48（7）：1330–1338.
高尚荫，1986. 20 世纪病毒概念的发展（代序）[J]. 病毒学杂志（1）：1–7.
龚明月，2020. 寄主因子 Hsp70 蛋白泛素化修饰在黏质沙雷氏菌 Serratia Marcescens–S3 诱导抗性中的功能分析 [D]. 荆州：长江大学 .
韩爱东，刘玉乐，肖莉，等，1999. 利用烟草花叶病毒载体系统在烟草中表达丙型肝炎病毒的核心抗原 [J]. 科学通报，44（15）：1624–1629.
何青云，2020. 转录因子 NbbZIP60 在马铃薯 Y 病毒侵染中的调控作用 [D]. 北京：中国农业科学院 .
何伟华，2006. 光照对 *N* 介导的抗病性的影响及其分子机理 [D]. 杭州：浙江大学 .
胡伟娟，傅向东，陈凡，等，2019. 新一代植物表型组学的发展之路 [J]. 植物学报，54（5）：558–568.
黄昌军，2018. 云烟 121 和通过基因组技术育成新品种 RY21 通过全国农业评审 [N/OL]. https://www.yn–tobacco.com/zwgk/gzdt/201807/t20180726_264485.html.
贾海燕，宋丽云，徐翔，等，2020. 不同温度下 TMV 侵染枯斑三生烟的 lncRNA 差异表达 [J]. 中国农业科学，53（7）：1381–1396.
姜瀚林，郭兆奎，刘永中，等，2019. 3 个黑龙江烟区烟草花叶病毒分离物的全基因组序列测定与分析 [J]. 中国烟草学报，25（1）：77–85.
蒋士君，吴元华，2014. 烟草病理学：第二版 [M]. 北京：中国农业出版社 .
金大伟，2014. 我国主要烟区烟草黄瓜花叶病毒的鉴定及全基因组序列分析 [D]. 武汉：华中农业大学 .
雷彩燕，王振跃，张振臣，2005. 烟草花叶病毒株系研究进展 [J]. 河南农业科学（12）：14–16.
李凡，周雪平，戚益军，等，2000. 从云南烟草上检测到的黄瓜花叶病毒亚组 Ⅱ 分离物 [J]. 微生物学报（4）：346–351.
李方方，申莉莉，2016. 植物病毒侵染诱导寄主内质网应激反应 [J]. 中国烟草科学，37（6）：95–100.
李方方，2017. TMV、CMV 诱导烟草内质网应激及调控因子 NbNAC089 的功能分析 [D]. 北京：中国农业科学院 .
李若，李尊强，万秀清，等，2020. 一株突破 *va* 基因型烟草抗性的 PVY 病毒分离物的鉴定 [J]. 中国烟草学报，26（4）：72–77.

李思佳，2019. 湖南烟草马铃薯 Y 病毒的检测与变异分析 [D]. 长沙：湖南农业大学 .
刘开全，马学萍，陆伟东，等，2010. 心叶烟和三生烟对 TMV 的过敏性差异 [J]. 中国烟草科学，31（4）：25–27.
刘庆昌，2009. 遗传学：第二版 [M]. 北京：科学出版社 .
刘雪梅，2012. 烟草花叶病毒 U2 株衣壳蛋白构建功能性复合材料的可行性研究 [D]. 雅安：四川农业大学 .
刘艳华，王志德，钱玉梅，等，2007. 烟草抗病毒病种质资源的鉴定与评价 [J]. 中国烟草科学（5）：1–4，8.
卢鹏，金静静，曹培健，等，2021. 植物及烟草表型组学大数据研究进展 [J]. 烟草科技，54（3）：90–100，112.
卢训，丁铭，方琦，等，2013. 马铃薯 Y 病毒云南昭通烟草分离物的检测及年度间差异比较 [J]. 植物保护，39（3）：56–60.
陆梁，杜予州，李洪波，2009. 西花蓟马传播病毒病的研究进展 [J]. 植物保护，35（2）：7–10.
彭永彬，谢先芝，2020. 表型组学在水稻研究中的应用 [J]. 中国水稻科学，34（4）：300–306.
亓哲，2019. 黄瓜花叶病毒（CMV）不同分离物致病力及种子带毒分析 [D]. 泰安：山东农业大学 .
钱礼超，刘玉乐，2014. 植物抗病毒分子机制 [J]. 中国科学：生命科学，44（10）：999–1009.
秦西云，卢训，方琦，等，2013. 云南烟草中烟草花叶病毒株系比较与分析 [J]. 中国烟草学报，19（6）：106–113.
邱艳红，王超楠，朱水芳，2017. 黄瓜花叶病毒致病性研究进展 [J]. 生物技术通报，33（9）：10–16.
曲潇玲，2021. 本氏烟转录因子 NAC062 对马铃薯 Y 病毒侵染的抑制与应用 [D]. 北京：中国农业科学院 .
全国烟草标准化技术委员会，2008. 烟草病虫害分级及调查方法：GB/T 23222—2008[S].
全国烟草标准化技术委员会，2008. 烟草品种抗病性鉴定：GB/T 23224—2008[S].
全国烟草标准化技术委员会，2019. 烟草农药田间药效试验方法：GB/T 23223—2019[S].
任衍钢，宋玉奇，2011. 普鲁辛纳与朊病毒的发现 [J]. 生物学通报，46（9）：60–62.
申莉莉，贾海燕，何青云，等，2021. 毒株、苗龄及温度对烟草苗期接种 TMV 试验的影响 [J]. 植物病理学报，51（4）：607–617.
申莉莉，宋丽云，龚明，等，2021. 烟草黄瓜花叶病毒亚组 Ⅰ 分离物生物学特性 [J]. 中国烟草科学，42（6）：30–35.

申莉莉，2017. CMV 诱导烟草内质网应激及调控因子 NbbZIP28 的研究 [D]. 沈阳：沈阳农业大学 .

宋丽云，2020. 马铃薯 Y 病毒侵染对烟草类乳胶蛋白泛素化的调控研究 [D]. 沈阳：沈阳农业大学 .

宋丽云，2012. 我国烟草 TMV 和 CMV 种群结构遗传分析 [D]. 北京：中国农业科学院 .

粟阳萌，童治军，李梅云，等，2017. 一个与烟草 TMV 抗性基因 *N* 紧密连锁的共显性 SSR 标记 [J]. 中国烟草学报，23（2）：92–96.

孙航军，2018. 马铃薯 Y 病毒侵染过程中烟草 CLC–Nt1 蛋白的功能研究 [D]. 北京：中国农业科学院 .

唐惠燕，倪峰，李小涛，等，2018. 基于 Scopus 的植物表型组学研究进展分析 [J]. 南京农业大学学报，41（6）：1133–1141.

田波，奚仲兴，1976. 原生质体在植物病毒学中的应用及其展望 [J]. 微生物学报，16：258–266.

田文会，曹寿先，魏艳敏，1987. 黄瓜花叶病毒对烟草花叶病毒的干扰作用的研究初报 [J]. 植物病理学报（1）：24–28.

田兆丰，于嘉林，刘伟成，等，2009. 黄瓜花叶病毒（CMV）亚组 Ⅰ、Ⅱ 分离物生物学特性比较研究 [J]. 华北农学报，24（5）：201–205.

万秀清，乔婵，赵淑娟，等，2015. 黑龙江烟区烟草马铃薯 Y 病毒株系的分子鉴定 [J]. 烟草科技，48（10）：13–18，25.

王大伟，杨怀义，饶子和，等，2000. 牛朊病毒正常成熟蛋白的高效表达和二级结构分析 [J]. 科学通报，45（4）：398–402.

王凤龙，周义和，任广伟，2019. 中国烟草病害图鉴 [M]. 北京：中国农业出版社 .

王劲波，王凤龙，钱玉梅，等，1998. 山东烟区主要病毒的株系鉴定 [J]. 中国烟草学报（1）：24–32.

王静，申莉莉，王秀芳，等，2021. 烟草主要病虫害严重度分级图谱 [M]. 北京：中国农业科学技术出版社 .

王凯娜，战斌慧，周雪平，2019. 黑龙江地区番茄斑萎病毒的鉴定及其部分生物学特征分析 [J]. 植物保护，45（1）：37–43.

王倩，刘贯山，2016. 烟草 *N* 基因及其介导的抗 TMV 信号转导分子机制 [J]. 中国烟草科学，37（3）：93–99.

王献兵，张凌娣，李大伟，等，2005. 植物病毒编码 RNA 沉默抑制子的研究进展 [J]. 中国农业大学学报（4）：31–38.

夏范讲，郭玉双，贾蒙骜，2017. 贵州烟田马铃薯 Y 病毒优势株系全序列克隆及系统进化分析 [J]. 中国农业大学学报，22（7）：34–39.

夏烨，2017. 三种烟草病毒在烟田土壤中的分布动态及在烟草中的互作 [D]. 广州：华南农业大学 .

谢联辉，2007. 植物病原病毒学 [M]. 北京：中国农业出版社 .

谢鹏，胡丽，蔡永萍，等，2013. TMV 抗性基因 *N* 介导的烟草过敏性反应研究 [J]. 核农学报，27（12）：1809–1816.

谢天恩，胡志红，2002. 普通病毒学 [M]. 北京：科学出版社 .

许志刚，2003. 普通植物病理学：第三版 [M]. 北京：中国农业出版社 .

杨爱国，烟草抗病毒病分子标记开发及 K326 抗 TMV、CMV、PVY 聚合育种 [Z]. 山东省，中国农业科学院烟草研究所，2019–06–05.

杨玲玲，2018. 烟草 *NaD1* 基因克隆及结构分析 [D]. 贵阳：贵州大学 .

杨玲钰，张蕾，2021. 植物自噬的研究进展 [J/OL]. 生命科学研究：1–11. DOI：10.16605/j.cnki.1007–7847.2021.02.0124.

杨正婷，刘建祥，2016. 植物内质网胁迫应答研究进展 [J]. 生物技术通报，32（10）：84–96.

姚革，1992. 四川晒烟上发现番茄斑萎病毒（TSMV）[J]. 中国烟草（4）：2–4.

于翠，胡东维，董家红，等，2004. 烟草花叶病毒和番茄花叶病毒在含 *N* 基因烟草上的症状差异是由运动蛋白基因决定的 [J]. 中国科学（C 辑：生命科学）（3）：210–215.

玉光惠，方宣钧，2009. 表型组学的概念及植物表型组学的发展 [J]. 分子植物育种，7（4）：639–645.

张恒木，陈剑平，程晔，2001. 烟草抗烟草花叶病毒基因 *N* 的研究 [J]. 浙江农业学报（2）：1–6.

张帅，2010. 我国主要烟区 PVY 株系分化研究 [D]. 北京：中国农业科学院 .

张万红，冯佳，ALI Kamran，等，2020. 山东烟区首次发现番茄斑萎病毒侵染 [J]. 中国烟草科学，41（5）：87–91.

张玉，罗成刚，殷英，等，2013. 烟草 *N* 基因及其在烤烟遗传育种中的应用 [J]. 中国农学通报，29（19）：89–92.

赵春江，2019. 植物表型组学大数据及其研究进展 [J]. 农业大数据学报，1（2）：5–18.

赵雪君，刘世超，李斌，等，2017. 四川烟区 CMV 和 PVY 株系分化研究 [J]. 西南大学学报（自然科学版），39（3）：8–16.

赵雪君，2015. 四川省部分烟区蚜传病毒种类鉴定及 LAMP 体系的建立 [D]. 重庆：西南大学 .

周济，Tardieu F，Pridmore T，等，2018. 植物表型组学：发展、现状与挑战 [J]. 南京农业大学学报，41（4）：580–588.

周雪平，李德葆，1994. 植物病毒卫星研究进展 [J]. 微生物学通报（2）：106–111.

朱贤朝，王彦亭，王智发，2001. 中国烟草病害 [M]. 北京：中国农业出版社 .

R. 赫尔，2007. 马修斯植物病毒学：原书第四版 . 北京：北京科学出版社 .

ABUDAYYEH O O, GOOTENBERG J S, KONERMANN S, et al., 2016. C2c2 is a single-component programmable RNA-guided RNA-targeting CRISPR effector[J]. Science, 353(6299). doi: 10.1126/science. aaf5573.

AGRIOS G N, 2005. Plant Pathology. 5th edition. Burlington: Elsevier Academic Press.

AHLQUIST PAUL, 2006. Parallels among positive-strand RNA viruses, reverse-transcribing viruses and double-stranded RNA viruses[J]. Nature reviews. Microbiology, 4(5) : 371–382.

ANDRIANIFAHANANA M, LOVINS K, DUTE R, et al., 1997. Pathway for phloem-dependent movement of pepper mottle otyvirus int he stem of *Capsicum annuum*[J]. Phytopathology, 87: 892–898.

BAO Y, HOWELL S H, 2017. The unfolded protein response supports plant development and defense as well as responses to abiotic stress[J]. Frontiers in Plant Science, 8: 344.

BLANCHARD A, ROLLAND M, LACROIX C, et al., 2008. Potato virus Y : a century of evolution [J]. Current Topics in Virology, 7(12): 21–32.

BRUENING G, 1998. Plant gene silencing regularized[J]. Proceedings of National Academy of Science, 95: 13349–13351.

CATHERINE A, FREIJE, et al., 2019. Programmable inhibition and detection of RNA viruses using Cas13[J]. Molecular Cell, 76(5): 826–837. doi: 10.1016/j.molcel.2019.09.013.

CHARIOU P L, STEINMETZ N F, 2017. Delivery of pesticides to plant parasitic nematodes using tobacco mild green mosaic virus as a nanocarrier[J]. ACS Nano, 11: 4719–4730.

CHEN M H, CITOVSKY V, 2003. Systemic movement of a tobamovirus requires host cell pectin methylesterase[J]. Plant Journal, 35: 386–392.

CHEN M H, SHENG J, HIND G, et al., 2000. Interaction between the tobacco mosaic virus movement protein and host cell pectin methylesterases is required for viral cell-to-cell movement[J]. EMBO J, 19: 913–920.

CHENG N H, SU C L, CARTER S A, et al., 2000. Vascular invasion routs and systemic accumulation patterns of tobacco mosaic virus in *Nicotiana benthamiana*[J]. Plant Journal, 23: 349–362.

COVEY S N, AL-KAFF N A, LANGARA A, et al., 1997. Plants combat infection by gene silencing[J]. Nature, 385(27): 781–782.

CULBREATH A, CSINOSA, BERTRAND P, et al., 1991. Tomato spotted wilt virus epidemic in flue-cured tobacco in Georgia[J]. Plant Disease (75): 483–485.

CULVER J N, LINDBECK A G C, DAWSON W O, 1991. Virus-host interactions: Induction of Chlorotic and Necrotic Responses in Plants by Tobamoviruses[M]. California: Department of Plant Pathology, University of California Riverside.

DANIELS J, CAMPBELL R N, 1992. Characterization of cucumber mosaic virus isolates from California [J]. Plant Disease, 76: 1245–1250.

DERRICK P M, NELSON R S. Plasmodesmata and long distance virus movement. [M]//van Bel A J E, van Kesteren W J P. Plasmodesmata: Structure, Function, Role in Cell Communications. Berlin: Springer-Verlag: 315-339.

DIJKSTRA J, BRUIN G C A, BURGERS A C, et al., 1997. Systemic infection of some *N*-gene-carrying *Nicotiana* species and cultivars after inoculation with tobacco mosaic virus[J]. Netherland Journal of Plant Pathology, 83: 41–59.

DOOLITTLE S P A, 1916. New infections mosaic disease of cucumber [J]. Phytopathol,6: 145–147.

DOROKHOV Y L, Makinen K, Frolova O Y, et al., 1999. A novel function for a ubiquitous plant enzyme pectin methylesterase: the host-cell receptor for the tobacco mosaic virus movement protein[J]. FEBS Letter, 461: 223–228.

DU Z Y, CHEN F F, ZHAO Z J, et al., 2008. The 2b protein and the C-terminus of the 2a protein of cucumber mosaic virus subgroup Ⅰ strains both play a role in viral RNA accumulation and induction of symptoms [J]. Virology, 380(2): 363–370.

ERICKSON F L, DINESH-KUMAR S P, HOLZBERG S, et al., 1999. Interactions between tobacco mosaic virus and the tobacco *N* gene[J]. Philosophical Transactions of the Royal Society B, 354: 653-658.

FAUREZ F, BALDWIN T, TRIBODET M, et al., 2012. Identification of new potato virus Y (PVY) molecular determinants for the induction of vein necrosis in tobacco [J]. Molecular Plant Pathology, 13(8): 948–959.

FRAENKEL-CONRAT H, WILLIAMS R C, 1995. Reconstitution of active tobacco mosaic virus from its inactive protein and nucleic acid components[J]. Proceedings of National Academy of Science, 41(10): 690–698.

GAGUANCELA O P A, LIZBETH P Z, ARIAS A V, et al., 2016. The IRE1/bZIP60 pathway and Bax inhibitor 1 suppress systemic accumulation of potyviruses and potexviruses in Arabidopsis and *N. benthamiana* plants[J]. Molecular Plant-Microbe Interactions, 29(10): 750.

GE M, GONG M Y, JIAO Y B, et al., 2021. Serratia marcescens-S3 inhibits Potato virus Y by activating ubiquitination of molecular chaperone proteins NbHsc70-2 in *Nicotiana benthamiana* [J/OL]. Microbial biotechnology. doi: 10. 1111/1751–7915.13964.

GIORIA L M, ESPINHA J A M, REZENDE J Q, et al., 2002. Limited movement of

Cucumber mosaic virus (CMV) in yellow passion flower in Brazil [J]. Plant Pathology, 51(2): 127–133.

HEINLEIN M, EPEL B L, PADGETT H S, et al., 1995. Interaction of tobamovirus movement proteins with the plant cytoskeleton[J]. Science, 370: 1983–1985.

HETZ C, 2012. The unfolded protein response: controlling cell fate decisions under ER stress and beyond[J]. Nature Reviews Molecular Cell Biology, 13(2): 89–102.

HOFFMANN K, QIU W P, MOYER J W, 2001. Overcoming host-and pathogen-mediated resistance in tomato and tobacco maps to the M RNA of tomato spotted wilt virus[J]. Molecular Plant-Microbe Interactions, 14(2): 242–249.

HOLMES F G, 1934. A masked strain of tobacco mosaic virus. Phytopathology, 24: 845–843.

HOLMES F G, 1938. Inheritance of resistance to tobacco mosaic disease in tobacco[J]. Phytopathology, 28, 553–561.

HOLMES F G, 1929. Local lesions in tobacco mosaic[J]. Botanical Gazette, 87: 39–55.

HOLMES F G, 1931. Local lesions of mosaic in *Nicotiana tabacum* L. Contrib. Boyce Thompson Institute, 3: 163–172.

HU Z Z, ZHANG T Q, YAO M, Et al., 2012. The 2a protein of cucumber mosaic virus induces a hypersensitive response in cowpea independently of its replicase activity [J]. Virus Research, 170: 169–173.

JAGGER I C, 1916. Experiments with the cucumber mosaic disease of cucumber [J]. Phytopathol, 6: 148–151.

JHENG J R, HO J Y, HORNG J T, 2014. ER stress, autophagy, and RNA virus[J]. Frontiers in Microbiology, 5: 1–13.

JULIO E, COTUCHEAU J, DECORPS C, et al., 2015. A Eukaryotic translation initiation factor 4E (eIF4E) is responsible for the '*va*' tobacco recessive resistance to potyviruses [J]. Plant Molecular Biology Reporter, 33(3): 609–623.

KAKAR K U , NAWAZ Z, CUI Z, et al., 2020. Molecular breeding approaches for production of disease-resilient commercially important tobacco[J]. Briefings in functional genomica, 19(1): 10–25.

KARASAWA A, OKADA I, AKASHI K, et al., 1999. One amino acid change in cucumber mosaic virus RNA polymerase determines virulent/avirulent phenotypes oncowpea [J]. Phytopathology, 89: 1186–1192.

KARASEV A V, HU X, BROWN C J, et al., 2011. Genetic diversity of the ordinary strain of potato virus Y (PVY) and origin of recombinant PVY strains [J]. Phytopathology, 101(7): 778–785.

KASSCHAU K D, CARRINGTON J C, 1998. A counter defensive strategy of plant viruses: suppression of post transcriptional gene silencing[J]. Cell, 95: 461–470.

KASSCHAU K D, CARRINGTON J C, 2001. Long-sistance movement and replication maintenance functions correlate with silencing suppression activity of potyviral HC-Pro[J]. Virology, 285: 71–81.

KIM H J, LEE S, JUNG J U, 2010. When autophagy meets viruses: a double-edged sword cunctions in defense and offense[J]. Semin Immunopathol, 32: 323–341.

KIM J H, KIM Y S, JANG S W, et al., 2014. Characterization of a novel resistance-breaking isolate of potato virus Y in Nicotiana tabacum [J]. International Journal of Phytopathology, 3(1): 1–10.

KRAGLER F, CURIN M, TRUTNYEVA K, et al., 2003. MPB2C, a microtubule associated plant protein binds to and interferes with cell-to-cell transport of tobacco-mosaic-virus movement protein[J]. Plant Physiol, 132: 1870–1883.

KRAGLER F, MONZER J, SHASH K, et al., 1998. Cell-to-cell transport of proteins: requirement for unfolding and characterization of binding to a putative plasmodesmal receptor[J]. Plant Journal, 15: 367–381.

LACROIX C, GLAIS L, VERRIER J L, et al., 2011. Effect of passage of a potato virus Y isolate on a line of tobacco containing the recessive resistance gene *va2* on the development of isolates capable of overcoming alleles 0 and 2 [J]. European Journal of Plant Pathology, 130: 259–269.

LEDFORD H, 2015. CRISPR, the disruptor[J]. Nature, 522(7554): 20–24.

LI C Y , XU Y, FU S, et al., 2021. The unfolded protein response plays dual roles in rice stripe virus infection through fine-tuning the movement protein accumulation[J/OL]. PLoS Pathogens 17(3): e 100937. https://doi.org/10.1371/journal.ppat.1009370.

LI F F, SUN H J, SHEN L L, et al., 2018. Viral infection-induced endoplasmic reticulum stress and a membrane-associated transcription factor NbNAC089 are involved in resistance to virus in *Nicotiana benthamiana*[J]. Plant Pathology, 67: 233–243.

LIU L, LI XY, MA J, et al., 2017. The molecular architecture for RNA-guided RNA cleavage by Cas13a[J/OL]. Cell, 170(4): 714-726. doi: 10.1016/j.cell. 06. 050.

LU Y W, YIN M Y, WANG X D, 2016. The unfolded protein response and programmed cell death are induced by expression of Garlic virus X p11 in *Nicotiana benthamiana*[J]. Journal of General Virology, 97(6): 1462.

MARATHE R, ANANDALAKSHMI R, LIU Y, et al., 2002. The tobacco mosaic virus resistance gene, *N*[J]. Molecular plant pathology, 3(3): 167–172.

MASUTA C, NISHIMURA M, MORISHITA H, et al., 1999. A single amino acid change in viral genome-associated protein of potato virus Y correlates with resistance breaking in 'Virgin A Mutant' tobacco [J]. Phytopathology, 89(2): 118–123.

MATTHEWS R E F, 1981. Plant Virology. 2nd ed. New York: Academic: 218-25, 345-48, 405-07, 430-32, 897.

PADGETT H S, BEACHY R N, 1993. Analysis of a tobacco mosaic virus strain capable of overcoming *N* gene-mediated resistance[J]. Plant Cell, 5: 557–586.

PADGETT H S, WATANEBE Y, BEACHY R N, 1997. Identification of the TMV replicase sequence that activates the *N*-gene mediated hypersensitive response[J]. Molecular Plant-Microbe Interactions, 10: 709–715.

PALUKAITIS P, ROOSSINCK M J, DIETZGEN R G, 1992. Cucumber mosaic virus advances in virus research [J]. Advances in Virus Research, 41: 281–348.

PAPPU H, PAPPU S, JAIN R, et al., 1998. Sequence characteristics of natural populations of Tomato spotted wilt tospovirus infecting flue-cured tobacco in Georgia[J]. Virus Genes, 17(2): 169–177.

PATTANAYEK R, STUBBS G, 1992. Structure of the U2 strain of tobacco mosaic virus refined at 3.5A resolution using X-ray fiber diffraction[J]. Journal Molecular Biology. 228(2): 516–528.

PLASTERK R H A, 2002. RNA silencing: the genome's immune system[J]. Science, 296: 1263–1265.

POWELL P A, SAUNDERS P R, TURNER N, et al., 1990. Protection against tobacco mosaic virus infection in transgenic plants requires accumulation of coat protein rather than coat protein RNA sequences[J]. Virology, 175: 124–130.

POWELL P A, STARK D M, SAUNDERS P R, et al., 1989. Protection against tobacco mosaic virus infection in transgenic plants that express tobacco mosaic virus antisense RNA sequences[J]. Proceedings of the National Academy of Sciences, 86: 6949–6952.

QIN Y X, WANG J, WANG F L, et al., 2019. Purification and characterization of a secretory alkaline metalloprotease with highly potent antiviral activity from *Serratia marcescens* strain S3[J]. Journal of Agricultural and Food Chemistry, 86 (11): 3168–3178.

RATCLIFF F, HARRISON B D, BAULCOMBE D C, 1997. A similarity between viral defense and gene silencing in plants[J]. Science, 276(6): 1558–1561.

REICHEL C, BEACHY R N, 1998. Tobacco mosaic virus infection induces severe morphological changes of the endoplasmic reticulum[J]. Proceedings of the National Academy of Sciences, 95(19): 11169–11174.

RICHARD M R, PRETORIUS L S, SHUEY L S, et al., 2018. Analysis of the Complete Genome Sequence of cucumber mosaic virus Strain K [J]. Genome Announcements, 6(7): e 0053–18.

ROBERTS I M, WANG D, FINDLAY K, et al., 1998. Ultrastructural and temporal observations of the potyvirus cylindrical inclusions (CIs) show that the CI protein acts transiently in aiding virus movement. Virology, 245: 173–181.

Ronde D, Butterbach P, Lohuis D, et al., 2013. *Tsw* gene-based resistance is triggered by a functional RNA silencing suppressor protein of the *Tomato spotted wilt virus*. Molecular Plant Pathology, 14: 405-415.

ROSSINCK M J, ZHANG L, HELLWALD K H, 1999. Rearrangements in the 5' nontranslated region and phylogenetic analyses of cucumber mosaic virus RNA 3 indicate radial evolution of three subgroups[J]. Journal of Virology, 73(8): 6752–6758.

RUIZ M T, VOINNET O, BAULCOMBE D C, 1998. Initiation and maintenance of virus-induced gene silencing[J]. Plant cell, 10: 937–946.

SAMUEL G, BALD J G, 1934. On the use of primary lesions in queantitative work with two plant viruses[J]. Annals of Applied Biology, 21: 90–111.

SAMUEL G, 1931. Some experiments on inoculating methods with plant viruses and on local lesions[J]. Annals of Applied Biology, 18: 494–507.

SAMUEL, G, 1934. The movement of tobacco mosaic virus within the plant[J]. Ann. Appl. Biol, 21: 90–111.

SANTA CRUZ, 1999. Perspective: phloem transport of viruses and macromolecules: what goes in must come out[J]. Trends in Microbiology, 7: 237–241.

SCHOLTHOF K B, ADKINS S, CZOSNEK H, et al., 2011. Top 10 plant viruses in molecular plant pathology[J]. Molecular Plant Pathology, 12(9): 938.

SCHWARTZ M, CHEN J, LEE W M, et al., 2004. Alternate, virus-induced membrane rearrangements support positive-strand RNA virus genome replication[J]. Proceedings of the National Academy of Sciences, 101(31): 11263–11268.

SHEN L L, LI F F, DONG W F, et al., 2017. *Nicotiana benthamiana* NbbZIP28, a possible regulator of unfolded protein response, plays a negative role in viral infection[J]. European Journal of Plant Pathology, 149(4): 831–843.

SHINTAKU M H, ZHANG L, PALUKAITIS P, 1992. A single amino acid substitution in the coat protein of cucumber mosaic virus induces chlorosis in tobacco [J]. Plant cell, 4(7): 751–757.

SINGH R P, VALKONEN J P, GRAY S M, et al., 2008. Discussion paper: the naming of potato virus Y strains infecting potato [J]. Archives of Virology, 153(1): 1–13.

SMART T E, DUNIGAN D D, ZAITLIN M, 1987. *In vitro* translation products of mRNAs derived from TMV-infected tobacco exhibiting a hypersensitive response[J]. Virology, 158(2): 461–464.

SONG L Y, WANG J, JIA H Y, et al., 2020. Identification and functional characterization of NbMLP28, a novel MLP-like protein 28 enhancing Potato virus Y resistance in *Nicotiana benthamiana*[J/OL]. BMC Microbiology, 20(7). doi.org/10.1186/s12866-020-01725-7.

SUN H J, SHEN L L, QIN Y X, et al., 2018. CLC-Nt1 affects potato virus Y infection *via* regulation of endoplasmic reticulum luminal pH[J]. New Phytoligist, 220: 539–552.

SUN Z T, YANG D, XIE L, 2013. Rice black-streaked dwarf virus P10 induces membranous structures at the ER and elicits the unfolded protein response in *Nicotiana benthamiana*[J]. Virology, 447(1-2): 131–139.

SZIITYA G, SILHAVY D, MOLNAR A, et al., 2003. Low temperature inhibits RNA silencing-mediated defense by the control of siRNA generation[J]. EMBO J, 22(3): 633–640.

TAKAKURA Y, UDAGAWA H, SHINJO A, et al., 2018. Mutation of a *Nicotiana tabacum* L. eukaryotic translation-initiation factor gene reduces susceptibility to a resistance-breaking strain of potato virus Y [J]. Molecular Plant Pathology, 19(9): 2124–2133.

TRIBODET M, GLAIS L, KERLAN C, et al., 2005. Characterization of potato virus Y (PVY) molecular determinants involved in the vein necrosis symptom induced by PVYN isolates in infected *Nicotiana tabacum* cv. Xanthi [J]. Journal of General Virology, 86: 2101–2105.

VERCHOT J, 2016. Plant virus infection and Ubiquitin proteasome machinery arms race along the endoplasemic reticulum[J/OL]. Viruses, 8(11): 314. doi: 10.3390/v8110314.

WAIGMANN E, UEKI S, TRUTNYEVA K, et al., 2004. The ins and outs of nondestructive cell-to-cell and systemic movement of plant viruses[J]. Critical Reviews in Plant Sciences, 23(3): 195–250.

WAN J, CABANILLAS D G, ZHENG H Q, et al., 2015. Turnip mosaic virus moves systemically through both phloem and xylem as membrane-associated complexes[J]. Plant Physiology, 167(4): 1374–1388.

YE C M, CHEN S, PAYTON M, et al., 2013. TGBp3 triggER stress the unfolded protein response and SKP1-dependent programmed cell death[J]. Molecular Plant Pathology, 14(3): 241–255.

ZHANG L R, WANG A M, 2012. Virus-induced ER stress and the unfolded protein response[J]. Frontiers in Plant Science, 3(293): 293.

ZHANG L, CHEN H, BRANDIZZI F, et al., 2015. The UPR branch IRE1-bZIP60 in plants plays an essential role in viral infection and is complementary to the only UPR pathway in yeast[J]. PLOS Genetics, 11(4): e1005164.

ZHANG L, HANADA K, PALUKAITIS P, 1994. Mapping local and systemic symptom determinants of cucumber mosaic cucumovirus in tobacco [J]. Journal of General Virology, 75: 3185–3191.

ZHANG W H, JIAO Y B, DING C Y, et al., 2021. Rapid detection of tomato spotted wilt virus with Cas13a in tomato and *frankliniella occidentalis*[J/OL]. Frontiers in Microbiology, 12: 745173. doi: 10.3389/fmicb.2021.745173.

ZHANG Z, WANG D, YU C, et al., 2016. Identification of three new isolates of tomato spotted wilt virus from different hosts in China: molecular diversity, phylogenetic and recombination analyses[J]. Virology Journal, 13(8): 1–12.